FUZHUANG SHUIXI
JISHU YU SHEBEI

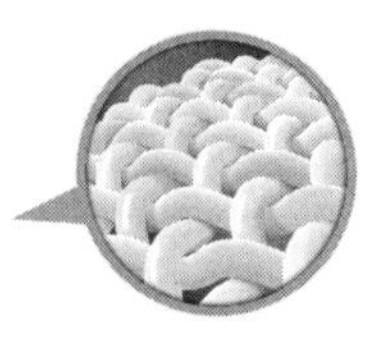

服装水洗技术与设备

第二版

王文博　主编

化学工业出版社
·北京·

内 容 简 介

本书系统地阐述了服装水洗材料、工具、技术以及相关设备的操作与检修等相关内容。主要包括：水洗技术概论、水洗的洗涤剂与助剂、水洗的工艺与技法、水洗机电设备概述、洗衣机的结构与拆装、洗衣机的主要电气部件、洗衣机电路及其解读、洗衣机的检修工具与检修方法、洗衣机常见故障及处理方法。

本书在内容安排上以图表为主，条理清晰、介绍详细，可查阅及参考性较强，可为从事商业洗衣行业的人员提供详细的技术指导与参考，也可作相关专业师生的教辅材料。

图书在版编目（CIP）数据

服装水洗技术与设备/王文博主编. —2 版.
—北京：化学工业出版社，2022.5
ISBN 978-7-122-40895-2

Ⅰ. ①服…　Ⅱ. ①王…　Ⅲ. ①服装-洗涤
Ⅳ. ①TS973.1

中国版本图书馆 CIP 数据核字（2022）第 044267 号

责任编辑：张　彦　　文字编辑：赵　越
责任校对：杜杏然　　装帧设计：王晓宇

出版发行：化学工业出版社（北京市东城区青年湖南街 13 号　邮政编码 100011）
印　　装：三河市延风印装有限公司
710mm×1000mm　1/16　印张 $12^3/_4$　字数 221 千字　2022 年 8 月北京第 2 版第 1 次印刷

购书咨询：010-64518888　　售后服务：010-64518899
网　　址：http://www.cip.com.cn
凡购买本书，如有缺损质量问题，本社销售中心负责调换。

定　　价：79.00 元

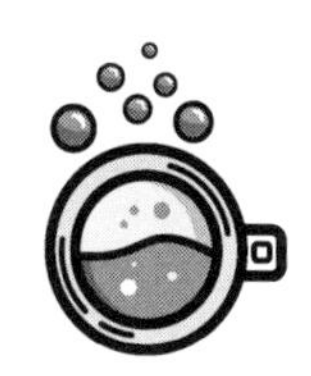

前言

服装洗净服务业是一门既历史悠久又不断出新的行业。人类自从着装以来，就非常注重服装的穿着质量和整洁美观，从而设计、生产和应用了服装去渍与洗净的技术和设备。随着社会的发展，服装去渍与洗净走向了社会化和市场，逐渐形成了一门行业。同时，随着科学技术的发展和人类生活方式的现代化，人们对穿着质量和品位的追求越来越高，这促进了现代服装去渍与洗净技术的不断创新和机械设备的更新。随着人类生活方式城市化和服装去渍与洗净社会化步伐的加快，服装洗净服务业规模明显增大。服装洗净服务业的迅速发展，为现代人的生活带来了方便，但是相关投诉也逐年增加。提高服装去渍与洗净的质量，成了服装洗净服务业应当着重解决的问题。

改革开放以来，人们的生活质量有了大幅度的提高，服装的面料、里料、饰物和附件品种越来越多，这给服装去渍与洗净技术提出了新的挑战。同时，现代服装去渍与洗净技术和设备有了很大发展，从人工逐步发展到机械化；从水洗技术到干洗技术，又出现了湿洗技术；相应的机械设备也不断地更新和发展。现代服装的清洗技术和设备与传统的相比具有更高的科技含量，需要从业人员掌握相关知识，熟练地掌握技术并操作设备。这一切，就要求对从业人员进行针对性的专业培训和自我培训，提高他们的技术与服务水平。为此，我们编写了本书。

在编写过程中，我们借鉴和参考了相关的著作、经验和研究成果，在此向有关专家表示深切的感谢！

本书由北京服装学院王文博教授主编，参加编写的还有姚云、刘姚姚、贾云萍、陈明艳、杨九瑞、张弘、张继红、管正美等。

由于编者水平有限，书中难免有疏漏之处，敬请各位专家与读者不吝批评指正。

王文博

2022.6.28

目录

第一章 水洗技术概论

水洗衣服就像做饭一样，被看作是平常的家务劳动。因此，服装的水洗似乎没有什么进行研讨的必要。实际上服装水洗技术涉及纤维、纺织、染色、服装结构等方方面面的知识。但是，相当多的人，乃至从事洗衣工作的洗衣店员工，对洗衣技术尤其是水洗技术有许多不科学或是不正确的看法。有必要对服装水洗和水洗技术进行一番深入的探讨。

第一节 水洗概述

一、对水洗认识的误区

对水洗认识的误区主要表现在针对干洗的方方面面。譬如，一些人认为：

① 和干洗相比，水洗是低档次的、简单的洗涤方法，只有干洗才是高档次的洗涤。干洗技术有昂贵的设备和原料，很有现代化的味道。

② 水洗是落后的洗涤技术，干洗才是先进的、复杂的洗涤方法。较好的衣服一定要干洗，至于洗涤一般的服装，干洗也比水洗更好一些。

③ 花钱到洗衣店洗衣服就是要干洗；家家都有洗衣机，完全可以自己进行水洗，何必要到洗衣店去花钱水洗？

④ 高档次的服装只能干洗，不能水洗。服装水洗不如干洗洗得干净。

⑤ 服装生产厂家的标志要求干洗，就一定要干洗。

⑥ 干洗可以消毒，水洗不能消毒。

等等。

这些观念似乎有一些道理，但是并非完全科学、正确。

首先，洗涤服装是要把服装洗涤干净，至于采用干洗还是水洗仅仅是方法问题。哪种方法能够把服装污垢洗涤干净同时还能保持服装原有质地和功能，哪种方法就是正确的。

其次，服装上的污垢是多种多样的，既有脂溶性污垢也有水溶性污垢。干洗技术使用的是干洗有机溶剂，把油脂性污垢洗涤干净是其专长。但是对于水溶性污垢，干洗的方法就明显力不从心。

更重要的是，干洗技术并不是能够包打天下、完美无缺的洗涤技术。水洗当然不能替代干洗，而干洗也不能替代水洗。水洗技术与干洗技术只能是互相补充，根本不可能互相替代。

所以，有必要把水洗技术做一个正面的、完整的探讨。

二、水洗技术是洗衣技术的基础

① 人类文明发展初期，纺织品的出现无疑是一个飞跃性的进步。人类穿上服装以后就同时需要对服装进行洗涤。最原始的服装洗涤，毫无争议的就是水洗。人们使用水洗衣服已然持续了数千年甚至接近一万年。

② 一百多年以前人们发明了干洗技术。20 世纪 30 年代干洗技术首次传入中国，然而只有少数大城市的个别洗衣店装备了干洗机。服装采用干洗的方法进行洗涤，在很长时间内处于只能为极少数人服务的状态。改革开放以后直至 1985 年，全国才大面积引进和普及现代干洗。

③ 国内在 1985 年以前，采用水洗服装几乎是所有人的唯一选择。改革开放以前由于中国长期与外界隔绝，阻断了洗衣技术的交流和进步。当时，全国只有极少数简单的干洗设备（即所谓的汽油机）。这种状况也使全国的洗衣行业积累了丰富的水洗经验和手段。

④ 90%以上的纺织品和服装材料是通过在水中加工之后才成为正式的产品。在国家标准中明确规定，所有纺织品都有耐受水洗或皂洗的相关质量指标。也就是说，大多数服装材料是可以承受水洗的。服装面料以及服装附件在研发生产时，大都也要考虑能否承受水洗的能力。因此，完全不可以进行水洗的衣物只是少部分。

⑤ 绝大多数服装的污垢和绝大多数洗涤方法，最后都需要通过水的处理才能真正彻底完成。只有少数衣服的某些污垢不需要通过水处理，就可以洗涤干净。水洗是彻底去除各种污渍的最后手段。洗衣业用于去渍的去渍台实际上就是进行局部水处理的专业设备。

三、水对纤维、面料和服装的影响

水对各种纤维、服装面料、附件以及配饰等都会有或多或少的影响。

（1）纤维的亲水性以及水对亲水性纤维的影响　在各种纤维当中，有一些亲水性很强的纤维，如棉、麻、蚕丝、羊毛、黏胶纤维等。其中，有的和水可以在分子结构上发生反应，如黏胶纤维、麻纤维；有的在水中可以发生缓慢的溶解，如蚕丝等；有的在一定条件下还会发生水解，如棉纤维等。因此，水洗服装时，这些因素就会产生一些影响。如水洗后服装会发生缩水、变形等。而服装面料经过某些纺织、印染等加工处理后，还会使水的这些影响更加明显。因此，纺织染整行业以及服装行业都会利用各种手段对纺织品进行相应的处理，使之向抵抗水的影响方面转化，如纺织品的热定型、服装面料在裁剪前进行预缩、对纺织品面料进行防皱、防缩整理等。

（2）染料的溶解与脱落　大多数的染料是以水作为介质对纺织品进行染色的，是水溶性的。因此，在染料发展过程中，人们追求的是染料具有很高坚牢度。但是时至今日，还没有哪一种染料在水中可以100%不脱落。因此，至今还没有完全不掉色的面料。纺织品的颜色在水中溶解和脱落是不可避免的。不过，不同染料和不同面料的染色牢度有较大的区别。有的染色牢度非常高，有的染色牢度相对很低。

（3）后整理剂对水的反应　大多数纺织品都会进行某些相关的后整理，如轧光、上浆、固色整理、柔软整理、防水整理、阻燃整理、防皱防缩整理等。这些经过不同后整理的纺织品在水洗时，都会发生某些方面的改变：有的提高了染色牢度；有的改善了手感；有的完全不耐水洗，经过简单的水洗就可能完全脱落；有的会在洗涤过程中逐渐脱落。在经过一定时间的使用、洗涤之后需要进行补充或重新整理，等等。总之，不同类型的后整理剂对水的反应也不尽相同。

（4）皮革制品和毛皮制品对水的反应　皮革与毛皮是服装材料的重要组成部分。但是，皮革与毛皮的耐水性远不如纺织品。除了染色牢度大大不如纺织品高以外，皮革与毛皮在水中还比较容易发生抽缩、变形、脱脂、退鞣等问题。一旦发生这类问题，就足以使皮革制品失去使用价值。因此，对皮革与毛皮服装进行水洗，就成为很专业的洗涤技术。

（5）水对服装结构的影响　服装由各种服装材料组成，不同的服装材料对水的反应不尽相同，因此一件衣服在水中的反应和变化要看衣物的复杂系数。结构越简单的服装受水的影响越小，如内衣、内裤、T 恤、衬衫等。结构复杂的服装在水中的反应和变化就会大一些，如西装、大衣等。

四、适宜水洗的服装

适宜水洗的服装见表 1-1。

表 1-1　适宜水洗的服装

类型	服装
内衣、单衣类	内衣以及夏季与身体直接接触的衣物，如内衣、内裤、棉毛衫、棉毛裤、T 恤、衬衫以及夏季穿的短裙、连衣裙和一般的裤子、短裤等
卧具类棉纺织品	家庭居室、宾馆酒店客房、车船舱室、医院病房等所使用的卧具类棉纺织品，如床单、床罩、被里、被面、被罩、枕套、褥单、羽绒被等
运动休闲服装类	休闲服装、运动服装、牛仔系列服装，大多数的儿童服装、学生制服以及夹克、风衣等
防寒服装类	棉服、防寒服、羽绒服、羽绒背心、羽绒裤、风雪衣等
各种工作服	所有不同技能工种岗位的工作服

五、不适宜水洗的服装（或需要加倍小心洗涤的服装）

不适宜水洗的服装见表 1-2。

表 1-2　不适宜水洗的服装

类型	服装
水洗过程中可能产生明显抽缩或变形的服装	①未经过预缩的麻类纺织品：主要是纱线较为粗壮，织物结构较为疏松和比较厚重的麻纺面料 ②未经预缩的全黏胶纤维纺织品：包括人造棉、人造毛、人造丝一类以黏胶纤维织造的全黏胶纤维纺织品，如各种类型的人造棉布，人造丝印花或条格纺，人造丝美丽绸、羽纱，富春纺，等等 ③以维纶纤维制作的粗疏型家居纺织品：如窗帘、沙发套、家居布等
水洗中可能严重掉色的服装	（1）深色、浓重色、鲜艳色的真丝织物 ①黑色、深蓝色、深绿色、深棕色等深色的真丝衣物大多数会明显掉色。如果采用水洗，必须严格控制洗涤过程的条件与操作 ②并非深色，颜色比较浓重的真丝衣物，如棕色、浓黄色、橘红色、浓重的草绿色等，也比较容易掉色 ③鲜艳颜色的真丝衣物是必然掉色的品种，尤其是鲜艳的红色、玫瑰色、紫色，鲜艳的蓝色、绿色，是真丝衣物中掉色最为严重的。水洗这类服装的技术要求非常高，需要经过专门学习才能掌握 （2）深色纯棉绒衣、绒裤　由纯棉针织绒布制作的绒衣绒裤温暖舒适，而其中较深颜色的品种（黑色、深蓝色、紫红色等）比较容易掉色。但是这类服装掉色情况要比真丝衣物轻一些

续表

类型	服装
水洗后可能产生损伤的服装	（1）带有裘皮饰物的服装　一些服装带有裘皮或皮革拼块附件等，尤其是带有裘皮装饰配件的服装一般不适合水洗，因为这些裘皮配件水洗后容易出现皮板硬化、毛被变形等情况。如果已经掌握了水洗皮革技术，当然可以进行正常水洗 （2）水溶性涂料的面料　一些伪劣产品面料带有水溶性涂层，下水后涂层会发生溶解，造成洗涤事故
其他不宜水洗的服装	主要是一些带有各种装饰物的服装，如使用塑料、树脂制作的珠子、亮片等，而装饰物的染色牢度有时较低，水洗时会掉色造成沾染

六、水洗禁忌

水洗服装时，有许多需要注意的地方。一些人往往在水洗工作中不自觉地出现差错。其原因，多半是缺乏警惕性，因小失大。可以把这些容易发生的问题集中讨论，称为“8 项禁忌”。

1. 不分大小

当服装的大小（体积、重量）差别比较大时，容易在洗涤过程中发生大件衣物夹带、裹挟小件衣物、洗涤不均匀或搭色的现象。手工水洗时这类问题并不突出，但在使用水洗机机洗时，这种问题比较容易发生。

2. 不分颜色

如前所述，完全不会掉色的服装是不存在的。洗前按照不同颜色对服装进行分类，是公认的基本原则。相当多的服装在正常情况下几乎是不掉色的，然而在洗涤过程中，当某些条件适合的时候，照样会掉色，如洗涤温度较高，服装含有水和洗涤剂，洗涤剂处于湿状态时接触、停放、浸泡时间过长等，不掉色的服装都有可能掉色。不要一厢情愿地认为某件服装一定不会掉色。另外，一件服装由不同颜色面料拼合而成时，就意味着要把不同颜色共同洗涤，此时最易出现颜色污染。

3. 不分脏净

污垢量不同的衣物在一起洗涤，无异于把不同颜色衣物放在一起洗涤。较脏衣物的污垢就会像掉色衣物的染料一样转移出去，而洗衣粉在其中还会起着“推波助澜”的作用，使得比较干净的衣物也会沾染其他衣物洗涤下来的污垢，从而也变得灰蒙蒙的。

遇到污垢较重的衣物可以采取“两浴法”洗涤，把污垢轻重不同的服装放在一起洗涤，是不可取的。

4. 不分原料

不同面料的纤维组成，大多数是不相同的，对于洗涤剂的承受能力也有明显差别。不宜使用碱性洗衣粉的服装，只能使用中性洗涤剂；不可使用氯漂的服装，绝对不能使用氯漂剂。把住原料选择的关口，非常重要。

5. 温度不宜

不同衣物和不同污垢对于洗涤温度有不同的要求。温度选择不当就会造成不必要的麻烦，甚至是重大损失。较高温度和较低温度对衣物影响反差极大，万万不可小看温度的作用。选择温度的依据，主要看纤维组成和面料的承受能力。从安全方面考虑，水洗所使用的洗涤温度，一般是宁低勿高。

6. 用料过多

多数人洗衣服喜欢多加洗衣粉（洗涤剂）。但是，很多洗涤事故都是用洗衣粉（洗涤剂）过多所致。过多的洗涤剂对于各种纤维和纺织品的颜色都没有好处，只会增加发生洗涤事故的风险。使用其他各种洗涤原料和助剂也是一样的，能否严格控制洗涤原料使用量是基本素质和技术水平的标志，也是一个洗涤员工责任心的体现。

7. 中途放手

任何情况下的任何洗涤过程，都不应该中途停顿。尤其在水洗服装时由于经常需要手工处理，很可能会中途停下来。而服装在含有洗涤剂的水中时，面料上染料的染色牢度要比干燥时大大下降。停顿下来最易发生污垢串染和颜色沾染事故。

8. 长泡不管

一些污垢较为严重的服装往往需要进行适当的浸泡处理。但是，没有绝对不掉色的面料，故不能进行较长时间的浸泡。浸泡过程中，还必须进行间歇性翻动；而且任何类型的浸泡，都应该是在有时间控制的情况下进行，“长泡不管”的结果一定是事故。

七、服装水洗的质量标准

服装经过水洗洗涤之后，都应该保持其原有的基本状况和使用价值，具体要求如下：

① 服装整体洗涤洁净，无漏洗部位，无残留污垢。

② 保持服装整体结构尺寸，不变形，不抽缩。

③ 保持服装原有颜色，无串色、搭色、洇色和褪色。

④ 保持服装面料、里料的原有质地，无损伤。

⑤ 服装原有配件、附件、配饰无损伤，不丢失。

⑥ 服装上原有的缺失、损伤，要与顾客事先约定，不能彻底洗净的顽固污垢不在上述标准之内。

第二节 水洗的基本原理

服装水洗技术乃至洗衣技术，在国内外尚无专门的行业科研机构。相关研究，大多是一些生产洗衣设备或洗衣原料的厂商。20 世纪中期，研究表面活性剂的专家曾经推出过一些研究成果（如洗涤原理基本公式），但与洗衣业的实际需求仍然有较大差距。金国砥通过较长时间的研究与积累，对水洗的基本原理进行了相关探讨和分析。

一、洗涤原理的基本公式

$$D+F\longrightarrow DF \tag{1-1}$$

$$(DF)\rightleftharpoons(D)+(F) \tag{1-2}$$

式中 D——污垢；

F——纤维、面料等被洗涤的基质；

（ ）——在水或溶剂等介质的环境中。

基本公式（1-1）表述了服装与污垢从彼此无关到服装沾染了污垢而成为有污垢的服装的过程。

从基本公式（1-2）可知带有污垢的服装进行洗涤时，并不能确保服装上的污垢可以完全彻底地被洗掉。洗涤也可能出现逆过程，即服装仍然可能在洗涤时发生另一种类型的污垢沾染。由此可以得出这样的结论：还不存在把污垢完全彻底（100%）洗掉的洗涤方法。一件经过穿用以后的全新服装，无论什么样的洗涤方法也不能保证 100%把污垢彻底洗净。例如，一件雪白的衬衫即便是天天都洗涤一次，穿用一段时间以后，也不能保持原有的白度。其原因就是每次洗涤都可能残留一些污垢，累积起来白度自然下降。

二、水洗的基本要素

1. 水

水是水洗的介质。服装上的污垢和用于洗涤的洗涤剂都要通过水发生作用，进行处理和位置交换，从而把污垢从服装上剥离下来，进入水中，使之去掉。因此水是水洗的第一要素。影响水洗效果和洗涤效率的主要因素有两个：水的质量和水的数量。

（1）水的质量　水有多种质量指标，如细菌总量、悬浮物、色度、不溶性泥沙、溶解性矿物质、COD、BOD、pH 值等。由于洗衣业大都开设在城市中，使用的都是符合人们饮用标准的城市供水。大多数质量指标都是合格的。目前能够明显影响洗衣业的水质量主要指标是水的硬度。我国是个缺水的国家，许多城市供水的硬度都很高，因此硬水的软化处理就成为洗衣业面临的重要课题，对于以水洗为主的布草车间更是如此。

（2）水的数量　所谓水的数量是指水相对于被洗服装的量，也就是水洗服装时的“浴比”。一方面是需要使用多少水进行洗涤才是适当的，另一方面就是在保证洗涤质量的前提下如何科学、合理地利用水资源。

浴比包括两个概念：洗涤浴比（1kg 服装使用多少水进行洗涤）和漂洗浴比（1kg 服装使用多少水进行漂洗）。

洗涤方式不同，浴比也会有相应的差别，如：采用手工洗涤，由于操作者的习惯不同，浴比就可能有较大的差别，一般在 1∶（1~15）的较大范围内变化；

全自动滚筒式工业水洗机的浴比一般在 1∶（4~6）；

全自动家用滚筒式洗衣机的浴比一般在 1∶（6~10）；

全自动家用波轮式洗衣机的浴比一般在 1∶（10~15）。

一般情况下，漂洗浴往往会略大于洗涤浴比，但是漂洗时也并非浴比越大越好。

2. 机械力

机械力即洗涤时衣物的受力方式和受力强度。

洗涤机械力是人们关注最多的方面，尤其是进行洗衣机研究开发和设计的企业以及一些家用洗衣机的生产厂商。它们花费了大量的精力来进行这方面的研究开发，诸如大波轮、小波轮、环状水流、手搓式水流等。其目的是找到既要提高衣物洗净度又要降低洗涤磨损还要节约用水的契合点，也就是为洗衣机找到最佳的受力方式、最适当的受力强度和最合理的能源消耗。

目前，大多数洗衣机已经基本上固定了洗涤时服装的受力方式。而手工洗涤的受力方式和受力强度则可以有多种变化，主要是看采用了什么样的手工水洗技法，还要看操作者所掌握的技术水平和经验的积累。

影响洗衣机（这里主要讲的是工业水洗机）对衣物受力强度的因素主要有两个方面：

（1）洗衣机滚筒转速　目前多数固定转速的洗衣机是 40r/min。先进的工业水洗机使用调频电机驱动，可以在一定范围内调节滚筒转速。

（2）洗衣机滚筒转动与停顿的时间比（洗衣机滚筒“转停比”）　大多数洗衣机的转停比是 8~12s/2~3s。

先进的工业水洗机设有可调节洗衣机滚筒转停比的功能，其滚筒的转动与停止一般可以在 1~60s 内随意调节。

此外，影响洗衣机（这里我们主要讲的是工业水洗机）对衣物受力强度的还有两个次要因素：

（1）洗涤液位的高低　一般来说，洗涤液位越低，服装受到的机械力越大，反之受到的机械力越小。

（2）装机量的多少　根据不同种类服装的特点，装机量影响有一些区别。装机量过多或过少都会影响服装所受到的机械力大小。一般 60% ~ 90%的装机量被认为是最为适宜的。

洗涤液位与装机量这两个次要因素在一般情况下影响较小，但对一些特殊服装则会有比较明显的影响。一些服装不适合水洗机洗涤的主要原因，是相当多的洗衣机转速与转停比是固定的。因此，这种洗衣机有可能在洗涤时把某些娇柔的服装破坏。而高等级的洗衣机则可以随机在很大范围内进行转速调节和滚筒转停比调节，以适应不同洗涤强度的需求。

近年来，欧洲推出的湿洗技术就是利用高端洗衣机的功能开发出来的。

3. 洗涤剂

洗涤剂是以表面活性剂、助洗的碱性盐类等为主要成分配合而成的。洗涤剂的类型、质量、数量、使用方法等，都会直接影响洗涤效果，因此正确选择洗涤剂和准确确定洗涤剂浓度有着举足轻重的作用。

洗涤剂的选择和使用，主要依据衣物面料的纤维成分。其中最为重要的因素是洗涤剂的碱性强弱。洗涤前要根据服装的纤维组成、服装状况等条件分别选择中性、弱碱性和强碱性等不同的洗涤剂。

蛋白质纤维一定要使用中性洗涤剂；而强碱性洗涤剂只能给白色重油垢的棉

麻化纤类服装使用。洗涤剂选择还要考虑面料成分中的混纺情况，一般以较为娇柔的纤维成分作为选择的依据。

根据污垢的轻重来选择和确定洗涤剂的浓度。同时，还要考虑洗涤剂附带的辅助功能。不同类型的洗涤剂适用于不同类型的服装。机洗洗涤剂的浓度一般为0.1%~0.2%，即每升水含有洗涤剂 1~2g。手工洗涤时，由于浴比差别较大，故洗涤剂的浓度可以适当地提高一些。那些污垢严重的衣物可以进行二次洗涤，即采用“两浴法”洗涤，尽可能不要盲目过多地使用洗涤剂。

4. 时间

洗涤时间根据污垢的情况和衣物的承受能力确定。机洗时，有可能设定的洗涤时间为 5~25min，一般常用的洗涤时间大都设定为 8~15min；手工洗涤时，一般为 2~5min/单件。

5. 温度

根据服装的种类与污垢类型，选择适当的洗涤温度。根据不同的服装可以选择从室温到 95℃。温度设定的基本原则见表 1-3。

表 1-3　洗涤温度的选择

衣物类型	洗涤温度
蚕丝、羊毛等蛋白质纤维服装	尽可能使用较低温度洗涤，可以使用室温洗涤；如需要使用温水，一般不超过 40℃
一般衣物	30~40℃
白色卧具类布草	40~70℃
餐饮业彩色台布、口布	60~80℃
餐饮业白色台布、口布、厨衣等重油垢布草	95℃

三、水洗去污的基本过程

水洗去污的基本过程依次为卷离、溶解与增溶、乳化、氧化、还原和生物降解，详见表 1-4。

表 1-4　水洗去污的基本过程

基本过程	说明
卷离	污垢从衣物上脱离的过程。污垢的卷离是贯穿洗涤全过程的，任何污垢通过下述各个不同过程作用后，都要经过卷离而进入水中，并通过排水、漂洗，最后达到分离污垢、洗净衣物的目的
溶解与增溶	水与含有洗涤剂的水对污垢的溶解过程。水溶性污垢在水中溶解是个比较简单的过程，如盐类、糖分在水中的溶解。而洗涤剂中的表面活性剂会使一些污垢的溶解范围扩大，或使溶解度提高。这就是洗涤过程中洗涤液对污垢的增溶作用

续表

基本过程	说明
乳化	表面活性剂对油性污垢的分解离析过程。这是水洗洗涤油性污垢的主要过程，油脂经过表面活性剂的乳化才有可能从衣物上分散到水中，从而脱离衣物进入洗涤液中，达到洗涤目的
氧化	利用氧化剂洗掉特定污垢的过程。利用氧化剂处理衣物上的某些颜色污渍是洗衣业的传统手段。正确选择和使用氧化剂可以有效洗净色性污垢，提高洗衣质量，解决较为棘手的问题
还原	利用还原剂洗掉特定污垢的过程。与氧化的情况类同，利用还原剂处理衣物上的某些颜色污渍也是洗衣业的传统手段。还原剂可以有效解决去除色迹的难题，确保洗衣质量
生物降解	利用生物酶制剂洗掉特定污垢的过程。洗衣业使用生物酶制剂去除一些特殊污渍是比较晚的，如使用淀粉酶、脂肪酶、蛋白酶、纤维素酶等。目前，常用的主要是用于处理蛋白质类渍迹的蛋白酶。一些洗涤剂或洗涤助剂如加酶洗衣粉、衣领净等都是含有碱性蛋白酶的洗涤剂。它们可以分解以人体蛋白质分泌物为主的污垢

四、水洗的目的

由上述分析可知，水洗服装的目的，实际上是把原有服装上的污垢和所使用的洗涤剂全部减掉。实际上，水洗是在做减法。

① 在洗涤过程中尽可能完全彻底洗掉服装上的污垢。

② 在洗掉污垢以后还要努力将服装上残留的洗涤剂漂洗干净。

③ 由于种种原因服装上总会残留不能彻底洗掉的污垢。

第二章 水洗的洗涤剂与助剂

洗涤的洗涤剂和助剂是水洗的原料。为此，先要阐述表面活性剂的知识。为了理顺洗涤技术的内容，本章仅仅以使用为中心进行一些简介。

第一节　表面活性剂

一、表面活性剂的概念

表面张力广泛存在于各种液体的表面（或气态与液态的交界面），能够有效地降低表面张力。可产生润湿、渗透、分散、乳化、增溶等作用的物质，就称作表面活性剂。

二、表面活性剂的类型与功能

根据表面活性剂分子所带的电荷性质，表面活性剂可以分成离子型和非离子型两种（表 2-1）。其中离子型表面活性剂，又可以分成阴离子型、阳离子型和两性型三种。在洗衣服务业，除了两性型表面活性剂几乎不使用以外，其他三种表面活性剂都会在不同工序和不同要求中使用。

表 2-1　表面活性剂的类型与功能

类型	功能
阴离子型表面活性剂	表面活性剂在各行各业中都有广泛的应用，几乎涉及各个领域。阴离子表面活性剂大量应用于不同的洗涤技术，当然也应用于衣物洗涤的各种洗涤剂和洗涤助剂，如肥皂、洗衣粉、各种洗衣液、去渍剂、干洗助剂等
阳离子型表面活性剂	在洗衣业，阳离子型表面活性剂主要应用于后整理部分，如柔软整理、防水拒水整理、固色整理等

续表

类型	功能
非离子型表面活性剂	非离子型表面活性剂在各行各业中用途广泛，然而洗衣业单独使用非离子型表面活性剂的机会较少。水洗重油垢的布草时，为了迅速分解油污往往要加入乳化剂。乳化剂就是以非离子表面活性剂为主要成分的洗涤助剂。此外，洗衣业在进行衣物染色和清洗保养皮革衣物时，会选择不同的非离子型表面活性剂作为助剂，如匀染剂、缓染剂、润湿剂、渗透剂等

第二节 洗 涤 剂

一、洗衣粉

洗衣粉在刚刚出现时，称作合成洗衣粉，其主要成分是人工合成的阴离子型表面活性剂。按照我国有关规定，考核普通洗衣粉质量的两个重要指标之一是含有表面活性剂（即活性物）不得少于20%；另一个指标是其1%水溶液的pH值应在10.5~11。不同类型洗衣粉的基本质量要求，大体上都与这两项指标相匹配。洗衣粉类型与使用特点见表2-2。

表2-2 洗衣粉类型与使用特点

类型	使用特点
通用洗衣粉	即普通碱性洗衣粉，适用于大多数衣物的洗涤，可以用于冷水或温水，但是不适合洗涤蚕丝、羊毛织物，也不适合洗涤一些较为娇柔的衣物
强力洗衣粉	即强碱性洗衣粉。大多数强力洗衣粉不在市场上出售，直接供应给洗衣企业。强力洗衣粉一般要求使用较高洗涤温度（40~95℃），专门用于洗涤重垢型的白色棉、麻以及化纤混纺织物，绝不可以洗涤深色或含有蚕丝、羊毛成分的衣物
增白洗衣粉	在通用洗衣粉的基础上加入了一定比例的氧化剂和荧光增白剂，制成增白洗衣粉，具有使纺织品增白增艳的作用。它适合洗涤白色、浅色或中浅色花条、花格或印花的纺织品，不宜用于洗涤深色衣物，当然也不适合洗涤蚕丝、羊毛衣物。这种洗衣粉更适合使用40~50℃温水洗涤，冷水洗涤的效果会差很多
加酶洗衣粉	在通用洗衣粉中加入碱性蛋白酶，制成加酶洗衣粉。这种洗衣粉对蛋白质具有较强的分解功能，对洗涤人体分泌物污垢具有一定的优势，适合洗涤卧具、贴身衣物、夏季服装等。这种洗衣粉同样需要使用温水洗涤，否则酶制剂不能有效发挥作用
无磷洗衣粉	无磷洗衣粉与通用洗衣粉的洗涤对象和使用范围都是相同的。它与一般通用洗衣粉的主要区别是不含磷酸盐助洗剂。磷酸盐是优良的助洗剂，但是一些学者认为磷酸盐可助长江、河、湖、海水系的富营养化污染。因此提出限制或禁止使用含磷酸盐的洗涤剂，由此无磷洗衣粉应运而生。但是，欧洲科学家经过多年禁磷后的调查研究发现事实并非如此简单，并以此提出相反论点。洗涤剂的有磷无磷之争出现了不同观点。至今，洗涤剂中的磷酸盐问题尚没有见到权威的断然结论
加漂洗衣粉	加漂洗衣粉中加入了一些氯漂粉，非常有益于洗涤白色、浅色的夏季衣物。它可以提高夏季衣物的洗净度，而且具有一定的消毒灭菌作用。但是这种洗衣粉不能用于洗涤较深色衣物；不适合洗涤含有蚕丝、羊毛纤维的衣物，尤其不能直接把洗衣粉放在衣物上冲化，防止咬色

续表

类型	使用特点
彩漂洗衣粉	这是流行于欧洲的家用洗衣粉。它含有较高比例的过氧化物氧化剂，可以洗涤除了含有蚕丝、羊毛成分以外的大多数衣物，具有洗净度高，衣物洗后清爽透亮的优点，但是要求使用温水洗涤。这是与欧洲家庭大都有温水供应相互配套的
中性洗衣粉	专门为洗涤含有蚕丝、羊毛纤维面料衣物而制造的洗涤剂。其1%水溶液的pH值一般在7~8，不超过8。可以在保护纤维的前提下有效洗涤娇柔的衣物。对于一些成分不明，或含有新型再生纤维素的衣物，也需要使用这种洗衣粉
深色洗衣粉	为了有效保护衣物的颜色，防止深色衣物洗涤后面料表面的一些染料发生脱落，洗后面料发白，一些洗涤剂厂商开发了专门洗涤深色衣物的洗衣粉。这类深色洗衣粉一般为中等碱性，适合洗涤以棉纺织品为主的各种深色服装，尤其是深色衬衫、T恤、休闲裤等。这类深色洗衣粉适于使用冷水洗涤，既可用于机洗，也可以用于手工洗涤

二、其他洗涤剂

其他洗涤剂及使用特点见表2-3。

表2-3　其他洗涤剂及使用特点

类型	使用特点
中性洗涤剂	由于中性洗涤剂的粉剂制作成本高于液体，再加上洗衣机械自动化的要求，液体洗涤剂正在逐渐替代粉剂洗涤剂。市场上的中性洗涤剂，或标为丝毛洗涤剂、羊毛衫洗涤剂等的中性洗涤剂中粉剂很少，大多是液体制剂 中性洗涤剂主要用于洗涤含有蚕丝、羊毛纤维的衣物，其pH值以及使用方法与中性洗衣粉相同。中性洗涤剂适于使用冷水或不超过40℃的温水
乳化剂	主要用于配合强力洗衣粉洗涤重油垢衣物，如餐饮业的台布、口布、厨师工作服等。乳化剂使用时要求较高的洗涤温度，而这类衣物大多是白色棉纺织品或白色合成纤维与棉混纺织物，因此能够发挥有效功能
衣领净	衣领净主要含有表面活性剂和碱性蛋白酶，对人体蛋白质分泌物有较好的去除功能，可有效去除领口、袖口的污渍。碱性蛋白酶的工作环境要求一定的pH值（9.5~10.5）和适合的温度（40~50℃），同时酶制剂与污垢之间还需要一定的反应时间，所以使用衣领净时要考虑这些因素。蛋白质纤维织物或深色衣物不宜使用衣领净，这主要是因为衣领净可以造成这类衣物颜色脱落，严重的甚至可以伤及面料
肥皂	由于合成洗涤剂的出现，肥皂从洗涤衣物的最前线上退了下来。由于使用肥皂方便灵活，所以仍然会在一些场合中使用。肥皂的主要成分是脂肪酸钠，属于阴离子表面活性剂。在洗涤白色布草时加入适量肥皂有益于携带污垢，提高白度，为此一些专业洗涤剂公司会生产含有肥皂粉的皂粉型洗衣粉。但是肥皂对于硬水极其敏感，遇到硬水可产生不溶于水的钙镁皂斑，形成洗涤疵点。因此，使用肥皂时不宜直接接触硬水，更不宜使用肥皂洗涤深色衣物
洗涤灵（洗洁精、餐洗净）	洗涤灵并非衣物洗涤剂，但仍然有一些人热衷于使用洗涤灵。在此我们进行一些相关叙述。洗涤灵也叫洗洁精、餐洗净，是用于洗刷碗筷的洗涤剂。它不是为洗衣服设计的洗涤剂，属于硬表面清洗剂，适于清洗金属、陶瓷、塑料等的硬表面。但是一些人看到洗涤灵强有力的去除油污功能从而用于洗衣服。但是洗涤灵中大多含有消毒杀菌的氧化剂，对衣物的颜色和纤维都会有一定的损伤。为此，不赞成使用洗涤灵洗涤衣物。如果一定要使用洗涤灵，可以用于白色的棉、麻或化纤织物，而其他带有颜色的面料或其他纤维则要慎用

第三节　后 处 理 剂

后处理剂见表 2-4。

表 2-4　后处理剂

后处理剂	特点和用途
醋酸（冰醋酸，冰乙酸）	醋酸是比较温和的有机酸，也叫乙酸。净含量 99%以上的醋酸在 16℃时可结冰，因此又称作冰醋酸或冰乙酸。冰醋酸在洗衣业有着广泛的用途，尤其是以洗涤一般服装为主的洗衣店，冰醋酸几乎是不可或缺的洗涤后处理剂。冰醋酸的主要用途： ①中和残碱：服装经过水洗之后使用 1~2g 冰醋酸/L 水中和残碱，可以使洗涤剂很容易地漂洗彻底 ②防止掉色：醋酸对各种染料与面料的结合都具有加固作用。尤其是服装的面料由不同颜色组成，或其他附件与面料颜色不同，都需要使用冰醋酸进行处理，用以防止搭色或洇色 ③提高漂洗洁净度：一些深色服装经过含有醋酸的水漂洗，可以明显提高洁净度，尤其是蚕丝或纯棉服装效果更为突出 ④固色：当水洗服装掉色时，可以使用含有冰醋酸 1~3g/L 的水进行 2~3 次漂洗，掉色现象就可以得到制止。为了预防服装在水洗时掉色，也可以使用含有冰醋酸的水漂洗 ⑤吊色（严重掉色处理）：当水洗服装严重掉色时，往往令操作者手足无措。此时无须停止操作，要尽快完成洗涤，然后使用较高含量的冰醋酸水浸泡处理。浸泡中需要不时翻动服装以保证反应均匀。此时不但掉色得到制止，已经脱落的染料还可以适当回染到服装上。这就是所谓的“吊色”，即利用冰醋酸把已然脱落的颜色“回吊”到服装上，使掉色服装得到适当恢复 吊色时冰醋酸用量：3~5g/L 水；温度：室温 ~ 40℃
柔软剂	柔软剂是以阳离子型表面活性剂为主要成分的后整理助剂，用于洗涤后柔软整理。一些针织内衣，毛巾被、浴巾类，毛毯，羊毛衫、羊绒衫等，水洗后都应该进行柔软整理，以保证服装保持蓬松柔软的状态 使用方法：浸泡，浸泡过程中需要不时翻动以保证作用均匀；使用水洗机处理；处理时间 5min 左右 用量：5~10g/件衣物（根据衣物大小增减）或 1~2g/L 水 柔软整理后一般无须漂洗，即可脱水晾干。柔软剂的用量不宜过多，使用太多的柔软剂不会提高柔软整理效果，反而影响衣物的使用。由于柔软剂是靠纤维吸收后发挥作用的，所以要保证一定的处理时间，并尽可能地使之均匀吸附
中和剂（酸剂、酸粉、中和酸）	这是洗涤布草以后用于中和的专用酸剂，其主要成分是草酸和脱氯剂，适合在洗涤重油垢白色布草后使用，用于中和强力洗衣粉残碱和氯漂剂，具有用量少、效果明显的优点。但是使用后需要进行漂洗，用以去除残余的酸剂。中和剂不适合用于处理日常服装，也不适合用于进行固色和防止掉色

续表

后处理剂	特点和用途
浆粉	一些品种的服装需要进行上浆整理。有的是局部上浆如衬衫领子，有的是整体上浆如台布、口布、厨师工作服等 上浆的原料常用的有玉米淀粉、马铃薯淀粉、聚乙烯醇、羧甲基纤维素等 服装上浆有生浆和熟浆两种工艺，其中比较常用的是生浆 ①一般服装上生浆：主要用于餐饮业的布草，如台布、口布、厨师工作服，以及纯棉衬衫类衣物，或是纯棉衬衫的领子、袖口上浆 ②台布、口布上浆：洗涤、漂洗经过脱水之后，使用40~60℃的温水加入浆粉，在洗衣机内处理6~8min，然后脱水；通过烫平机加热完成浆粉熟化和烫平 ③厨师工作服、纯棉衬衫上浆：上浆工艺同台布、口布的上浆过程，上浆后使用夹烫机把衣物的浆粉熟化和烫平 ④领子、袖头上浆：衬衫洗涤晾干后进行上浆。使用不超过40℃的温水把浆粉溶化调匀，让领子和袖头充分吸附溶化的浆粉，挤干水分后，在烫台上使用熨斗把浆粉烫熟并烫平衣物，同时完成上浆和烫平的操作 ⑤浆粉用量：由于服装上浆有淡浆、中浆和硬浆之分，所以洗衣机内上浆处理时浆粉用量根据需要在600~1500g/100kg衣物之间调整 局部上浆时一件衬衫需浆粉5g左右（含残余浆料）。由于浆粉的力份有大小差别，如绿豆淀粉力份最大，其次是马铃薯淀粉，再次是玉米淀粉，上浆后的硬度要求也各不相同，所以，服装局部上浆需要积累一些经验 ⑥使用熟浆上浆的机会较少，多用于单件家居纺织品，如桌布、褥单等。熟浆上浆的服装需要彻底干燥后进行。熟浆浆粉需经过加热煮熟，待温度下降至40~50℃时再进行浸泡处理。上浆时要让服装充分浸透浆料，经过均匀吸附脱水晾干。最后使用熨斗烫平 ⑦注意事项：深色服装一般不宜上浆，尤其不宜使用生浆上浆；使用熟浆上浆后，晾干时注意不要使服装相互粘连
荧光增白剂	荧光增白剂是用于纺织品增白增艳的印染助剂。不同的纤维使用不同的荧光增白剂，它是类似染料的物质。纺织品吸附荧光增白剂后，就能够把日光中紫外线反射为鲜艳亮丽的白色。荧光增白剂可用于白色或浅色服装 经常用于棉纺织品的为荧光增白剂VBL是一种淡黄色粉末，易溶于热水，用量少，作用明显 使用条件：40℃ 处理时间：5~10min；浸泡或水洗机处理 用量：服装重量的0.02%~0.05%，如100kg衣物使用量为20~50g

第四节　氧化剂和还原剂

一、氧化剂

洗衣业使用的氧化剂大体上有两类，一类是含氯氧化剂，另一类是过氧化物氧化剂，主要用于漂白或漂色，较大量布草洗涤时还可以用于提高洗净度。主要氧化剂及其应用见表2-5。

表 2-5 主要氧化剂及其应用

类型	特点与应用
次氯酸钠液（氯漂液、漂水）、84 消毒液	这类氯漂剂主要成分是次氯酸钠，只不过其有效氯含量不同而已。其中工业用黄绿色次氯酸钠液的有效氯含量最高，而 84 消毒液的有效氯含量大约只有液体次氯酸钠有效氯含量的一半 （1）使用氯漂剂一般限于对衣物进行整体处理，不宜进行局部处理 （2）用于洗涤白色布草 使用方法：使用洗衣机处理；处理温度 40~60℃ 用量：0.01%~0.05%（0.1~0.5g/L 水） 处理时间：5~10min 漂洗、脱氯、脱水、干燥 （3）衣物漂白 使用方法：使用洗衣机处理或手工浸泡处理；处理温度 30~40℃ 用量：1~2g/L 水 处理时间：10~20min 漂洗、脱氯、脱水、干燥 注意：手工浸泡处理时要不时翻动，以保持衣物均匀接触氯漂剂；处理时服装必须没入水中，不可露出处理液外 （4）去除衣物染料色迹 用氯漂剂解决服装串色、搭色事故；非白色服装，尤其是浅色服装串色或搭色后，不易彻底去除，可使用微量氯漂液处理浅色纯棉、涤棉服装搭色的问题 使用温度：冷水 使用条件：高液量，浴比 1∶20 以上 用量：0.01%~0.05%（0.1~0.5g/L 水） 处理时间：2~12h 处理方法：浸泡，不时翻动确保全部没入水中，不可外露 处理后充分漂洗，脱氯，再漂洗，脱水晾干
漂粉精（高纯次氯酸钙）	漂粉精属于高纯度漂白粉，它是白色颗粒状粉末，有效氯含量一般在 60% ~ 70%，最高可达 90%。有强烈的氯臭味道，比较容易保存，但是遇水能够发热甚至燃烧爆炸，属于危险品
氯氨 T（对甲苯氯磺酰胺钠）	白色结晶颗粒状粉末，有类似氯臭的味道。有效氯含量约在 25%，易溶于水。适于使用较高温度漂白
二氯异氰尿酸钠	白色粉末，高效消毒、杀菌灭藻剂，带有氯臭味道，有效氯含量约在 60%，也是氧化剂类型的漂白剂。可以用于较低温度漂白 上述三种粉剂氯漂剂，在传统洗衣业中很少直接使用。洗衣业的化料供应商采用上述氯漂剂配制成氯漂粉，主要供应给洗涤布草的企业（如宾馆或酒店洗衣房、布草水洗厂等单位）。它们供应的氯漂粉，因企业不同而成分各不相同。但氯漂粉的有效氯含量一般不应低于 25%
双氧水	双氧水的化学成分是过氧化氢。工业双氧水一般含量大多是 30%~35%，具有一定腐蚀性，不可直接接触皮肤，主要用于漂除以天然色素为主要成分的污渍，也可以用于比较简单的颜色污渍漂白 （1）整体处理漂除天然色素污渍 目的：去除天然色素，去除某些搭色 用量：5~10g/L 水 温度：80~90℃ 处理方法：拎洗 2~5min

续表

类型	特点与应用
双氧水	充分漂洗、脱水、晾干 （2）局部处理天然色素斑点 1∶1 稀释双氧水 使用棉球点浸色素斑点处。可以多次反复使用，但每次使用后要将残余药剂清洗干净再进行下一次点浸，服装上不可积存药剂
彩漂粉	彩漂粉大多用于布草洗涤，是由过硼酸钠、过碳酸钠等配制成的粉状氧化剂，溶于水后产生有效双氧水，从而用于漂白或漂色。彩漂粉可以用于洗涤带有颜色衣物的天然色素污渍，基本不伤原有色泽。其使用条件和用量大体与双氧水类同，主要用于洗涤彩色台布、口布中的天然色素类污垢 使用条件：80℃ 用量：0.5~1g/L 水 处理时间：5~15min

二、还原剂

常用还原剂见表 2-6。

表 2-6　常用还原剂

类型	性能
保险粉	又名快粉，化学名称为低亚硫酸钠或连二亚硫酸钠，是带有流动性的白色颗粒晶体。可自燃，属于危险品。需要比较严密的防潮保存。保险粉可用于各种纤维制品的还原漂白或漂色，一般仅限于对白色衣物使用，基本不伤面料纤维，所以称作“保险粉” 主要用途：漂色，如漂除白色真丝衣物的陈旧性发黄、漂除白色衣物的搭色等 使用温度：90~100℃ 用量：25~40g/件衣物 浴比：衣物的 10~15 倍 操作方法：操作应该尽量迅速，以拎洗为主。使用后用充分清水漂洗、脱水、干燥
海波	化学名称为硫代硫酸钠，弱还原剂。白色大颗粒斜长晶体，易溶于水 主要用途：脱氯 使用方法：浸泡或使用洗衣机处理 温度：不超过 40℃的冷水或温水 用量：10~20g/件衣物 使用海波脱氯后需要清水漂洗两次，即可脱水、晾干
亚硫酸氢钠（重亚硫酸钠）	弱还原剂，白色颗粒状晶体，主要用途也是脱氯。使用方法以及用量、温度条件等与海波相同
草酸	化学名称为乙二酸，是比较强的有机酸，其酸性强度是醋酸的 2000 倍。常常在布草洗涤后用于中和残碱。草酸也是还原剂，在一定条件下作为还原剂使用。因此也可用于协助脱氯 主要用途：中和残碱、脱氯、去除铁锈渍迹等 用量：0.2~0.5g/L 水 温度：40℃左右 时间：5~8min 使用方法：浸泡或洗衣机处理。衣物经过草酸处理后需要至少两次清水漂洗，衣物上不宜存有残留。草酸去除铁锈的能量有限，适宜去除比较轻微的或新沾染的铁锈。草酸去除严重的或比较陈旧的铁锈时效果不够好，还需要使用专业去锈剂

第三章

水洗的工艺与技法

第一节 水洗工艺与技术概述

一、洗涤方式

1. 服装的洗涤方式

服装的洗涤方式，包括干洗、水洗和湿洗等，需要经过综合性考虑后来确定。根据服装的面料成分（纤维组成）、污垢性质、服装颜色、服装款式与结构、服装附件与装饰品等相关因素，做出使用干洗、水洗或湿洗等不同方式的准确选择。

2. 选择洗涤方式的基本原则

① 能够使用机洗的服装尽量使用机洗，尽量减少使用手工洗涤的比例。

② 水洗的洗净度是较高的，可以水洗的服装无须干洗。

③ 外衣类和以油性污垢为主且结构较为复杂的服装适合干洗。

④ 为了保护某些服装的质地、颜色、附件、装饰物等，必须干洗。

⑤ 必须使用手工水洗的服装，不可随意改为机洗。

3. 洗涤方式（机洗与手工水洗）的选择

根据使用情况，可以有几种不同的水洗方式选择。

① 全机洗——内衣、内裤、卧具、工作服等。

② 机洗+手洗——适合水洗的一般服装，以机洗为主，手工洗涤辅助。

③ 手洗+机洗——污垢较重、重点污垢较多的服装，如羽绒服等，以手工洗涤为主，机洗为辅。

④ 手工水洗——比较娇柔的服装不适宜机洗，必须完全手工洗涤。

4. 不适宜机洗，必须手工水洗的服装

① 明显掉色的服装。

② 带有复杂装饰物的服装。

③ 使用防皱整理面料的服装。

④ 使用紧密硬挺面料的服装。

⑤ 服装表面有明显不耐摩擦的部分（如绣花、发泡印花、静电植绒、手工绘画等）。

⑥ 其他不宜机洗的服装。

二、水洗服装的分类

水洗服装的分类见表 3-1。

表 3-1 水洗服装的分类

分类角度	说明
按照服装的颜色分类	为了不致在洗涤过程中发生串色或颜色污染，需要按照颜色的不同进行分类。有两种方案 ① 当洗涤服装的总量较多时可以按照白色、浅色、中色、深色、掉色分成五类 ② 当洗涤服装的总量较少时可以按照浅色、深色、掉色分成三类 其中，掉色服装是指以天然纤维为主的面料中，红色、紫色和棕色系列的服装，尤其是红色、紫色、棕色的真丝服装
按照污垢的类型分类	水洗之前需要根据服装污垢的轻重分类，其中的要点是不可把重垢类服装与其他服装混洗；此外是尽可能把内衣与外衣分开洗涤 重垢类衣物，可以采用“两浴法”洗涤，不宜盲目加大洗涤强度或过多地使用洗涤剂
按照面料成分分类	不同成分的面料所需要使用的洗涤剂和洗涤条件有着明显的差别。其要点是不适合使用碱性洗涤剂的服装，一定要使用中性洗涤剂，以免发生不应该出现的洗涤事故
按照服装大小分类	不同体量的服装不宜放在一起洗涤，尤其是使用洗衣机水洗，常会因为服装的体量差别过大，发生小件衣物被大件衣物夹带、裹挟的现象，而产生搭色、串色等事故
按照服装结构及附件分类	带有较为复杂或多种附件、装饰物的服装，常常会出现洗涤事故，造成不应有的损失。这类服装应该选择不同洗涤程序洗涤，或是从其他服装中分拣出来进行单独处理

第二节 水洗基本工艺

一、机器水洗的基本工艺

水洗的基本工艺是不同服装进行水洗时的基本工艺路线。较为简单的服装水洗时可能其中某个环节会简化。水洗基本工艺见表 3-2。

表 3-2　水洗基本工艺

<table>
<tr><th colspan="2">工艺</th><th>内涵</th></tr>
<tr><td rowspan="4">预处理</td><td>过水</td><td>使用清水将服装湿透，在水中停留时间不超过 2~3min；大多数服装都可以采用比较简单的过水处理，使表面污垢首先脱离洗涤环境</td></tr>
<tr><td>浸泡</td><td>使用清水将服装充分浸透，并在水中停留 5~15min；手工浸泡时中间需要翻动两三次；使用洗衣机浸泡时须设定浸泡时间和中间翻动的次数
一些家居纺织品如窗帘、沙发套、车座套等以及一些工作服等表面污垢较多，适于洗涤前浸泡。污垢严重的甚至可以浸泡两三次然后进入洗涤程序</td></tr>
<tr><td>预洗</td><td>使用少量洗涤剂（相当于主洗时洗涤剂用量的 1/3~1/2）、较少时间（2.5min）、较低温度（一般使用室温即可）洗涤一次。预洗就是水洗两浴法的第一浴，可以把较为严重的污垢先行去除，使之脱离服装，从而减轻主洗时的污垢量，避免污垢的串染，用以保证较高的洗净度</td></tr>
<tr><td>预去渍</td><td>洗前将重点污垢进行预先去渍</td></tr>
<tr><td colspan="2">主洗</td><td>①洗涤温度：根据服装的种类与污垢类型选择适当的洗涤温度，可以从室温到 95℃。温度设定基本原则如下
蚕丝、羊毛等蛋白质纤维服装使用室温洗涤
一般服装使用 30~40℃水温洗涤
一般白色卧具类布草使用 40~60℃水温洗涤
餐饮业彩色台布、口布使用 60~80℃水温洗涤
餐饮业白色台布、口布、厨衣等使用 95℃水温洗涤
②洗涤时间：根据污垢的情况和服装的承受能力确定
机洗时间可以设定为 5~25min
一般常用的洗涤时间设定为 12~15min
手工洗涤一般为 2~5min/单件服装
③洗涤强度：机洗需要设定洗衣机转速、滚筒转/停时间比；手工洗涤需要选择不同洗涤强度的手工洗涤技法
④ 洗涤剂：根据衣物的品种选择中性洗涤剂、碱性洗涤剂或强碱性洗涤剂</td></tr>
<tr><td colspan="2">漂洗</td><td>①漂洗次数：根据衣物情况清水漂洗 2~5 次；一般漂洗 3 次
②漂洗强度：根据服装承受能力调整洗衣机转速、滚筒转/停时间比
③漂洗温度：一般使用冷水或温水漂洗，个别白色重油垢织物甚至要求使用较热的水进行漂洗，但是漂洗温度不会超过 60℃
④漂洗时间：每次漂洗时间为 2~5min
⑤漂洗后排水：根据不同服装需要采取排水或脱水；大多数服装排水即可，污垢量较大的服装适合漂洗后脱水，以提高漂洗效率，如洗涤羽绒服</td></tr>
<tr><td colspan="2">后处理</td><td>①目的：水洗服装的后处理常见的有过酸（中和、固色）、柔软整理、上浆、防水整理、防皱防尘整理等
②助剂：醋酸、草酸、柔软剂、防水剂、防皱防尘整理剂等
③处理方式：浸泡或使用洗衣机处理
④处理条件：温度、时间、用量等将在下一节讲述</td></tr>
<tr><td colspan="2">脱水</td><td>使用洗衣机机洗时，脱水按照自动程序进行，无须人工干预
手工水洗时，脱水最好使用立轴式脱水机进行脱水，或使用波轮式洗衣机脱水功能。完全不可以进行脱水的服装极少，但是需要注意以下几个方面
①码放一定要均匀
②沿脱水机周边摆放，不可将服装放在脱水机中心
③只有一件服装脱水时要安置配重，以保持脱水机平衡
④一些娇柔的服装可以使用干净的毛巾包裹进行保护</td></tr>
</table>

续表

工艺		内涵
干燥	烘干	使用烘干机对服装进行烘干。烘干机工作过程中的转动情况以及衣物所受机械力类似洗衣机。由于在进行烘干的大多数时间里服装仍然处于湿状态，而烘干过程中服装要受到一定强度和一定时间的摩擦、滚动等机械力，因此不是所有的服装都适合进行烘干 适宜使用烘干机烘干的服装主要是内衣、内裤、毛巾、浴巾、毛巾被、某些休闲运动服装等 许多不适宜烘干的服装，在烘干过程中有可能造成抽缩变形以及一些损伤。如带有防水树脂涂层面料制成的服装、粗纺呢绒面料服装、硬挺型面料制作的服装以及大多数丝绸服装等，都可能在烘干时损坏
	晾干	几乎任何服装都可以使用晾干的方法来干燥。晾干过程中要保持空气流通而且不直接暴露在日光下。晾干过程时间越短越好。长时间晾晒还不能干燥，服装就容易出现变形、变色、洇迹、搭色等洗衣事故
	吹干	一些极为特殊的服装必须以最短的时间干燥，如某些带有水溶性涂层面料的服装。可以使用人像熨烫机的冷风功能，在短时间内直接把服装吹干

二、手工水洗的基本工艺

1. 手工水洗技法

手工水洗是洗衣业的传统手艺，也是数千年来从事洗衣业的人们经验积累最为丰富的技术。洗衣业的机械化和现代化淘汰了许多手工洗衣的技法。但是时至今日，相当多的服装仍然需要使用手工洗涤。因此，尚有一些手工洗衣技法具有现实意义。洗衣业传统技法流传至今，经过了无数工匠大师的改造与发展。手工洗涤技法是现代洗衣技术的基础。手工水洗技法有多种，详细见表 3-3。

表 3-3 手工水洗技法

技法	技法特点
搓洗	即利用洗衣搓板搓洗服装的方法。这种洗衣技法可作为其他手工水洗技法的借鉴。搓洗的要点是让衣服在手与搓板之间反复滚动，同时还要不断变换服装与搓板接触的部位，以便洗涤干净。当初洗衣机的发明也是受到了手工搓洗的影响，从而在洗衣转筒内设置了凸起的筋条，以使服装在洗涤时产生滚动、摩擦、摔打等相对运动，用以保证洗净度 搓洗技法可以控制手搓的力量大小，分别使用轻搓、中搓、重搓等不同手法来处理承受能力不同、污垢量不同的服装。搓洗的要领是均匀，就是要使服装的每个部位都能够搓到，还要使服装的每个部位都受到同等力量的搓洗
刷洗	是至今仍然经常使用的手工洗衣技法，也是常规的手工洗涤方法。刷洗的要点是“三平一均” 洗板平：如前所述，要求洗板的板面没有任何凹凸不平或孔洞、裂缝等 铺衣平：也就是服装铺在洗板上要确保全部紧贴板面，服装不可有叠压、褶皱的部位，以保证刷洗时受力均匀一致 运刷平：刷洗时洗衣刷的刷毛要整体接触服装，以刷子的全部刷毛进行刷洗，避免洗衣刷局部接触服装，造成刷洗力量过大伤害服装的色泽和纤维 刷洗均匀：对服装刷洗时用力要均匀，衣物各个部位的刷洗力度要均匀，不可有轻重不一和漏刷的部位 此外，就是洗衣刷的选择。根据服装的材质情况选择适合的洗衣刷

续表

技法	技法特点
揉洗	是比较温和的手工洗涤技法，具体操作是在洗板上或在洗衣盆内使用轻柔的类似搓洗手法洗涤。也就是让衣物在手内或在手与洗板之间或手与洗衣盆之间轻轻地滚动。该法最适宜洗涤羊毛衫、羊绒衫、娇柔的针织品，也用来洗涤一些可以水洗的绒类衣物。揉洗的要领仍然是均匀，也就是衣物每个部位受力都应该是均匀的
拎洗（淋洗）	拎洗也叫作“淋洗”，以衣物与洗涤液的相对运动进行柔和的水洗 拎洗所使用的容器应以可容有较深的洗涤液为宜（如桶类容器）。这是使用频率相对较高的技法，尤其是使用某些氧化剂、还原剂等单独处理一些服装时，这种方法具有容易控制和简便易行的优点 该法的操作要点是手提着服装上下拎动，通过在水中反复淋涮，把服装洗涤干净。常用于其他洗涤方式的准备工作，或是用于其他手工水洗的预洗。在剥色、上浆，以及使用氧化剂、还原剂等处理服装时，拎洗的洗涤强度较低而服装却有充分接触药剂的机会。拎洗时手所抓住的服装部位很重要，裙子、裤子一类抓住腰部，上衣要抓住双肩，不宜抓领子。必要时还可以翻过来同时抓住上衣的下摆和袖口，用以确保服装均匀受力，受到均衡处理
挤洗	挤洗是最温柔的手工水洗，用于洗涤带有较多的附件和装饰物的服装。操作方法是把服装浸透洗涤液并翻转均匀后，用手反复挤压被洗的服装，同时继续翻转，使服装在翻转和挤压过程中把含有洗涤剂的水反复挤出和吸入，将污垢排出，达到洗涤干净的目的。挤洗的洗涤强度较低，这也是这种方法使用频率比较低的原因。选择手工水洗的衣物多数比较娇柔，所以任何手工洗涤技法都要连续操作，直至完成洗涤、漂洗、酸洗、脱水、晾干。任何理由都不可以中途停顿

2. 手工水洗操作程序

各种手工水洗技术的操作程序见表3-4。

表3-4　手工水洗操作程序

水洗技术		操作程序
搓洗	一般搓洗	①把服装浸透洗涤液，翻转均匀 ②将服装放在搓板上 ③让服装在手与搓板之间前后滚动，不时浸透洗涤液 ④重复上述①~③操作3~6次。根据用力大小不同，可以分为轻搓、中搓和重搓 ⑤脱水或漂洗
	上衣	①浸透洗涤液，翻转均匀 ②将上衣里子向上平铺在洗板上，袖子在两侧，领子在里手 ③刷洗领面 ④重新将上衣里子向上平铺在洗板上，领子在左手，刷洗上衣右侧挂面；上衣不动竖向刷洗下摆内侧；拉近上衣，刷洗左侧挂面 ⑤翻转上衣，将正面向上平铺在洗板上，领子在左手 ⑥顺序刷洗左前身、后身、右前身 ⑦翻转上衣将正面向上平铺在洗板上，领子在前手 ⑧刷洗后肩、左肩和右肩 ⑨抓住左肩和左袖口，以左肩肩缝和左袖缝在里手平铺于洗板上；刷洗左袖内侧 ⑩翻转左袖；刷洗左袖外侧 ⑪错移左袖；分别刷洗上述⑧、⑨两项接缝处 ⑫同样方法刷洗右袖 ⑬整体翻转，衣里面向外 ⑭按刷洗正面顺序刷洗衣里 ⑮刷洗袖口内侧 ⑯重新浸透洗涤液，拎洗3~4次，挤干水分

续表

水洗技术		操作程序
搓洗	衬衫	①浸透洗涤液，翻转均匀 ②将衬衫里子向上，领面在里手，平铺在洗板上 ③刷洗领子 ④刷洗托肩内侧以及连带后衣片上半部 ⑤衬衫面向上，左衣襟在里手，平铺在洗板上 ⑥顺序刷洗左前身、后身、右前身 ⑦重新平铺衬衫，领子背面向上在里手 ⑧顺序刷洗左肩、后肩、右肩 ⑨将左肩及左袖口拉直，把左袖平铺在洗板上 ⑩顺序转动并刷洗左袖以及左袖口内外侧 ⑪将右肩及右袖口拉直，把右袖平铺在洗板上 ⑫顺序转动并刷洗右袖以及右袖口内外侧 ⑬重新浸透洗涤液，拎洗 3~4 次 ⑭挤干水分
	裤子	①浸透洗涤液，翻转均匀 ②将裤子前面向上平铺在洗板上，腰头在左手 ③刷洗左裤面 ④抓住裆口及左下口翻转裤面；刷洗左裤后面 ⑤顺序转动左裤面刷洗③、④两项接缝处 ⑥刷洗裤口一周 ⑦以上述程序刷洗右裤各部位 ⑧刷洗腰头一周 ⑨刷洗裤子左右侧袋以及袋口内侧 ⑩把裤子翻转，裤里向外 ⑪以上述程序刷洗裤子里 ⑫刷洗左右裤口内侧一周 ⑬重新浸透洗涤液，拎洗 3~4 次 ⑭挤干水分
揉洗		①把服装浸透洗涤剂，翻转均匀 ②挤出大部分洗涤液，保持服装含有与衣物同等重量的洗涤液 ③放在洗板上或洗衣盆内 ④将服装翻转揉动 2~4min，中途须不时浸透洗涤液 ⑤脱水或漂洗
拎洗		①把衣物浸透洗涤剂，翻转均匀 ②上衣抓住双肩，裤子、裙子抓住腰部 ③在含有洗涤剂的容器内上下拎动 ④拎洗 2~4min ⑤脱水或漂洗
挤洗		①把服装浸透洗涤液，翻转均匀 ②在洗板上一边翻转一边挤压服装（尽量避免衣物发生滚动和摩擦） ③挤洗 2~4min，中间须再次浸透洗涤液 ④脱水或漂洗

第三节 常用服装的水洗工艺

常用水洗的服装，包括 T 恤和衬衫、羊绒衫和羊毛衫、羽绒服、休闲服装、毛纺面料裙子或裤子、丝绸服装等。本节来阐述这些服装的水洗工艺。

一、水洗 T 恤、衬衫工艺

T 恤和衬衫大多数由纯棉或棉混纺面料制成。其污垢绝大多数是水溶性的，洗涤主要依靠水洗来完成；T 恤和衬衫的换洗率又非常高，一般很少沾染严重的或特殊的污垢。因此，T 恤、衬衫的洗涤工艺非常有代表性，掌握了 T 恤和衬衫的水洗工艺，可供洗涤其他相类似的衣物参考。各种 T 恤和衬衫水洗工艺见表 3-5。

表 3-5 T 恤和衬衫水洗工艺

类型	适用范围	衣物状态	操作要点	工艺流程及用料	备注
浅色 T 恤、衬衫水洗工艺	漂白色及浅色（淡粉色、淡黄色、淡蓝色、米色、银灰色等）纯棉或涤棉 T 恤、衬衫	正常穿着，无严重污垢	手洗+机洗	①预处理：过水 2~3min，挤干水分备用；领口、袖口明显污垢处喷涂衣领净 ②洗涤 1（手工洗涤）：使用水温 40~60℃，用含有 0.2%（每升水含有洗衣粉 2g）通用洗衣粉（或增白洗衣粉）的水浸泡 1~2min，手工刷洗领口、袖口、前襟以及后肩内侧等重点部位 ③洗涤 2（机洗）：使用水温 40~60℃，用含有 0.1%（每升水含有洗衣粉 1g）通用洗衣粉的洗涤液，在水洗机中洗涤 6~8min ④漂洗 1：洗衣机漂洗 2~5min ⑤漂洗 2：洗衣机漂洗 2~5min ⑥脱水：3~5min ⑦干燥：自然晾干	领口、袖口无明显污垢时，可以省略喷涂衣领净
浅色重垢 T 恤、衬衫水洗工艺	漂白色及浅色（淡粉色、淡黄色、淡蓝色、米色、银灰色等）纯棉或涤棉 T 恤、衬衫	污垢较严重	手洗+加漂机洗	①预处理：领口、袖口明显污垢处喷涂衣领净；重点污渍处进行预去渍，油污使用去除油污的去渍剂，果汁饮料类污渍使用去除果汁、鞣酸类的去渍剂，滴入去渍剂后污渍部位可进行适当手搓或刷洗 ②洗涤 1（手工洗涤）：水温 40℃左右，用含有 0.2%（每升水含有洗衣粉 2g）通用洗衣粉的水浸泡 1~2min 后，手工刷洗领口、袖口、前襟以及后肩内侧等重点部位 ③洗涤 2（机洗）：水温 40℃左右，用含有 0.1%（每升水含有洗衣粉 1g）通用洗衣粉的洗涤液机洗；时间 10~15min；在洗涤进行到 1/2 时，每件衬衫加入次氯酸钠 0.5~1mL（或 84 消毒液 1~2mL）	次氯酸钠、84 消毒液不可超量使用；加入漂白剂后不可提高温度或延长加漂机洗的处理时间

续表

类型	适用范围	衣物状态	操作要点	工艺流程及用料	备注
浅色重垢T恤、衬衫水洗工艺	漂白色及浅色（淡粉色、淡黄色、淡蓝色、米色、银灰色等）纯棉或涤棉T恤、衬衫	污垢较严重	手洗+加漂机洗	④漂洗1：洗衣机漂洗3~5min ⑤漂洗2：洗衣机漂洗3~5min ⑥漂洗3：每件衬衫加入冰醋酸1~2mL，洗衣机漂洗3min ⑦脱水：3~5min ⑧干燥：自然晾干	次氯酸钠、84消毒液不可超量使用；加入漂白剂后不可提高温度或延长加漂机洗的处理时间
浅中色T恤、衬衫水洗工艺	浅中色纯棉或涤棉T恤、衬衫（包括浅色以及浅中色印花、花格、花条面料的T恤、衬衫）	一般污垢，无特殊污渍	手洗+机洗	①预处理：领口、袖口等处喷涂衣领净；重点污渍处进行预去渍，油污使用去除油污的去渍剂，果汁饮料类污渍使用去除果汁、鞣酸类的去渍剂，滴入去渍剂后污渍部位可进行适当手搓或刷洗 ②洗涤1（手工洗涤）：水温40℃左右，用含有0.2%（含有洗衣粉2g/L）通用洗衣粉的水浸泡1~2min后，手工刷洗领口、袖口、前襟以及后肩内侧等重点部位 ③洗涤2（机洗）：使用水温40℃、含有0.1%（含洗衣粉1g/L）通用洗衣粉的洗涤液机洗；时间6~8min ④漂洗1：洗衣机漂洗3~5min ⑤漂洗2：洗衣机漂洗3~5min ⑥漂洗3：洗衣机漂洗3~5min ⑦脱水：3~5min ⑧干燥：自然晾干	
浅中色、重垢T恤、衬衫水洗工艺	浅中色纯棉或涤棉T恤、衬衫（包括浅色以及浅中色印花、花格、花条面料的T恤、衬衫）	污垢较为严重	手洗+加漂机洗	① 预处理：领口、袖口喷涂衣领净；重点污渍处进行预去渍，油污使用去除油污的去渍剂，果汁饮料类污渍使用去除果汁、鞣酸类的去渍剂，滴入去渍剂后污渍部位可进行适当手搓或刷洗 ② 洗涤1（手工洗涤）：使用水温40℃、含有0.2%（含洗衣粉2g/L）通用洗衣粉的水浸泡1~2min后，手工刷洗重点部位 ③ 洗涤2（机洗）：水温40℃左右，在含有0.1%（每升水含有洗衣粉1g）通用洗衣粉的洗涤液中机洗10~15min；在洗涤进行到1/2时，每件衬衫加入次氯酸钠0.5~1mL（或84消毒液1~2mL） ④ 漂洗1：洗衣机漂洗3~5min ⑤ 漂洗2：洗衣机漂洗3~5min ⑥ 漂洗3：每件衬衫加入冰醋酸2~3mL，洗衣机漂洗3~5min ⑦ 脱水：3~5min	次氯酸钠、84消毒液不可超量使用；不可延长加漂机洗的处理时间

续表

类型	适用范围	衣物状态	操作要点	工艺流程及用料	备注
中色、重垢T恤、衬衫水洗工艺	中色纯棉或涤棉T恤、衬衫（包括各种中色以及中色印花、花格、花条面料的T恤、衬衫）	污垢较为严重	手洗+机洗	①预处理：领口、袖口喷涂衣领净；重点污渍处进行预去渍，油污使用去除油污的去渍剂，果汁饮料类污渍使用去除果汁、鞣酸类的去渍剂，滴入去渍剂后污渍部位可进行适当手搓或刷洗 ②洗涤1（手工洗涤）：使用水温40℃、含有0.2%（每升水含有洗衣粉2g）通用洗衣粉的水浸泡1~2min后，手工刷洗重点部位 ③洗涤2（机洗）：水温不超过40℃，在含有0.1%（每升水含有洗衣粉1g）通用洗衣粉的洗涤液中机洗10~15min；在洗涤进行到1/2时，每件衬衫加入次氯酸钠0.5~1mL（或84消毒液1~2mL） ④漂洗1：洗衣机漂洗3~5min ⑤漂洗2：洗衣机漂洗3~5min ⑥漂洗3：每件衬衫加入冰醋酸2~3mL，洗衣机漂洗3~5min ⑦脱水：3~5min ⑧干燥：自然晾干	次氯酸钠、84消毒液不可超量使用；不可延长加漂机洗的处理时间
深色T恤、衬衫水洗工艺	深色纯棉或涤棉T恤、衬衫（包括黑色、藏蓝色、深蓝色、深棕色、铁灰色等各类深色面料的T恤、衬衫）	一般污垢，无特殊污渍	手工洗涤	①预处理：室温清水浸透2~3min；挤干水分备用；重点污渍处进行预去渍，油污使用去除油污的去渍剂，果汁饮料类污渍使用去除果汁、鞣酸类的去渍剂，滴入去渍剂停留1~2min后进行洗涤 ②洗涤：使用室温清水，每件衬衫使用通用洗衣粉2~3g，搅匀，将衬衫浸泡1~2min；手工刷洗重点部位；整体手工揉洗2~3min ③漂洗1：手工漂洗2~3min ④漂洗2：手工漂洗2~3min ⑤漂洗3：每件衬衫加入冰醋酸3~5mL，手工漂洗2~3min ⑥脱水：3~5min ⑦干燥：将衬衫翻转，自然晾干	洗衣粉不可含有氧化剂、漂白剂或荧光增白剂；深色衬衫不可机洗，避免表面磨白；应采用轻柔技法刷洗，不可刷洗过重
红紫色T恤、衬衫水洗工艺	红紫色系纯棉或涤棉T恤、衬衫（包括大红色、玫瑰色、紫红色、红棕色、紫色等各类红紫色系的深色面料T恤、衬衫）	一般污垢，无特殊污渍	手工洗涤	①预处理：重点污渍处进行预去渍，油污使用去除油污的去渍剂，果汁饮料类污渍使用去除果汁、鞣酸类的去渍剂，滴入去渍剂停留1min后立即进行洗涤 ②洗涤：使用室温清水，每件衬衫加入通用洗衣粉2~3g，搅匀，将衬衫浸泡1~2min；手工刷洗重点部位；整体手工揉洗1~2min ③漂洗1：使用含有冰醋酸1~2g/L水的清水手工漂洗2~3min ④漂洗2：再次使用含有冰醋酸1~2g/L水的清水手工漂洗2~3min ⑤漂洗3：使用含有冰醋酸2~3g/L水的清水手工漂洗2~3min ⑥脱水：3~5min ⑦干燥：将衬衫翻转，自然晾干	

续表

类型	适用范围	衣物状态	操作要点	工艺流程及用料	备注
拼色T恤、衬衫水洗工艺	拼色纯棉或涤棉T恤、衬衫（包括使用不同颜色面料拼装的T恤、衬衫）	一般污垢，无特殊污渍	手工洗涤	①预处理：室温清水浸透2~3min；挤干水分备用；重点污渍处进行预去渍，油污使用去除油污的去渍剂，果汁饮料类污渍使用去除果汁、鞣酸类的去渍剂，滴入去渍剂停留1~2min后进行洗涤 ②洗涤：使用室温清水，每件衬衫使用通用洗衣粉2~3g，搅匀，将衬衫浸泡1~2min；手工刷洗重点部位；整体手工揉洗2~3min ③漂洗1：手工漂洗2~3min ④漂洗2：手工漂洗2~3min ⑤漂洗3：每件衬衫加入冰醋酸3~5mL，手工漂洗2~3min ⑥脱水：3~5min ⑦干燥：将衬衫翻转，自然晾干	洗衣粉不可含有氧化剂、漂白剂或荧光增白剂；衬衫带有深色拼装面料者不可机洗，避免表面磨白；应采用轻柔技法刷洗

二、水洗羊绒衫、羊毛衫

羊绒衫、羊毛衫的洗涤大多数都选择干洗，其主要原因是它们容易变形、抽缩，造成洗涤事故。羊绒衫、羊毛衫是较高档次的服装，市场价格昂贵，自身也比较娇柔脆弱，水洗后容易松懈、扩大、伸长，严重时可以出现羊绒衫、羊毛衫被洗涤成碎片。但是，羊绒衫、羊毛衫经过多次干洗后，衣物的状态大不如前，变得不够蓬松柔软，手感板结；浅色的越来越灰暗，完全失去了羊绒衫、羊毛衫柔软的感觉。特别是一些浅色的羊绒衫、羊毛衫，经过干洗后某些食物、饮料污渍不能彻底去除，多半会留下一些黄渍，使穿用者很是尴尬。解决此问题，是对羊绒衫、羊毛衫再进行水洗洗涤。

1. 洗涤方式选择

洗涤方式的选择见表3-6。

表3-6 洗涤方式选择

分类角度	选择依据
按照颜色选择	羊毛衫的颜色多种多样，而羊绒衫的颜色相对较少，一般以单一较浅颜色为主。羊绒衫、羊毛衫的常规洗涤以干洗为主，采用水洗洗涤羊绒衫、羊毛衫的较少。初次干洗后的羊绒衫、羊毛衫一般不会有异常的反应，而经过多次干洗的羊绒衫、羊毛衫，其状态则大不如前。尤其是浅色的羊绒衫、羊毛衫，除了手感越来越差以外，颜色也会不如原先鲜艳明亮。浅色的羊绒衫、羊毛衫与深色的相比更适宜水洗

续表

分类角度	选择依据
按照污垢选择	羊绒衫、羊毛衫虽然不是外衣，但在较为寒冷的季节，人们大多数在室内是穿着羊绒衫、羊毛衫进行各种活动。从某种意义上看，羊绒衫、羊毛衫具有一定的外衣功能。这类衣物的污垢往往与外衣相类似，有时污垢很可能比较重。羊绒衫、羊毛衫的污垢既有油性污垢也有水溶性污垢。选择干洗当然无可厚非，但是，羊绒衫、羊毛衫的油性污垢相比其他衣物而言是比较容易洗掉的。采用水洗完全可以把各种类型污垢同时洗掉的。羊绒衫、羊毛衫的污垢越重，就越适宜采用水洗
按照洗涤经历选择	干洗方法对于去除水溶性污垢效果较差，经过多次干洗的羊绒衫、羊毛衫，其手感、颜色、状态会越来越差，只有经过水洗才能彻底改变。已经经过多次干洗的羊绒衫、羊毛衫一定要采用水洗
按照附件、装饰物选择	一般装饰物较多时不适合机洗，因为机洗会因摩擦、滚动、摔打等因素对装饰物造成伤害。此外，一些装饰物可能在干洗剂中溶解，因此也不适合干洗。当装饰物由水溶性胶黏剂黏合时，则不适合水洗。当羊绒衫、羊毛衫带有较为复杂的绣花时，因需要防止绣花掉色也不适合水洗。装有较为复杂的附件、装饰物的羊绒衫、羊毛衫选择洗涤方式时，需要从各个方面考虑后作出正确判断

2. 基本工艺

水洗羊绒衫、羊毛衫的基本工艺见表 3-7。

3. 使用洗涤剂与助剂

（1）中性洗涤剂　使用中性洗涤剂量不宜过多。如果污垢比较多，可以采用两次洗涤方法（即两浴法）洗涤。

表 3-7　水洗羊绒衫、羊毛衫的基本工艺

基本工艺过程	操作要点
预处理	羊绒衫、羊毛衫进行水洗时一般都要进行预处理，为提高水洗洗净度做准备工作 ①预去渍：对重点污垢进行预去渍，尤其是浅色羊绒衫、羊毛衫一定要先行去渍，使手工洗涤时的操作简单化 ②过水：使用室温清水将羊绒衫、羊毛衫浸透，时间一般不超过 1～2min，目的是去掉浮尘与浮垢 ③挤干水分，备用
手工揉洗	选用福奈特中性洗涤剂 5～10mL /件服装，2～3L 室温清水溶化均匀，在水盆内或洗板上手工揉洗 2～3min；挤干水分
漂洗 1	室温清水；浴比 1：（10~15）；拎洗 1~3min；挤干水分
漂洗 2	室温清水；浴比 1：（10~15）；拎洗 1~3min；挤干水分
漂洗 3	室温清水；浴比 1：（10~15）；拎洗 1~3min；挤干水分
酸洗	室温清水；浴比 1：（10~15）；加入冰醋酸 5~10mL，搅匀；手工浸泡、翻转 2~3min，挤干水分
柔软处理	30~40℃温水；浴比 1：（8~10）；加入毛织物柔软剂 10~15mL
脱水	带有装饰物的羊绒衫、羊毛衫须使用毛巾包裹后脱水
晾干	将服装平置在 2~3 个衣架横杆上晾干

（2）醋酸　选用工业用冰醋酸作为酸洗中和剂。

（3）柔软剂　选用毛织物柔软剂进行柔软处理。

（4）去渍剂　可选择克施勒去渍剂 A、B、C，福奈特去渍剂或西施去渍剂。

4. 注意事项

（1）单件处理或小循环　水洗羊绒衫、羊毛衫以手工操作为主，适宜单件操作。为了提高工作效率，可以同系列颜色每 5~8 件一组，进行小循环共同洗涤。

（2）尽量使用冷水　洗涤温度以室温为主，污垢较重者可以使用不超过 40℃ 的温水洗涤。

（3）防止缩绒　水洗羊绒衫、羊毛衫的任何环节都要严格控制机械力和 pH 值，防止羊绒衫、羊毛衫变形。

5. 水洗羊绒衫工艺

各种羊绒衫水洗工艺见表 3-8。

6. 水洗羊毛衫工艺

羊毛衫水洗工艺见表 3-9。

表 3-8　羊绒衫水洗工艺

工艺类型	适用范围	衣物状态	操作要点	工艺流程及用料	备注
浅色羊绒衫水洗工艺	浅色（米色、银灰色、浅驼色、淡蓝色、果绿色、淡粉色、淡黄色等）羊绒衫	无特殊严重污渍，无特殊装饰物	手工水洗	①预处理：重点污渍处应当预去渍，油污使用克施勒去渍剂 C、福奈特去油剂（红猫）或西施紫色去渍剂，果汁饮料类污渍使用克施勒去渍剂 A、西施橙色去渍剂；滴入去渍剂后停放 2~5min，污渍处可以适当轻柔手搓 ②过水：室温清水浸透 1~2min；挤干水分备用 ③洗涤：每件衣物 2~3L，室温清水，加入福奈特中性洗涤剂 5~12mL，翻转均匀浸透，手工温和揉洗 2~3min，挤干水分 ④漂洗 1：室温清水 6~8L，手工漂洗 1~2min，挤干水分 ⑤漂洗 2：室温清水 6~8L，手工漂洗 1~2min，挤干水分 ⑥中和：室温清水 6~8L/件服装，加入冰醋酸 5~10mL，搅匀；手工浸泡、翻转 2~3min，挤干水分 ⑦柔软处理：温水 6~8L/件服装，加入毛织物柔软剂 10~15mL，搅匀；手工浸泡、翻转 3~5min ⑧脱水：将羊绒衫用干净毛巾包裹后，使用脱水机脱水 ⑨干燥：使用 2~3 个钢丝衣架，将羊绒衫平置横梁上晾干	可以数件（不超过 10 件）同时操作，亦可进行流水作业，但洗涤、停放及浸泡时间不可延长

续表

工艺类型	适用范围	衣物状态	操作要点	工艺流程及用料	备注
中色羊绒衫水洗工艺	中色(灰色、黄色、粉色、天蓝色、草绿色、驼色、黄棕色等)羊绒衫	无特殊严重污渍，无特殊装饰物	手工水洗	①预处理：重点污渍处要进行预去渍，油污使用克施勒去渍剂C、福奈特去油剂（红猫）或西施紫色去渍剂，果汁饮料类污渍使用克施勒去渍剂A、西施橙色去渍剂；滴入去渍剂后停放2~5min，污渍处可以适当轻柔手搓 ②过水：室温清水浸透1~2min；挤干水分备用 ③洗涤：每件衣物2~3L，室温清水，加入福奈特中性洗涤剂8~15mL，翻转均匀浸透，手工温和揉洗2~3min，挤干水分 ④漂洗1：室温清水6~8L，手工漂洗1~2min，挤干水分 ⑤漂洗2：室温清水6~8L，手工漂洗1~2min，挤干水分 ⑥中和：室温清水6~8L/件服装，加入冰醋酸5~10mL，搅匀；手工浸泡、翻转2~3min，挤干水分 ⑦柔软处理：温水6~8L/件服装，加入毛织物柔软剂10~15mL，搅匀；手工浸泡、翻转3~5min ⑧脱水：将羊绒衫用干净毛巾包裹后，使用脱水机脱水 ⑨干燥：使用2~3个钢丝衣架，将羊绒衫平置横梁上晾干	可以数件（不超过10件）同时操作，亦可进行流水作业，但洗涤、浸泡时间不可延长
深色羊绒衫水洗工艺	深色（深蓝色、棕色、墨绿色、橄榄色、深灰色、黑色等）羊绒衫	无特殊严重污渍，无特殊装饰物	手工水洗	①预处理：重点污渍处进行预去渍，油污使用克施勒去渍剂C、福奈特去油剂（红猫）或西施紫色去渍剂，果汁饮料类污渍使用克施勒去渍剂A、西施橙色去渍剂；滴入去渍剂后停放2~5min，污渍处可以适当轻柔手搓 ②过水：室温清水浸透1~2min；挤干水分备用 ③洗涤：每件衣物2~3L室温清水，加入福奈特中性洗涤剂8~15mL，翻转均匀浸透，手工温和揉洗2~3min，挤干水分 ④漂洗1：室温清水6~8L，手工漂洗1~2min，挤干水分 ⑤漂洗2：室温清水6~8L，手工漂洗1~2min，挤干水分 ⑥中和：室温清水6~8L/件服装，加入冰醋酸5~10mL，搅匀；手工浸泡、翻转2~3min，挤干水分 ⑦柔软处理：温水6~8L/件服装，加入毛织物柔软剂10~15mL，搅匀；手工浸泡、翻转3~5min ⑧脱水：将羊绒衫用干净毛巾包裹后，使用脱水机脱水 ⑨干燥：使用2~3个钢丝衣架，将羊绒衫平置横梁上晾干	可以数件（不超过5件）同时操作，亦可进行流水作业，但洗涤、停放及浸泡时间不可延长

续表

工艺类型	适用范围	衣物状态	操作要点	工艺流程及用料	备注
红紫色羊绒衫水洗工艺	红紫色（大红色、紫红色、枣红色、紫色、青莲色、红棕色等）羊绒衫	无严重污渍，无特殊装饰物	手工水洗	①预处理：重点污渍处进行预去渍，油污使用克施勒去渍剂C、福奈特去油剂（红猫）或西施紫色去渍剂，果汁饮料类污渍使用克施勒去渍剂A、西施橙色去渍剂；滴入去渍剂后立即适当轻柔手搓 ②过水：迅速使用室温清水浸透1~2min；挤干水分备用 ③洗涤：每件衣物2~3L室温清水，加入福奈特中性洗涤剂8~15mL，翻转均匀浸透，手工温和揉洗2~3min，挤干水分 ④漂洗1：室温清水6~8L，手工漂洗1~2min，挤干水分 ⑤漂洗2：室温清水6~8L，手工漂洗1~2min，挤干水分 ⑥中和固色：室温清水6~8L/件服装，加入冰醋酸10~15mL，搅匀；手工浸泡、翻转3~5min，挤干水分 ⑦柔软处理：温水6~8L/件服装，加入毛织物柔软剂10~15mL，搅匀；手工浸泡、翻转3~5min ⑧脱水：将羊绒衫用干净毛巾包裹后，使用脱水机脱水 ⑨干燥：使用2~3个钢丝衣架，将羊绒衫平置横梁上晾干	必须单件操作，不可进行流水作业。洗涤、漂洗等环节必须连续迅速进行，不可停放
浅中色、重垢羊绒衫水洗工艺	浅色、中色羊绒衫	污垢较为严重，无特殊装饰物	手工水洗	①预处理：重点污渍处进行预去渍，油污使用克施勒去渍剂C、福奈特去油剂（红猫）或西施紫色去渍剂，果汁饮料类污渍使用克施勒去渍剂A、西施橙色去渍剂；滴入去渍剂后停放2~5min，污渍处可以适当轻柔手搓 ②过水：室温清水浸透1~2min；挤干水分备用 ③洗涤1：每件衣物2~3L室温清水，加入福奈特中性洗涤剂5mL，翻转均匀浸透，手工轻柔揉洗2~3min，挤干水分 ④洗涤2：每件衣物2~3L室温清水，加入福奈特中性洗涤剂5~15mL，翻转均匀浸透。手工轻柔揉洗2~3min，挤干水分 ⑤漂洗1：室温清水6~8L，手工漂洗1~2min，挤干水分 ⑥漂洗2：室温清水6~8L，手工漂洗1~2min，挤干水分 ⑦中和：室温清水6~8L/件服装，加入冰醋酸5~10mL，搅匀；手工浸泡、翻动2~3min，挤干水分 ⑧柔软处理：温水6~8L/件服装，加入毛织物柔软剂10~15mL，搅匀；手工浸泡、翻动3~5min ⑨脱水：将羊绒衫用干净毛巾包裹后，使用脱水机脱水 ⑩干燥：使用2~3个钢丝衣架，将羊绒衫平置横梁上晾干	羊绒衫数量较多时可以数件（不超过5件）同时操作，亦可进行流水作业，但洗涤、停放及浸泡时间不可延长

续表

工艺类型	适用范围	衣物状态	操作要点	工艺流程及用料	备注
深色羊绒衫水洗工艺	深色羊绒衫	污垢较为严重，无特殊装饰物	手工水洗	①预处理：重点污渍处进行预去渍，油污使用克施勒去渍剂C、福奈特去油剂（红猫）或西施紫色去渍剂，果汁饮料类污渍使用克施勒去渍剂A、西施橙色去渍剂；滴入去渍剂后停放2~5min，污渍处可以适当轻柔手搓 ②过水：室温清水浸透1~2min；挤干水分备用 ③洗涤1：每件衣物2~3L室温清水，加入福奈特中性洗涤剂5mL，翻转均匀浸透，手工温和揉洗2~3min，挤干水分 ④洗涤2：每件衣物2~3L室温清水，加入福奈特中性洗涤剂5~15mL，翻转均匀浸透，手工轻柔揉洗2~3min，挤干水分 ⑤漂洗1：室温清水6~8L，手工漂洗1~2min，挤干水分 ⑥漂洗2：室温清水6~8L，手工漂洗1~2min，挤干水分 ⑦中和：室温清水6~8L/件服装，加入冰醋酸5~10mL，搅匀；手工浸泡、翻动2~3min，挤干水分 ⑧柔软处理：温水6~8L/件服装，加入毛织物柔软剂10~15mL，搅匀；手工浸泡、翻动3~5min ⑨脱水：将羊绒衫用干净毛巾包裹后，使用脱水机脱水 ⑩干燥：使用2~3个钢丝衣架，将羊绒衫平置横梁上晾干	羊绒衫数量较多时可以数件（不超过5件）同时操作，亦可进行流水作业，但洗涤、停放及浸泡时间不可延长
红紫色、重垢羊绒衫水洗工艺	红紫色（大红色、紫红色、枣红色、紫色、青莲色、红棕色等）羊绒衫	污垢较为严重，无特殊装饰物	手工水洗	①预处理：重点污渍处进行预去渍，油污使用克施勒去渍剂C、福奈特去油剂（红猫）或西施紫色去渍剂，果汁饮料类污渍使用克施勒去渍剂A、西施橙色去渍剂；滴入去渍剂后停放2~5min，污渍处可以适当轻柔手搓 ②过水：室温清水浸透1~2min；挤干水分备用 ③洗涤1：每件衣物2~3L室温清水，加入福奈特中性洗涤剂5mL，翻转均匀浸透，手工轻柔揉洗2~3min，挤干水分 ④洗涤2：每件衣物2~3L室温清水，加入福奈特中性洗涤剂5~15mL，另加入冰醋酸5mL搅匀。放入羊绒衫翻转均匀浸透，手工温和揉洗2~3min，挤干水分 ⑤漂洗1：室温清水6~8L，手工漂洗1~2min，挤干水分 ⑥漂洗2：室温清水6~8L，手工漂洗1~2min，挤干水分	红紫色重垢羊绒衫必须单件操作，不可进行流水作业。洗涤、漂洗等环节必须连续迅速进行，不可停放

续表

工艺类型	适用范围	衣物状态	操作要点	工艺流程及用料	备注
红紫色、重垢羊绒衫水洗工艺	红紫色（大红色、紫红色、枣红色、紫色、青莲色、红棕色等）羊绒衫	污垢较为严重，无特殊装饰物	手工水洗	⑦酸洗固色：室温清水 6~8L/件服装，加入冰醋酸 15~25mL，搅匀；手工浸泡、漂洗 2~3min，挤干水分 ⑧柔软处理：温水 5~8L/件服装，加入毛织物柔软剂 10~15mL，搅匀；手工浸泡、漂洗 3~5min ⑨脱水：将羊绒衫用干净毛巾包裹后，使用脱水机脱水 ⑩干燥：使用 2~3 个钢丝衣架，将羊绒衫平置横梁上晾干	红紫色重垢羊绒衫必须单件操作，不可进行流水作业。洗涤、漂洗等环节必须连续迅速进行，不可停放
附带装饰物的羊绒衫水洗工艺	附带有装饰物的羊绒衫	装有珠光片、水钻、人造珍珠以及特殊纽扣等	包裹保护	①准备白色或浅色洁净棉布（如废旧被里、被罩） ②根据装饰物的面积剪裁棉布片 ③把棉布片紧紧盖在装饰物上，使用针线缝好 ④特殊纽扣可使用铝箔包裹 ⑤脱水后可将棉布片或铝箔拆下	

表 3-9 羊毛衫水洗工艺

工艺类型	适用范围	衣物状态	操作要点	工艺流程及用料	备注
浅色羊毛衫水洗工艺	浅色（米色、银灰色、浅驼色、淡蓝色、果绿色、淡粉色、淡黄色等）羊毛衫	单一色泽，无严重污垢，无特殊装饰物	手工水洗	①预处理：重点污渍处进行预去渍，油污使用克施勒去渍剂 C、福奈特去油剂（红猫）或西施紫色去渍剂，果汁饮料类污渍使用克施勒去渍剂 A、西施橙色去渍剂；滴入去渍剂后停放 2~5min，污渍处可以适当轻柔手搓 ②过水：室温清水浸透 1~2min；挤干水分备用 ③洗涤 1：每件衣物 2~3L，室温清水，加入福奈特中性洗涤剂 5mL，翻转均匀浸透，手工揉洗 2~3min，挤干水分 ④洗涤 2：每件衣物 2~3L，室温清水，加入福奈特中性洗涤剂 10~15mL，翻转均匀浸透，手工揉洗 2~3min，挤干水分 ⑤漂洗 1：室温清水 6~8L，手工漂洗 1~2min，挤干水分 ⑥漂洗 2：室温清水 6~8L，手工漂洗 1~2min，挤干水分 ⑦酸洗固色及柔软处理：温水 6~8L/件，加入冰醋酸 5~10mL、毛织物柔软剂 10~15mL，搅匀；手工浸泡、翻动 3~5min，挤干水分 ⑧脱水：将羊毛衫放置在脱水桶边缘处，使用脱水机脱水 ⑨干燥：自然晾干	可以数件（10 件以内）同时操作，亦可流水作业，但洗涤、停放及浸泡时间不可延长；比较干净的衣物可以仅使用洗涤 2，减少一次洗涤

续表

工艺类型	适用范围	衣物状态	操作要点	工艺流程及用料	备注
中色羊毛衫水洗工艺	中色（灰色、黄色、粉色、天蓝色、草绿色、驼色、黄棕色等）羊毛衫	单一色泽，无严重污垢，无特殊装饰	手工水洗	①预处理：重点污渍处进行预去渍，油污使用克施勒去渍剂C、福奈特去油剂（红猫）或西施紫色去渍剂，果汁饮料类污渍使用克施勒去渍剂A、西施橙色去渍剂；滴入去渍剂后停放2~5min，污渍处可以适当轻柔手搓 ②过水：室温清水浸透1~2min；挤干水分备用 ③洗涤1：每件衣物2~3L室温清水，加入福奈特中性洗涤剂5mL，翻转均匀浸透，手工揉洗2~3min，挤干水分 ④洗涤2：每件衣物2~3L室温清水，加入福奈特中性洗涤剂5~15mL，翻转均匀浸透，手工揉洗2~3min，挤干水分 ⑤漂洗1：室温清水6~8L，手工漂洗1~2min，挤干水分 ⑥漂洗2：室温清水6~8L，手工漂洗1~2min，挤干水分 ⑦酸洗固色及柔软处理：温水6~8L/件服装，加入冰醋酸5~10mL、毛织物柔软剂10~15mL，搅匀；手工浸泡、翻动3~5min，挤干水分 ⑧脱水：将羊毛衫放置在脱水桶边缘处，使用脱水机脱水 ⑨干燥：自然晾干	可以数件（不超过10件）同时操作，亦可进行流水作业，但洗涤、停放及浸泡时间不可延长；比较干净的衣物可以仅使用洗涤2，减少一次洗涤
深色羊毛衫水洗工艺	深色（深蓝色、棕色、墨绿色、橄榄色、深灰色、黑色等）羊毛衫	单一色泽，无严重污垢，无特殊装饰物	手工水洗	①预处理：重点污渍处进行预去渍，油污使用克施勒去渍剂C、福奈特去油剂或西施紫色去渍剂，果汁饮料类污渍使用克施勒去渍剂A、西施橙色去渍剂；滴入去渍剂后停放2~5min，污渍处可以适当轻柔手搓 ②过水：室温清水浸透1~2min；挤干水分备用 ③洗涤1：每件衣物2~3L室温清水，加入福奈特中性洗涤剂5mL，翻转均匀浸透，手工揉洗2~3min，挤干水分 ④洗涤2：每件衣物2~3L室温清水，加入福奈特中性洗涤剂5~15mL，翻转均匀浸透，手工揉洗2~3min，挤干水分 ⑤漂洗1：室温清水6~8L，手工漂洗1~2min，挤干水分 ⑥漂洗2：室温清水6~8L，手工漂洗1~2min，挤干水分 ⑦酸洗固色和柔软处理：室温清水6~8L/件服装，加入冰醋酸5~10mL、毛织物柔软剂10~15mL，搅匀；手工浸泡、翻动3~5min，挤干水分 ⑧脱水：将羊毛衫放置在脱水桶边缘处，使用脱水机脱水 ⑨干燥：自然晾干	可以数件（不超过5件）同时操作，亦可进行流水作业，但洗涤、停放及浸泡时间不可延长；比较干净的衣物可以仅使用洗涤2，减少一次洗涤

续表

工艺类型	适用范围	衣物状态	操作要点	工艺流程及用料	备注
红紫色羊毛衫水洗工艺	红紫色（大红色、紫红色、枣红色、紫色、青莲色、红棕色等）羊毛衫	单一色泽，无严重污渍，无特殊装饰物	手工水洗	①预处理：重点污渍处进行预去渍，油污使用克施勒去渍剂 C、福奈特去油剂（红猫）或西施紫色去渍剂，果汁饮料类污渍使用克施勒去渍剂 A、西施橙色去渍剂；滴入去渍剂后立即适当进行轻柔手搓 ②过水：迅速使用室温清水浸透 1~2min；挤干水分备用 ③洗涤：每件衣物 2~3L 室温清水，加入福奈特中性洗涤剂 8~15mL，冰醋酸 5~10mL，搅匀；翻转均匀浸透，手工温和揉洗 2~3min，挤干水分 ④漂洗 1：室温清水 6~8L，手工漂洗 1~2min，挤干水分 ⑤漂洗 2：室温清水 6~8L，手工漂洗 1~2min，挤干水分 ⑥酸洗固色及柔软处理：室温清水 6~8L/件服装，加入冰醋酸 10~20mL、毛织物柔软剂 10~15mL，搅匀；手工浸泡、翻动 3~5min，挤干水分 ⑦脱水：将羊毛衫放置在脱水桶边缘处，使用脱水机脱水 ⑧干燥：自然晾干	可数件（不超 5 件）同时操作或可流水作业，洗涤、停放及浸泡时间不可延长；发生掉色的羊毛衫，必须单件操作并迅速连续地完成，不可停放，直至中和、固色后脱水
调和拼色羊毛衫水洗工艺	调和拼色羊毛衫（指同一色系不同颜色组成的羊毛衫，如红色、玫瑰色、橙色、粉色、黄色等拼色羊毛衫；驼色、棕色、灰色、米色等拼色羊毛衫；深蓝色、湖蓝色、天蓝色、淡蓝色等拼色羊毛衫）	无严重污渍，无特殊装饰物	手工水洗	①预处理：重点污渍处进行预去渍，油污使用克施勒去渍剂 C、福奈特去油剂（红猫）或西施紫色去渍剂，果汁饮料类污渍使用克施勒去渍剂 A、西施橙色去渍剂；滴入去渍剂后立即适当轻柔手搓 ②过水：迅速使用室温清水浸透 1~2min；挤干水分备用 ③洗涤：每件衣物 2~3L 室温清水，加入福奈特中性洗涤剂 8~15mL，翻转均匀浸透，手工温和揉洗 2~3min，挤干水分 ④漂洗 1：室温清水 6~8L，手工漂洗 1~2min，挤干水分 ⑤漂洗 2：室温清水 6~8L，手工漂洗 1~2min，挤干水分 ⑥酸洗固色及柔软处理：室温清水 6~8L/件衣物，加入冰醋酸 10~20mL、毛织物柔软剂 10~15mL，搅匀；手工浸泡、翻动 3~5min，挤干水分 ⑦脱水：将羊毛衫放置在脱水桶边缘处，使用脱水机脱水 ⑧干燥：自然晾干	可数件（不超 5 件）同时操作或可流水作业，洗涤、停放及浸泡时间不可延长；发生掉色的羊毛衫，必须单件操作并迅速连续地完成，不可停放，直至中和、固色后脱水

续表

工艺类型	适用范围	衣物状态	操作要点	工艺流程及用料	备注
对比拼色羊毛衫水洗工艺	对比拼色羊毛衫（指不同色系不同颜色的拼色羊毛衫，如红色-白色等，是完全由强烈颜色对比的毛线织成的羊毛衫）	无严重污渍，无特殊装饰物	手工水洗	①预处理：重点污渍处进行预去渍，油污使用克施勒去渍剂C、福奈特去油剂（红猫）或西施紫色去渍剂，果汁饮料类污渍使用克施勒去渍剂A、西施橙色去渍剂；滴入去渍剂后立即适当轻柔手搓 ②过水：迅速使用室温清水浸透1~2min；挤干水分备用 ③洗涤：每件衣物2~3L室温清水，加入福奈特中性洗涤剂8~15mL，翻转均匀浸透，手工温和揉洗2~3min，挤干水分 ④漂洗1：室温清水6~8L，手工漂洗1~2min，挤干水分 ⑤漂洗2：室温清水6~8L，手工漂洗1~2min，挤干水分 ⑥酸洗固色及柔软处理：室温清水6~8L/件衣物，加入冰醋酸10~20mL、毛织物柔软剂10~15mL，搅匀；手工浸泡、翻动3~5min，挤干水分 ⑦脱水：将羊毛衫放置在脱水桶边缘处，使用脱水机脱水 ⑧干燥：自然晾干	可数件（不超5件）同时操作或可流水作业，洗涤、停放及浸泡时间不可延长；发生掉色的羊毛衫，必须单件操作并迅速连续地完成，不可停放，直至中和、固色后脱水
掉色的羊毛衫水洗工艺	严重掉色羊毛衫（多数为较深颜色羊毛衫）	单一色泽，无特殊装饰物	手工水洗	①预处理：重点污渍处进行预去渍，油污使用克施勒去渍剂C、福奈特去油剂（红猫）或西施紫色去渍剂，果汁饮料类污渍使用克施勒去渍剂A、西施橙色去渍剂；滴入去渍剂后立即适当轻柔手搓 ②过水：迅速使用室温清水浸透1~2min；挤干水分备用 ③洗涤：每件衣物2~3L室温清水，加入福奈特中性洗涤剂8~15mL、冰醋酸10mL，搅匀；翻转均匀浸透，手工温和揉洗2~3min，挤干水分 ④漂洗1：室温清水6~8L，加入冰醋酸15~25mL；手工漂洗1~2min，挤干水分 ⑤漂洗2：室温清水6~8L，加入冰醋酸15~25mL；手工漂洗1~2min，挤干水分 ⑥酸洗固色及柔软处理：室温清水6~8L/件衣物，加入冰醋酸10~25mL、毛织物柔软剂10~15mL，搅匀；手工浸泡、翻动3~5min，挤干水分 ⑦脱水：将羊毛衫放置在脱水桶边缘处，使用脱水机脱水 ⑧干燥：自然晾干	掉色的羊毛衫必须单件操作，不可进行流水作业。洗涤、漂洗以及中和、固色应连续完成

续表

工艺类型	适用范围	衣物状态	操作要点	工艺流程及用料	备注
装饰物保护处理的羊毛衫水洗工艺	附带有不同装饰物的羊毛衫	带有珠光片、串珠、水钻、人造珍珠以及特殊纽扣等的羊毛衫	保护处理	不论何种颜色及款式的羊毛衫，凡带有不同装饰物者均须进行保护，具体操作如下 ①悬挂性装饰物使用塑料薄膜包裹，保持紧密封闭状态 ②缝制在衣物上的装饰物，使用洁净布片覆盖，缝制封闭 ③特殊纽扣可使用铝箔包裹保护	带有不同装饰物的羊毛衫不能烘干，只能晾干。不论何种包裹或覆盖缝制保护措施，脱水后即可以拆下
	附带皮革附件的羊毛衫	羊毛衫附带皮革附件或皮革装物饰，不包括面料部分含有皮革或裘皮者	皮革附件保护处理	①羊毛衫上悬挂的皮革附件（如皮革拉链头、皮革饰牌、皮革标牌等）使用铝箔包裹，并且保持紧密密封状态 ②缝合在羊毛衫上的皮革拼块、补块极易发生洇染。在洗涤时必须使用中性洗涤剂，并且在洗涤液中加入10~15mL冰醋酸防染 ③凡带有皮革附件的羊毛衫，在每次漂洗时都需要加入10~15mL冰醋酸予以固色，防止掉色 ④保护用的铝箔在衣物干燥后，方可拆下	附带皮革附件或皮革装饰物的羊毛衫只能晾干，不可烘干

三、水洗羽绒服

1. 羽绒服面料分析

（1）羽绒服面料纤维的组成　目前大多数羽绒服的面料为合成纤维制品，如锦纶绸（尼龙绸）、涤丝绸、涤丝春亚纺等。羽绒服一般不使用天然纤维面料，只有少量的产品使用涤棉混纺面料。也有一些羽绒服使用了活胆式双层外罩，其面料有可能采用纯棉甚至是毛纺或真丝丝绸面料，但比较少见。

（2）羽绒服面料的织物结构　羽绒服的基本特点是轻柔、保暖。其填充物羽绒又极容易从里面透过面料钻出（真正100%由“羽绒”填充的羽绒服是不大容易向外钻绒的）。因此，羽绒服的面料必须是精细、致密而且轻薄的纺织品，大多数使用高密度平纹组织织造。这类面料满足了羽绒服各个方面的要求，但对于洗涤羽绒服上的污垢，却增加了很多困难。

在羽绒服中极少使用斜纹组织织造的面料，斜纹组织面料的密度不如平纹组织，而且在穿用或洗涤过程中容易出现跳丝、并丝。

（3）羽绒服面料的防绒处理　为了防止羽绒外钻，高档羽绒服会采用高纱支、高密度的织物结构制成极其细密、轻薄而且柔软的面料。这种面料是为羽绒服织造的专用面料，价格较高，只有较大型的羽绒服生产商才有可能去纺织印染企业采购定织。许多服装制造厂家会选用一些普通面料制造羽绒服。为了防止羽绒外钻，普通面料需要加上某种防绒措施后才能使用。常用的防绒措施主要有如下两种：

① 羽绒服面料的过胶处理，即羽绒服面料使用树脂作涂层，使面料的织物组织缝隙密闭；因此，相当多的羽绒服面料是带有树脂涂层的。

② 在羽绒服面料的里面黏合一层由无纺布制成的防绒衬，以防止羽绒外钻。

总之，羽绒服面料具有轻薄、细密和透水性差的特点。因此洗涤羽绒服时，一定要考虑进入羽绒服内部的污水不易与外界交换，必须加强洗涤、漂洗和脱水的力度。

2. 羽绒服污垢分析

（1）污垢的总量较大　羽绒服是在较为寒冷的季节作为外衣穿的，且一般都会穿较长时间之后才进行洗涤，因此羽绒服的污垢总量较大。其污垢成分与外衣相类同，而且不同的污垢还会经过多次叠加，一些羽绒服的严重污垢甚至接近工作服的污垢总量。

（2）表面污垢和内部羽绒污垢　羽绒服的表面污垢多数人都熟悉，而羽绒服内部的羽绒也含有相当多的油性污垢，其中包括羽绒表面未能彻底洗净的污垢和绒毛根部的皮脂。洗涤过程中，这些污垢也会与洗涤剂发生乳化反应，消耗洗涤剂且产生洗涤废水。

（3）污垢形成时间较长，且与面料结合牢固　羽绒服的穿着时间较长，洗涤周期也较长，污垢量大。因此，污垢的形成时间也较长，许多污垢经过了相互叠压和累积。因此污垢与面料结合得也就比较牢固。洗涤羽绒服需要加大洗涤和漂洗的力度。

（4）油性污垢比例较高　羽绒服中油性污垢的比例较高，同时还会含有相当多的色素类污垢。但是与油性污垢混合的色素污垢在去除时基本上可以同步洗净。不过，对于白色的或较浅色的羽绒服，则需要对色素污垢进行专门处理。

3. 羽绒服洗涤基本工艺

羽绒服洗涤基本工艺见表 3-10。

4. 使用的洗涤剂与助剂

（1）碱性洗衣粉　选用普通洗衣粉即可，无须使用带有其他辅助功能的洗涤剂。

表 3-10　羽绒服洗涤基本工艺

基本工艺	适用于污垢较重的羽绒服	适用于污垢不太重的羽绒服
预去渍	重点污垢尤其是明显的油性污垢以及领口、袖口、下摆内侧等重点部位应该预先去渍，用以减轻洗涤时的压力，减少洗涤时间和降低洗涤强度 油性污垢的预去渍大多数可以使用福奈特去油剂（红猫），滴入后停放片刻即可进入下一程序。一些严重的污垢还可以适当手工揉搓或使用洗衣刷刷洗。预去渍以后的衣物应直接进入含有洗涤剂的水中浸泡，不适宜进行清水浸泡 领口、袖口可以使用衣领净一类专用洗涤剂进行预处理 预处理后可以适当停放 5~10min（视衣物面料状况选择时间长短）	重点污垢尤其是明显的油性污垢以及领口、袖口、下摆内侧等重点部位应该预先去渍，以减少洗涤时间和降低洗涤强度 油性污垢的预去渍大多数可以使用福奈特去油剂（红猫），或使用福奈特中性洗涤剂，滴入后停放片刻即可进入下一程序。一些严重的重点污垢还可以适当手工揉搓或使用洗衣刷刷洗一下 领口、袖口可以使用衣领净一类专用洗涤剂进行预处理 预处理后可以适当停放 5~10min（视服装面料状况选择时间长短）
洗涤剂浸泡	经过预处理的羽绒服可以使用含有洗涤剂的洗涤液浸泡（服装的颜色、款式等情况不同，其浸泡条件也不相同，具体见表 3-11） 洗涤剂浓度：碱性洗衣粉 2~3g/L 水 温度：40~60℃ 浸泡时间：2~5min 浸泡过程中须翻动均匀	—
手工刷洗	根据羽绒服的污垢情况可以采取不同的刷洗方案 污垢量较少，只刷洗重点部位（领口、袖口、前襟等） 污垢量一般，刷洗重点部位和重点污垢处 污垢量较多，需要整体刷洗	—

续表

基本工艺	适用于污垢较重的羽绒服	适用于污垢不太重的羽绒服
机洗	机洗羽绒服是很重要的环节。由于羽绒服累积污垢多，时间久，所以经过手工刷洗后的羽绒服有可能存在某些洗涤不均匀的地方。因此，不论羽绒服的污垢量多少，机洗都是必要的 洗涤时间：8~15min 洗涤温度：40~60℃ 洗涤剂浓度：洗衣粉 2~3g/L 水 羽绒服面料透气性差，机洗过程中羽绒服气鼓现象不可避免。如果洗衣机内羽绒服装载量太少，就可能发生把缝纫针孔拉大的现象，从而使洗涤后的羽绒服跑绒。而且羽绒服装载量太少的时候也会影响洗净度。所以，机洗羽绒服时装载量要适当提高，应保持洗衣机满负荷状态	污垢较轻的羽绒服，依靠机洗基本上可以完成主要工作量 羽绒服面料透气性差，机洗过程中羽绒服气鼓现象不可避免。如果洗衣机内羽绒服装载量太少，就可能发生把缝纫针孔拉大的现象，从而使洗涤后的羽绒服跑绒。而且羽绒服装载量太少时，也会影响洗净度。所以，机洗羽绒服时装载量要适当提高，应保持洗衣机满负荷状态 洗涤时间：8~15min 洗涤温度：40~60℃ 洗涤剂浓度：洗衣粉 2~3g/L 水
漂洗 1	使用工业洗衣机漂洗，室温清水，时间 3~5min，漂洗后脱水	
漂洗 2	使用工业洗衣机漂洗，室温清水，时间 3~5min，漂洗后脱水	
漂洗 3	使用工业洗衣机漂洗，室温清水，时间 3~5min，漂洗后脱水	
酸洗	在室温清水中加入冰醋酸，使用工业洗衣机酸洗。室温清水；加入冰醋酸 2~3g/L 水；时间 3~5min	
脱水	一般面料可以正常脱水，带有涂层面料需要反复多次脱水	
拍打整理	脱水后要进行拍打整理。羽绒在经过水洗后会出现聚集现象，分别形成羽绒结团。脱水后拍打整理使羽绒结团散开，以缩短干燥时间，防止出现洇迹（水渍圈）	
晾干	一般面料可以正常晾干；带有涂层的面料，应把面料内翻，里子朝外，正反面交替晾晒	
烘干	羽绒服晾晒到九成干燥时，需要烘干。烘干过程有利于羽绒的蓬松舒展；无烘干机时，可以借用干洗机完成最后的烘干过程（这是不得已的措施，使用干洗机代替烘干机对干洗机的正常使用不利）	

（2）去油剂　预去渍时使用福奈特去油剂（红猫），用于去除羽绒服面料的油渍。

（3）衣领净　预去渍时使用衣领净，用于去除领口、袖口污渍。

（4）醋酸　酸洗时，用于中和与固色，防止出现水渍、洇迹。

5. 注意事项

① 洗涤剂与助剂用量不可过大。污垢较重时可以增加一次洗涤工艺，不要一次加入过量洗涤剂。

② 洗涤后的每次漂洗一定要脱水。

③ 漂洗后要认真酸洗。

④ 晾晒前要拍打整理，摘散湿的羽绒团。这个过程对羽绒服的干燥非常重要。

⑤ 尽量减少干燥时间。

6. 水洗羽绒服工艺

各种羽绒服水洗工艺见表 3-11。

表 3-11　各种羽绒服水洗工艺

类型	适用范围	衣物状态	操作要点	工艺流程及用料	注意事项
白色、米黄色、淡粉色、淡蓝色、果绿色、银灰色等涤纶或锦纶面料的羽绒服水洗工艺	无重垢和明显重点污垢，无其他附件和装饰物	无重垢和明显重点污垢，无其他附件和装饰物	机洗+手洗	①洗涤剂浸泡：通用洗衣粉 1~2g/L 水；水温 50~60℃；洗衣机转动 5min 后，浸泡 5~8min ②水洗机机洗：接上程序，使用标准洗涤程序机洗 12~15min（水温 40~50℃，转速 40r/min）；不脱水，控少水分 ③手工刷洗：手工刷洗领口、袖口以及重点污垢部位 ④脱水：标准转速，3~5min ⑤漂洗 1：高水位，水温 40℃，4~5min，脱水 2~3min ⑥漂洗 2：高水位，水温 40℃，4~5min，脱水 2~3min ⑦漂洗 3：高水位，室温，4~5min，脱水 2~3min ⑧酸洗：经清水稀释后加入冰醋酸 1~2g/L 水（或 10~20g/件衣物）；室温；洗衣机酸洗 4~5min ⑨脱水：标准转速，5~8min ⑩手工整理：脱水后手工拍打整理，将湿羽绒团摘拣分散；擦拭除掉带有涂层面料的水滴 ⑪晾干：分散悬挂于通风处，尽快晾干；一般面料可以正常晾干；带有涂层的面料，应把面料内翻，里子朝外，正反面交替晾晒 ⑫烘干：羽绒服晾晒到九成干燥时，进行烘干；带有涂层面料的羽绒服需要翻转烘干	①漂洗、漂洗后脱水以及酸洗必须认真进行 ②带有涂层面料脱水时须把羽绒服翻转，并可以分多次完成。每次适当转动方位以确保脱水效果 ③晾干过程应尽量缩短时间，必要时可以强制通风干燥 ④羽绒服干燥一定要彻底，否则容易发霉、发臭 ⑤只有顾客取衣时才可以套上塑料袋
浅色重垢水洗羽绒服工艺	涤纶或锦纶面料的白色、浅色（白色、米黄色、淡粉色、淡蓝色、果绿色、银灰色等）羽绒服	污垢较为严重，无其他附件、装饰物	手洗+机洗	①预去渍：重点污垢进行预去渍，领口、袖口喷施或涂抹衣领净；重点油污处涂抹福奈特去油剂（红猫），严重油污可以适当刷拭或揉搓；袖口内侧、下摆内侧黑滞型顽固污渍可以用福奈特中性洗涤剂经清水按 1∶50 稀释后刷拭 ②洗涤剂浸泡：通用洗衣粉 1~2g/L 水+中性洗涤剂 1g/L 水；水温 50~60℃；洗涤剂浸透后，浸泡 5~8min；控净水分，转入手工刷洗 ③手工刷洗：根据刷洗操作规范要求，依次手工刷洗羽绒服正面、里面；重点部位加重刷洗强度	

续表

类型	适用范围	衣物状态	操作要点	工艺流程及用料	注意事项
浅色重垢水洗羽绒服工艺	涤纶或锦纶面料的白色、浅色（白色、米黄色、淡粉色、淡蓝色、果绿色、银灰色等）羽绒服	污垢较为严重，无其他附件、装饰物	手洗+机洗	④水洗机机洗：使用标准程序机洗8~12min；水温40~50℃；转速40r/min ⑤脱水：标准转速，3~5min ⑥漂洗1：高水位，水温40℃，4~5min，脱水2~3min ⑦漂洗2：高水位，水温40℃，4~5min，脱水2~3min ⑧漂洗3：高水位，室温，4~5min，脱水2~3min ⑨酸洗：经清水稀释后加入冰醋酸1~2g/L水（或10~20g/件衣物）；室温；洗衣机酸洗4~5min ⑩脱水：标准转速，5~8min ⑪手工整理：脱水后手工拍打整理，将湿羽绒团摘拣分散；擦拭除掉带有涂层面料的水滴 ⑫晾干：分散悬挂于通风处，尽快晾干；一般面料可以正常晾干；带有涂层的面料，应把面料内翻，里子朝外，正反面交替晾晒 ⑬烘干：羽绒服晾晒到九成干燥时，进行烘干；带有涂层面料需要翻转烘干	①漂洗、漂洗后脱水以及酸洗必须认真进行 ②带有涂层面料脱水时须把羽绒服翻转，并可以分多次完成。每次适当转动方位以确保脱水效果 ③晾干过程应尽量缩短时间，必要时可以强制通风干燥 ④羽绒服干燥一定要彻底，否则容易发霉、发臭 ⑤只有顾客取衣时才可以套上塑料袋
水洗中色羽绒服工艺	涤纶或锦纶面料的中色（灰色、驼色、浅棕色、粉红色、黄色、橘红色、草绿色等）羽绒服	无严重污垢和其他附件、装饰物	机洗+手洗	①洗涤剂浸泡：通用洗衣粉1~2g/L水；水温50~60℃；洗衣机转动5min后，浸泡5~8min ②水洗机机洗：接上程序，使用标准洗涤程序机洗12~15min（水温40~50℃，转速40r/min）；不脱水，控少水分 ③手工刷洗：依操作规范手工刷洗领口、袖口以及重点污垢部位 ④脱水：标准转速，5~8min ⑤漂洗1：高水位，水温40℃，4~5min，脱水2 ~ 3min ⑥漂洗2：高水位，水温40℃，4~5min，脱水2 ~ 3min ⑦漂洗3：高水位，室温，4~5min，脱水2~3min ⑧酸洗：经清水稀释后加入冰醋酸1~2g/L水（或10~20g/件衣物）；室温；洗衣机酸洗4~5min ⑨脱水：标准转速，5~8min ⑩手工整理：脱水后手工拍打整理，将湿羽绒团摘拣分散；擦拭除掉带有涂层面料的水滴	

续表

类型	适用范围	衣物状态	操作要点	工艺流程及用料	注意事项
水洗中色羽绒服工艺	涤纶或锦纶面料的中色（灰色、驼色、浅棕色、粉红色、黄色、橘红色、草绿色等）羽绒服	无严重污垢和其他附件、装饰物	机洗+手洗	⑪晾干：分散悬挂于通风处，尽快晾干；一般面料可以正常晾干；带有涂层的面料，应把面料内翻，里子朝外，正反面交替晾晒 ⑫烘干：羽绒服晾晒到九成干燥时，进行烘干；带有涂层面料需要翻转烘干	①漂洗、漂洗后脱水以及酸洗必须认真进行 ②带有涂层面料脱水时须把羽绒服翻转，并可以分多次完成。每次适当转动方位以确保脱水效果 ③晾干过程应尽量缩短时间，必要时可以强制通风干燥 ④羽绒服干燥一定要彻底，否则容易发霉、发臭 ⑤只有顾客取衣时才可以套上塑料袋
水洗中色重垢羽绒服工艺	涤纶或锦纶面料的中色（灰色、黄驼色、黄棕色、黄色、橘红色、草绿色等）羽绒服	污垢较为严重，无其他附件和装饰物	手洗+机洗	①预去渍：领口、袖口喷施或涂抹衣领净；重点油污处涂抹福奈特去油剂（红猫），严重油污可以适当刷拭或揉搓；袖口内侧、下摆内侧黑滞型顽固污渍可以用福奈特中性洗涤剂经清水按1∶50稀释后刷拭 ②洗涤剂浸泡：通用洗衣粉1~2g/L水+中性洗涤剂1g/L水；水温50~60℃；浸泡5~8min；控净水分，转入手工刷洗 ③手工刷洗：根据刷洗操作规范要求，依次手工刷洗羽绒服正面、里面；重点部位加重刷洗强度 ④水洗机机洗：使用标准程序机洗8~10min；水温40~50℃；转速40r/min ⑤脱水：标准转速，3~5min ⑥漂洗1：高水位，水温40℃，4~5min，脱水2~3min ⑦漂洗2：高水位，水温40℃，4~5min，脱水2~3min ⑧漂洗3：高水位，室温，4~5min，脱水2~3min ⑨酸洗：经清水稀释后加入冰醋酸1~2g/L水（或10~20g/件衣物）；室温；洗衣机酸洗4~5min ⑩脱水：标准转速，5~8min ⑪手工整理：脱水后手工拍打整理，将湿羽绒团摘拣分散；擦拭除掉带有涂层面料的水滴 ⑫晾干：分散悬挂于通风处，尽快晾干；一般面料可以正常晾干；带有涂层的面料，应把面料内翻，里子朝外，正反面交替晾晒 ⑬烘干：羽绒服晾晒到九成干燥时，进行烘干；带有涂层面料需要翻转烘干	

续表

类型	适用范围	衣物状态	操作要点	工艺流程及用料	注意事项
水洗深色羽绒服工艺	涤纶或锦纶面料的深色（深蓝色、深棕色、橄榄色、黑色等）羽绒服	无特殊严重污垢，无其他附件和装饰物	手洗+机洗	①洗涤剂浸泡：通用洗衣粉 1~2g/L 水；水温 50~60℃；洗衣机转动 3~5min，浸泡 5~8min；控净水分，转入手工刷洗 ②手工刷洗：根据刷洗操作规范要求，依次手工刷洗羽绒服正面、里面；重点部位加重刷洗强度 ③水洗机机洗：使用标准程序机洗 8~12min；水温 40~50℃；转速 40r/min ④脱水：标准转速，3~5min ⑤漂洗 1：高水位，水温 40℃，4~5min，脱水 2~3min ⑥漂洗 2：高水位，水温 40℃，4~5min，脱水 2~3min ⑦漂洗 3：高水位，室温，4~5min，脱水 2~3min ⑧酸洗：经清水稀释后加入冰醋酸 1~2g/L 水（或 10~20g/件衣物）；室温；洗衣机酸洗 4~5min ⑨脱水：标准转速，5~8min ⑩手工整理：脱水后手工拍打整理，将湿羽绒团摘拣分散；擦拭除掉带有涂层面料的水滴 ⑪晾干：分散悬挂于通风处，尽快晾干；一般面料可以正常晾干；带有涂层的面料，应把面料内翻，里子朝外，正反面交替晾晒 ⑫烘干：羽绒服晾晒到九成干燥时，进行烘干；带有涂层面料需要翻转烘干	①漂洗、漂洗后脱水以及酸洗必须认真进行 ②带有涂层面料脱水时须把羽绒服翻转，并可以分多次完成。每次适当转动方位以确保脱水效果 ③晾干过程应尽量缩短时间，必要时可以强制通风干燥 ④羽绒服干燥一定要彻底，否则容易发霉、发臭 ⑤只有顾客取衣时才可以套上塑料袋
水洗深色重垢羽绒服工艺	涤纶或锦纶面料的深色（深蓝色、深棕色、橄榄色、黑色等）羽绒服	污垢严重，无其他附件和装饰物	手洗+机洗	①预去渍：领口、袖口喷施或涂抹衣领净；重点油污处涂抹福奈特去油剂（红猫），严重油污可以适当刷拭或揉搓 ②洗涤剂浸泡：通用洗衣粉 1~2g/L 水+中性洗涤剂 1g/L 水；水温 50~60℃；洗衣机转动 3~5min，浸泡 5~8min；控净水分，转入手工刷洗 ③手工刷洗：根据刷洗操作规范要求，依次手工刷洗羽绒服正面、里面；重点部位加重刷洗强度 ④水洗机机洗：使用标准程序机洗 8~12min；水温 40~50℃；转速 40r/min ⑤脱水：标准转速，3~5min ⑥漂洗 1：高水位，水温 40℃，4~5min，脱水 2~3min	

续表

类型	适用范围	衣物状态	操作要点	工艺流程及用料	注意事项
水洗深色重垢羽绒服工艺	涤纶或锦纶面料的深色（深蓝色、深棕色、橄榄色、黑色等）羽绒服	污垢严重，无其他附件和装饰物	手洗+机洗	⑦漂洗 2：高水位，水温 40℃，4 ~ 5min，脱水 2 ~ 3min ⑧漂洗 3：高水位，室温，4~5min，脱水 2~3min ⑨酸洗：经清水稀释后加入冰醋酸 1~2g/L 水（或 10~20g/件衣物）；室温；洗衣机酸洗 4~5min ⑩脱水：标准转速，5~8min ⑪手工整理：脱水后手工拍打整理，将湿羽绒团摘拣分散；擦拭除掉带有涂层面料的水滴 ⑫晾干：分散悬挂于通风处，尽快晾干；一般面料可以正常晾干；带有涂层的面料，应把面料内翻，里子朝外，正反面交替晾晒 ⑬羽绒服晾晒到九成干燥时，进行烘干；带有涂层面料需要翻转烘干	①漂洗、漂洗后脱水以及酸洗必须认真进行 ②带有涂层面料脱水时须把羽绒服翻转，并可以分多次完成。每次适当转动方位以确保脱水效果 ③晾干过程应尽量缩短时间，必要时可以强制通风干燥 ④羽绒服干燥一定要彻底，否则容易发霉、发臭 ⑤只有顾客取衣时才可以套上塑料袋
水洗红紫色羽绒服工艺	涤纶或锦纶面料，红紫色系列（红色、紫色、桃红色、紫红色、枣红色、红棕色等）羽绒服	无特殊严重污垢，无其他附件和装饰物	手工洗涤	①预去渍：领口、袖口喷施或涂抹衣领净；重点油污处涂抹福奈特去油剂（红猫），严重油污可以适当刷拭或揉搓；袖口内侧、下摆内侧黑滞型顽固污渍可以用福奈特中性洗涤剂经清水按 1∶50 稀释后刷拭 ②洗涤剂浸泡：通用洗衣粉 1~2g/L 水，水温 50~60℃；洗涤剂浸透后，浸泡 2~4min；控净水分，转入手工刷洗 ③手工刷洗：根据刷洗操作规范要求，依次手工刷洗羽绒服正面、里面；重点部位加重刷洗强度 ④脱水：标准转速，3~5min ⑤漂洗 1：高水位，水温 40℃，4~5min，脱水 2~3min ⑥漂洗 2：高水位，水温 40℃，4~5min，脱水 2 ~ 3min ⑦漂洗 3：高水位，室温，4~5min，脱水 2~3min	所有程序必须连续操作，不可停顿堆置+前述①至⑤项

续表

类型	适用范围	衣物状态	操作要点	工艺流程及用料	注意事项
水洗红紫色羽绒服工艺	涤纶或锦纶面料，红紫色系列（红色、紫色、桃红色、紫红色、枣红色、红棕色等）羽绒服	无特殊严重污垢，无其他附件和装饰物	手工洗涤	⑧酸洗：经清水稀释后加入冰醋酸1~2g/L水（或10~20g/件衣物）；室温；洗衣机酸洗4~5min ⑨脱水：标准转速，5~8min ⑩手工整理：脱水后手工拍打整理，将湿羽绒团摘拣分散；擦拭除掉带有涂层面料的水滴 ⑪晾干：分散悬挂于通风处，尽快晾干；一般面料可以正常晾干；带有涂层的面料，应把面料内翻，里子朝外，正反面交替晾晒 ⑫烘干：羽绒服晾晒到九成干燥时，进行烘干；带有涂层面料需要翻转烘干	所有程序必须连续操作，不可停顿堆置+前述①至⑤项
水洗拼色与差色羽绒服工艺	由两种以上颜色的涤纶或锦纶面料制成的羽绒服，或使用不同颜色的面料、里料制成的羽绒服	无特殊严重污垢，无其他附件和装饰物	手工洗涤	①洗涤剂浸泡：通用洗衣粉1~2g/L水；水温50~60℃；洗涤剂浸透后，浸泡2~4min；控净水分，转入手工刷洗 ②手工刷洗：根据刷洗操作规范要求，依次手工刷洗羽绒服正面、里面；重点部位加重刷洗强度 ③水洗机机洗：使用标准程序机洗8~12min；水温40~50℃；转速40r/min ④脱水：标准转速，3~5min ⑤漂洗1：高水位，水温40℃，4~5min，脱水2~3min ⑥漂洗2：高水位，水温40℃，4~5min，脱水2~3min ⑦漂洗3：高水位，室温，4~5min，脱水2~3min ⑧酸洗：经清水稀释后加入冰醋酸1~2g/L水（或10~20g/件衣物）；室温；洗衣机酸洗4~5min ⑨脱水：标准转速，5~8min ⑩手工整理：脱水后手工拍打整理，将湿羽绒团摘拣分散；擦拭除掉带有涂层面料的水滴 ⑪晾干：分散悬挂于通风处，尽快晾干；一般面料可以正常晾干；带有涂层的面料，应把面料内翻，里子朝外，正反面交替晾晒 ⑫烘干：羽绒服晾晒到九成干燥时，进行烘干；带有涂层面料需要翻转烘干	

续表

类型	适用范围	衣物状态	操作要点	工艺流程及用料	注意事项
水洗拼色与差色，重垢羽绒服工艺	由两种以上颜色的涤纶或锦纶面料制成的羽绒服，或使用不同颜色的面料、里料制成的羽绒服	污垢严重，无其他附件和装饰物	手工洗涤	①预去渍：领口、袖口喷施或涂抹衣领净；重点油污处涂抹福奈特去油剂（红猫），严重油污可以适当刷拭或揉搓；袖口内侧、下摆内侧黑滞型顽固污渍可以用福奈特中性洗涤剂经清水按1：50稀释后刷拭 ②洗涤剂浸泡：通用洗衣粉1~2g/L水，水温50~60℃；洗涤剂浸透，浸泡2~4min；控净水分，转入手工刷洗 ③手工刷洗：根据刷洗操作规范要求，依次手工刷洗羽绒服正面、里面；重点部位加重刷洗强度 ④脱水：标准转速，3~5min ⑤漂洗1：高水位，水温40℃，4~5min，脱水2~3min ⑥漂洗2：高水位，水温40℃，4~5min，脱水2~3min ⑦漂洗3：高水位，室温，4~5min，脱水2~3min ⑧酸洗：经清水稀释后加入冰醋酸1~2g/L水（或10~20g/L衣物）；室温；洗衣机酸洗4~5min ⑨脱水：标准转速，3~5min ⑩手工整理：脱水后手工拍打整理，将湿羽绒团摘拣分散；擦拭除掉带有涂层面料的水滴 ⑪晾干：分散悬挂于通风处，尽快晾干；一般面料可以正常晾干；带有涂层的面料，应把面料内翻，里子朝外，正反面交替晾晒 ⑫烘干：羽绒服晾晒到九成干燥时，进行烘干；带有涂层面料需要翻转烘干	所有程序必须连续操作，不可停顿堆置+前述①至⑤项
水洗有皮革、皮毛附件及装饰物保护的羽绒服工艺	羽绒服所附带皮革、皮毛附件或装饰物的保护	由涤纶或锦纶面料制成的羽绒服，羽绒服带有皮革、皮毛附件或皮革、皮毛装饰物	根据衣物所带皮革、皮毛附件、装饰物的种类、体量选择洗涤方法；对选择水洗的羽绒服附加装饰物进行隔离保护	（1）洗涤方法选择 ①衣物为白色或浅色，装有白色或浅色皮革附件：建议按照裘皮衣物水洗洗涤工艺进行水洗，注意皮革附件保护 ②衣物为白色或浅色，装有中深色皮革附件：水洗洗涤，中深色皮革附件需要隔离保护，皮革附件需要进行加脂处理 ③衣物为中深色，装有白色或浅色皮革附件：建议按照裘皮衣物水洗洗涤工艺进行水洗，注意皮革附件保护 ④衣物为中深色，装有中深色皮革附件：采用水洗洗涤工艺，皮革附件需要进行加脂处理	

续表

类型	适用范围	衣物状态	操作要点	工艺流程及用料	注意事项
水洗有皮革、皮毛附件及装饰物保护的羽绒服工艺	羽绒服所附带皮革、皮毛附件或装饰物的保护	由涤纶或锦纶面料制成的羽绒服，羽绒服带有皮革、皮毛附件或皮革、皮毛装饰物	根据衣物所带皮革、皮毛附件、装饰物的种类、体量选择洗涤方法；对选择水洗的羽绒服附加装饰物进行隔离保护	（2）裘皮、皮革附件、装饰物的隔离保护 ①裘皮附件保护：裘皮附件染色牢度较低，必须注意防止颜色沾染；洗涤前应将裘皮附件使用塑料薄膜包裹保护；整衣洗涤后，使用中性洗涤剂单独洗涤裘皮部分；裘皮部分充分漂洗后，必须进行酸洗；脱水时注意隔离（可使用洁净废旧棉布）；尽快干燥，不可烘干；干燥后裘皮部分要进行滑爽整理 ②皮革附件保护：皮革附件染色牢度较低，必须注意防止颜色沾染；浅色面料衣物带有中深色皮革附件时，洗涤前应将皮革附件使用塑料薄膜或废旧棉布包裹保护，防止搭色；洗涤后充分漂洗，必须进行酸洗；脱水时注意隔离（可使用洁净废旧棉布）；尽快干燥，不可烘干：干燥后皮革附件部分应进行加脂处理；绒面皮革附件需要进行润色处理，光面皮革应进行涂饰整理	所有程序必须连续操作，不可停顿堆置+前述①至⑤项

四、水洗休闲服装

休闲服装是相对于正装类的制式服装（专业制服）、职业服装等而言，从某种意义上讲休闲服装范围极其宽泛。但是在洗衣业中休闲服装是有约定俗成概念的。这类衣物占了服装的大数，而且品类繁杂，污垢类型也比较多。所以对于一些休闲服装的洗涤方式往往难以选择。在此，就休闲服装各种因素进行相应的分析，使洗涤休闲服装更为准确简便，更少发生各种差错。

1. 休闲服装所指范围

休闲服装所指范围见表 3-12。

表 3-12　休闲服装

休闲服装类别	范围
休闲上衣类	除中山装、西装上衣以及各种制服装（包括军装、警服、行业制服等）以外，几乎多数上衣都可以称为休闲上衣，如夹克、春秋装、风衣、中长外套等
休闲裙子、裤子类	面料比较随意，设计较为宽松的裙子、裤子，如棉布、针织、牛仔或各种混纺面料的裙子、裤子，以及各种短裤、短裙、七分裤、八分裤等都可称为休闲裙、裤
衬衫、T 恤类	采用多种色彩、较为厚重的面料或异形款式的衬衫都属于休闲衬衫；所有的 T 恤，不论长袖短袖都是休闲服装。衬衫、T 恤的水洗工艺可见前面章节
运动服装	各种运动服装，中小学生的统一服装

2. 休闲服装常用面料

休闲服装常用面料见表 3-13。

表 3-13 休闲服装常用面料

类别	范围与功能
纯棉布面料	各种纯棉平布、斜纹布、卡其布、牛仔布、帆布、条格色织布、条绒布等用于制作各种类型的休闲衣物。以各种男女裤、夹克、风衣和休闲衬衫居多
棉（麻）混纺布面料	以棉或麻与化学纤维混纺的面料，其织物组织多数为平纹、斜纹或变化组织。面料大多数为中厚型，用以制作各种外衣、裙、裤
黏胶纤维与合成纤维混纺面料	以黏胶纤维、涤纶、锦纶等纤维制成混纺面料，颜色多种多样，织物组织也比较繁多。多数为仿丝绸或类似丝绸的薄细型面料。以制作各种女式衬衫、连衣裙、裙子等为主
含有羊毛的混纺面料	含有羊毛纤维并且和黏胶纤维、腈纶以及其他合成纤维混纺的面料。以各种色织条格面料居多，多数为较厚重型面料
含有蚕丝的混纺面料	以各种化学纤维和部分蚕丝混纺，制成薄细型面料。花色品种丰富，多制成女式休闲服装
合成纤维面料	以涤纶纤维为主，有时也加入锦纶或维纶，其中大量使用超细纤维，制成平整柔软的新型面料，其中不少品种带有树脂涂层，用于制作任何类型休闲服装，其中较多的是外衣

3. 休闲服装特点

① 休闲服装是最不受各种因素限制的衣物。面料类型、服装款式、色彩搭配等几乎是完全无拘无束。

② 休闲服装的设计更为人性化，尺度更为宽松随意，是各种服装中最为丰富多彩的，但是很少包括硬性衬材。

③ 由于休闲服装穿用随意，所以休闲衣物的污垢兼有内衣和外衣的特点。一般而言水溶性污垢较多。

④ 除了少量的休闲衣物不适合水洗洗涤，大多数休闲服装都适合水洗，而且水洗效果要大大超过干洗效果。

4. 水洗休闲服装基本工艺

水洗休闲服装基本工艺见表 3-14。

表 3-14 水洗休闲服装基本工艺

基本工艺		内容
清水浸泡		① 过水：清水均匀浸透后，即可控出水分进入主洗（用于污垢量较轻的衣物） ② 浸泡：清水浸透 3~5min，其间翻动 2~3 次，控出水分后备用（用于污垢量较大的衣物）
主洗方案	一	① 手洗+机洗，用于重点污垢明显的衣物 ② 洗涤剂浸泡：通用洗衣粉 1g/L 水，室温，2~3min；控出水分，待洗 ③ 手工刷洗：按刷洗流程操作

续表

基本工艺		内容
主洗方案	二	①机洗+手洗，用于无明显重点污垢的衣物 ②机洗：洗涤剂 1~2g/L 水，不超过 40℃温水，机洗 4~5min ③刷洗：刷洗重点部位
	三	①手工洗涤，用于含有蚕丝羊毛纤维的衣物 ②浸泡拎洗：室温，中性洗涤剂 1g/L 水，浸透后拎洗 4~5 次 ③技法选择：根据衣物的污垢与承受能力选择刷洗或揉洗；手工洗涤
漂洗 1		室温清水手工拎洗 4~5 次；或在水洗机内漂洗 2~3min
漂洗 2		室温清水手工拎洗 4~5 次；或在水洗机内漂洗 2~3min
漂洗 3		室温清水手工拎洗 4~5 次；或在水洗机内漂洗 2~3min
酸洗		室温清水，加入冰醋酸 1g/L 水，手工拎洗 4~5 次；或在水洗机内酸洗 2~3min
脱水		标准速度脱水 3~5min
干燥		干燥：通风晾干或烘干

5. 使用的洗涤剂和助剂

（1）通用洗衣粉　用于大多数休闲服装的洗涤。

（2）中性洗涤剂　用于含有蚕丝、羊毛纤维面料休闲衣物的洗涤。

（3）冰醋酸　用于酸洗和防止掉色。

（4）去渍剂　用于去除油污以及色迹等污渍。

（5）柔软剂　用于蓬松类型衣物的后整理。

6. 水洗休闲服装工艺

水洗休闲服装工艺见表 3-15。

五、水洗毛纺面料裙子、裤子

毛纺面料的裙子、裤子一般会干洗。但是颜色很浅的裙子、裤子干洗后的洁净度往往不能令人满意，甚至可能比原来的颜色还要灰暗。而那些经过多次干洗的其他颜色的裙子、裤子，洁净度和清爽透亮的程度也会大大降低。这类服装可以通过水洗获得较好的洗涤效果。如果毛纺面料的裙子、裤子沾染了较多的水溶性污垢，那就更需要水洗洗涤，以确保服装的洁净度。因此，水洗毛纺面料的裙子、裤子是洗衣店必须掌握的洗涤技术。

表 3-15　水洗休闲服装工艺

工艺类型	适用范围	衣物状态	操作要点	工艺流程及用料	注意事项
水洗纯棉、棉混纺休闲服装工艺	浅色或中色的纯棉、棉混纺休闲衣裤（包括浅色、中色条格色织纯棉、棉混纺面料）	一般污垢，无特殊严重污渍	手工洗涤+机洗	①预去渍：去除重点污渍 ②清水浸泡：室温清水，浸透后浸泡2~3min，控干水分备用 ③主洗 浸泡拎洗：不超过40℃温水，通用洗衣粉1g/L水，浸透后拎洗3~5次 手工刷洗：手工刷洗重点污垢部分 水洗机机洗：不超过40℃温水，通用洗衣粉1g/L水，标准洗涤程序机洗4~5min ④漂洗1：室温清水，水洗机标准程序漂洗2~3min ⑤漂洗2：室温清水，水洗机标准程序漂洗2~3min ⑥漂洗3：室温清水，水洗机标准程序漂洗2~3min ⑦酸洗：室温清水，加入冰醋酸1g/L水，水洗机标准程序酸洗2~3min ⑧脱水：标准速度，脱水3~4min ⑨干燥：烘干或晾干	去渍后应立即浸泡；主洗中机洗之前，不可较长时间停放
水洗含有蚕丝或薄细型面料的休闲服装工艺	含有蚕丝和其他化学纤维成分的薄细型面料休闲衣裤	无特殊污垢，无其他装饰物	手工洗涤	①洗涤剂浸泡：不超过35℃温水，中性洗涤剂1g/L水，浸透后拎洗3~5次，立即进行主洗 ②主洗：手工刷洗，按照手工刷洗流程整体刷洗 ③漂洗1：室温清水，手工拎洗4~5次 ④漂洗2：室温清水，手工拎洗4~5次 ⑤漂洗3：室温清水，手工拎洗4~5次 ⑥酸洗：室温清水，加入冰醋酸1~2g/L水，手工拎洗5~8次；浸泡酸洗2~3min ⑦脱水：标准速度，脱水3~4min ⑧干燥：晾干	连续操作，任何环节不可停放；不宜烘干
水洗含有羊毛纤维的休闲服装工艺	含有羊毛纤维、不同颜色的各类混纺面料休闲衣裤	一般污垢，无特殊严重污渍	手工洗涤+机洗	①预去渍：去除油污色迹 ②洗涤剂浸泡：不超过40℃温水，中性洗涤剂1g/L水，浸透后拎洗3~5次，浸泡2~3min，控干水分备用 ③主洗 手工刷洗：手工刷洗重点污垢部分 水洗机机洗：不超过40℃温水，中性洗涤剂1g/L水，柔和程序机洗4~5min ④漂洗1：室温清水，水洗机柔和程序漂洗2~3min ⑤漂洗2：室温清水，水洗机柔和程序漂洗2~3min ⑥漂洗3：室温清水，水洗机柔和程序漂洗2~3min	①去渍后应立即浸泡 ②手工刷洗与机洗之间应连续操作，不可停放 ③任何机洗程序都不可延长时间

续表

工艺类型	适用范围	衣物状态	操作要点	工艺流程及用料	注意事项
水洗含有羊毛纤维的休闲服装工艺	含有羊毛纤维、不同颜色的各类混纺面料休闲衣裤	一般污垢，无特殊严重污渍	手工洗涤+机洗	⑦酸洗：室温清水，加入冰醋酸1~2g/L水，水洗机柔和程序酸洗2~3min ⑧脱水：标准速度，脱水3~4min ⑨干燥：烘干或晾干	①去渍后应立即浸泡 ②手工刷洗与机洗之间应连续操作，不可停放 ③任何机洗程序都不可延长时间
水洗面料带有涂层的休闲服装工艺	以化学纤维为主要成分，带有涂层面料的各种类型或各种颜色的休闲衣裤	一般污垢，无特殊严重污渍	手工洗涤+机洗	①洗涤剂浸泡：不超过40℃温水，通用洗衣粉1g/L水，浸透后拎洗3~5次，浸泡2~3min，控干水分备用 ②主洗 手工刷洗：手工刷洗重点污垢部分 机洗：不超过40℃温水，通用洗衣粉1g/L水，柔和程序机洗4~5min ③漂洗1：室温清水，水洗机柔和程序漂洗2~3min ④漂洗2：室温清水，水洗机柔和程序漂洗2~3min ⑤漂洗3：室温清水，水洗机柔和程序漂洗2~3min ⑥酸洗：室温清水，加入冰醋酸1~2g/L水，水洗机柔和程序酸洗2~3min ⑦脱水：标准速度，脱水3~4min ⑧干燥：晾干	①机洗必须使用柔和程序 ②主洗过程中机洗之前，不可较长时间停放 ③任何机洗程序都不可延长时间

1. 毛纺面料裙子、裤子类型分析

（1）毛纺面料服装所属范围　毛纺面料的裙子、裤子多为职业服装或礼仪服装，其版型大多数是正装。这类服装往往都是套装，做工也比较考究。其中，也有一些制成休闲款式，其档次自然也是较高的。

毛纺面料的裙子、裤子所使用的面料类型见表3-16。

表3-16　毛纺面料的裙子、裤子所使用的面料类型

面料类型	面料范围
纯毛精纺面料	凡尔丁、派力司、哔叽、华达呢、驼丝锦、贡丝锦、板司呢、舍味呢、直贡呢、马裤呢、精纺花呢等。布面丰满，颜色繁多
毛混纺精纺面料	一般是羊毛与涤纶或腈纶混纺，制成与上述各品种相类似的精纺面料

续表

面料类型	面料范围
纯毛粗纺面料	女式呢、女衣呢、海立司、霍姆斯本、海军呢、麦尔登以及各种类型的大衣呢、各种粗纺花呢等
毛混纺粗纺面料	以羊毛和腈纶或黏胶纤维混纺，制成与上述各品种相类似的粗纺面料
疏松结构毛纺面料	羊毛与腈纶或黏胶纤维混纺，制成比粗纺面料更加粗疏的疏松结构面料，用于制作富有特殊风格的女式服装。其中一些面料采用非纺织的集合工艺制成
易掉色毛纺面料	各种毛纺面料中，大红色、紫色、红棕色以及鲜艳的蓝色、鲜艳的绿色等面料的染色牢度较低，在洗涤过程中比较容易掉色。如果上述几种颜色是粗纺面料，其掉色倾向就更为明显，必须注意防范

（2）毛料服装污垢类型及特点　毛纺面料的裙子、裤子都是外衣型服装，其污垢类型与其他外衣的污垢类型相类似。

浅色面料的裙子、裤子必须先去除重点污渍，并且立即进行洗涤。

（3）防止粗纺面料缩绒　毛纺织品中的纯毛粗纺面料非常容易产生缩绒现象，其耐受机械性摩擦和揉搓的能力较差。机洗这类服装时，必须使用柔和程序。

2. 可以水洗的毛纺面料裙子、裤子

① 各种颜色的纯毛精纺、毛混纺精纺面料裙子、裤子。

② 一般纯毛粗纺、粗纺毛混纺面料的裙子、裤子。

③ 各种仿毛面料的裙子、裤子。

④ 毛纺针织外衣、针织毛裙。

3. 洗涤剂与助剂

（1）中性洗涤剂　用于水洗纯毛或毛混纺面料裙子、裤子的洗涤剂。

（2）通用（弱碱性）洗衣粉　用于水洗仿毛面料裙子、裤子的洗涤剂。

（3）冰醋酸　用于酸洗或洗涤后固色。

（4）柔软剂　用于纯毛粗纺面料裙子、针织毛裙洗涤后整理。

（5）去渍剂　用于洗涤前重点污渍的去除。

4. 水洗毛纺面料裙子、裤子基本工艺

水洗毛纺面料裙子、裤子基本工艺见表 3-17。

表 3-17　水洗毛纺面料裙子、裤子基本工艺

基本工艺	操作
预处理	预去渍：水洗前去除重点油渍、色迹 清水浸泡：室温；浸透后 2~3min，进入主洗 洗涤剂浸泡：温度 40℃；浸透后拎洗 2~3min，进入主洗；洗涤剂用量 1g/L 水
主洗	手工刷洗或水洗机柔和程序洗涤（根据具体品种选择） 手工刷洗：按照刷洗操作流程顺序刷洗各部分 水洗机机洗：柔和程序，温度不超过 40℃；时间 8~12min；洗涤剂用量 1g/L 水

续表

基本工艺	操作
漂洗 1	不超过 40℃温水，手工拎洗 2~3min；或同等条件水洗机柔和程序漂洗（不超过 40℃温水，2~3min）
漂洗 2	室温清水，手工拎洗 2~3min；或同等条件水洗机柔和程序漂洗（室温清水，2~3min）
漂洗 3	室温清水，手工拎洗 2~3min；或同等条件水洗机柔和程序漂洗（室温清水，2~3min）
酸洗	室温清水加入冰醋酸 1~2g/L 水，手工拎洗 2~3min；或同等条件水洗机柔和程序酸洗
脱水	标准速度，脱水 3~4min
干燥	晾干或烘干（根据具体品种选择）

5. 注意事项

① 遇有硬性渍迹，要经过润湿后再去渍。

② 机洗时必须把裙子、裤子翻转，衣里向外，且必须使用柔和程序。

③ 粗纺面料裙子和针织毛裙经过洗涤后，需要进行柔软整理。

④ 洗涤过程中，任何条件下都不可停放或堆置。

6. 水洗毛纺面料裙子、裤子工艺

水洗毛纺面料裙子、裤子工艺见表 3-18。

表 3-18　水洗毛纺面料裙子、裤子工艺

工艺类型	适用范围	衣物状态	操作要点	工艺流程及用料	注意事项
水洗深色精纺毛纺面料裙子、裤子工艺	深色的精纺纯毛面料或毛混纺精纺面料的裙子、裤子（包括深色条格色织面料，不包括大红色、紫色、红紫色面料）	一般污垢，无特殊严重污渍	手工洗涤+机洗	①洗涤剂浸泡：不超过 40℃温水，中性洗涤剂 1g/L 水，浸透后拎洗 3~5 次，浸泡 2~3min，控干水分备用 ②主洗 手工刷洗：手工刷洗重点污垢部分 水洗机机洗：不超过 40℃温水，中性洗涤剂 1g/L 水，柔和程序机洗 4~5min ③漂洗 1：室温清水，水洗机柔和程序漂洗 2~3min ④漂洗 2：室温清水，水洗机柔和程序漂洗 2~3min ⑤漂洗 3：室温清水，水洗机柔和程序漂洗 2~3min ⑥酸洗：室温清水，加入冰醋酸 1~2g/L 水，水洗机柔和程序酸洗 2~3min ⑦脱水：标准速度，脱水 3~4min ⑧干燥：烘干或晾干	去渍后应立即浸泡；主洗过程中机洗之前，不可较长时间停放；任何机洗程序都不可延长时间
水洗白色、中浅色精纺毛纺面料裙子、裤子工艺	白色、浅色或中色的精纺纯毛面料或毛混纺精纺面料的裙子、裤子（包括浅色、中色的条格色织面料）	一般污垢，无特殊严重污渍	手工洗涤+机洗	①预去渍：去除重点污渍 ②清水浸泡：室温清水，浸透后浸泡 2~3min，控干水分备用 ③主洗 手工拎洗：不超过 40℃温水，中性洗涤剂 1g/L 水，浸透后拎洗 3 ~ 5 次	去渍后应立即浸泡；手工洗涤后机洗之前，不可较长时间停放；任何机洗程序不可延长时间

续表

工艺类型	适用范围	衣物状态	操作要点	工艺流程及用料	注意事项
水洗白色、中浅色精纺毛纺面料裙子、裤子工艺	白色、浅色或中色的精纺纯毛面料或毛混纺精纺面料的裙子、裤子（包括浅色、中色的条格色织面料）	一般污垢，无特殊严重污渍	手工洗涤+机洗	手工刷洗：手工刷洗重点污垢部分 水洗机机洗：不超过40℃温水，中性洗涤剂1g/L水，柔和程序机洗4~5min ④漂洗1：室温清水，水洗机柔和程序漂洗2~3min ⑤漂洗2：室温清水，水洗机柔和程序漂洗2~3min ⑥漂洗3：室温清水，水洗机柔和程序漂洗2~3min ⑦酸洗：室温清水，加入冰醋酸1~2g/L水，水洗机柔和程序酸洗2~3min ⑧脱水：标准速度，脱水3~4min ⑨干燥：烘干或晾干	去渍后应立即浸泡；手工洗涤后机洗之前，不可较长时间停放；任何机洗程序不可延长时间
水洗白色、中浅色纺毛粗纺面料裙子、裤子工艺	白色、浅色或中色的粗纺纯毛面料或毛混纺粗纺面料裙子、裤子(含浅色、中色条格色织面料)	一般污垢，无特殊严重污渍	手工洗涤	①预去渍：去除重点污渍 ②清水浸泡：室温清水，浸透后浸泡2~3min，控干水分备用 ③主洗 手工拎洗：不超过40℃温水，中性洗涤剂1g/L水，浸透后拎洗3~5次 手工刷洗：按照手工刷洗流程整体刷洗 ④漂洗1：不超过40℃温水，手工拎洗4~5次 ⑤漂洗2：室温清水，手工拎洗4~5次 ⑥漂洗3：室温清水，手工拎洗4~5次 ⑦酸洗：室温清水，加入冰醋酸1~2g/L水，手工拎洗4~5次，浸泡酸洗2~3min ⑧柔软整理：30~40℃温水，加入柔软剂1~2g/L水；手工拎洗4~5次，浸泡2~3min ⑨脱水：标准速度，脱水3~4min ⑩干燥：晾干	去渍后应立即浸泡；裤子可以不进行柔软整理；不宜使用烘干机烘干
水洗毛纺深色粗纺面料裙子、裤子工艺	深色的粗纺纯毛面料或毛混纺粗纺面料的裙子、裤子（含深色条格色织面料，不含红色、紫色、红棕色面料）	一般污垢，无特殊严重污渍	手工洗涤	①洗涤剂浸泡：不超过40℃温水，中性洗涤剂1g/L水，浸透后拎洗3~5次，浸泡2~3min，控干水分备用 ②主洗 手工拎洗：不超过40℃温水，中性洗涤剂1g/L水，浸透后拎洗3~5次 手工刷洗：按照手工刷洗流程整体刷洗 ③漂洗1：不超过40℃清水，手工拎洗5~8次 ④漂洗2：室温清水，手工拎洗5~8次 ⑤漂洗3：室温清水，手工拎洗5~8次 ⑥酸洗：室温清水，加入冰醋酸1~2g/L水，手工拎洗5~8次；浸泡酸洗2~3min	连续操作不宜停放；裤子可以不进行柔软整理；不宜使用烘干机烘干

续表

工艺类型	适用范围	衣物状态	操作要点	工艺流程及用料	注意事项
水洗毛纺深色粗纺面料裙子、裤子工艺	深色的粗纺纯毛面料或毛混纺粗纺面料的裙子、裤子（含深色条格色织面料，不含红色、紫色、红棕色面料）	一般污垢，无特殊严重污渍	手工洗涤	⑦柔软整理：30~40℃温水，加入柔软剂 1~2g/L 水，手工拎洗 4~5 次；浸泡 2~3min ⑧脱水：标准速度，脱水 3~4min ⑨干燥：晾干	连续操作不宜停放；裤子可以不进行柔软整理；不宜使用烘干机烘干
水洗红色、紫色、棕色毛纺或毛混纺面料裙子、裤子工艺	红色、紫色、棕色毛纺或毛混纺面料（包括红色、紫色、红紫色、红棕色以及以这些颜色为主的条格色织面料）	无特殊污垢，无其他装饰物	手工洗涤	①洗涤剂浸泡：不超过 35℃温水，中性洗涤剂 1g/L 水，浸透后拎洗 3~5 次，立即进行主洗 ②主洗：手工刷洗，按照手工刷洗流程整体刷洗 ③漂洗 1：室温清水，加入冰醋酸 1g/L 水，手工拎洗 4~5 次 ④漂洗 2：室温清水，加入冰醋酸 1g/L 水，手工拎洗 4~5 次 ⑤漂洗 3：室温清水，加入冰醋酸 1g/L 水，手工拎洗 4~5 次 ⑥酸洗：室温清水，加入冰醋酸 1~2g/L 水，手工拎洗 5~8 次；浸泡酸洗 2~3min ⑦脱水：标准速度，脱水 3~4min ⑧干燥：晾干	连续操作，任何环节不可停放；不宜使用烘干机烘干

六、水洗丝绸服装（单衣）

以桑蚕丝为主要原料的各种丝绸，是公认的高档服装面料。尽管名目繁多的化学纤维具有极其优秀的种种品质，但是真丝丝绸仍然是不可替代的。目前，市场上比较流行的是各种真丝丝绸中的纺类、绉类和缎类面料。其中有各种纺绸类，如电力纺、杭纺、春绸、双宫绸、细丝绸、竹节绸等；绉类，如双绉、留香绉以及各种缎类丝绸，如软缎、绉缎、桑波缎、金玉缎、克力缎、织锦缎、古香缎等；此外还有绢丝纺、柞丝绸等。真丝丝绸是各种服装面料当中品种最为繁多和复杂的。对于洗衣业来说，丝绸面料服装的洗涤承受能力比较差，也最易出现掉色现象。因此，洗涤丝绸服装，需要具有较高的技术水平和经验。

1. 从洗涤角度对丝绸服装进行分析

（1）洗涤方式的选择　丝绸服装经过水洗以后要比干洗的洗净度高。当各种条件允许时，丝绸服装可以尽量考虑水洗。由于丝绸服装比较娇弱，承受机械力的能力较低，相当多的丝绸服装更适合手工洗涤。如果机洗，也要使用柔和程序。

干洗也是机洗，如果丝绸衣物选择干洗，一定要充分考虑干洗过程中的磨损问题。干洗洗涤的基本参数：干洗机转速 40r/min；干洗全过程需 40~45min，扣除停顿、排液、脱液等所占时间（10min），实际完全转动时间至少 30min。干洗机每转动一次，衣物在洗衣舱内至少发生摔打、摩擦、跌落或滚动 2~5 次。因此，每进行一个循环的干洗要承受 2400~6000 次的摔打、摩擦、跌落或滚动。

近年来，发源并流行于欧洲的湿洗工艺，使丝绸衣物的洗涤开拓了新的思路。相当多的丝绸服装可以采用湿洗处理。湿洗技术既提高了洗涤效率，也能够确保洗涤质量，比较好地解决了洗涤机械力问题。

（2）耐摩擦性能　丝绸面料大多数直接使用一定旦尼尔的丝束织造，即使用无拈纱织造。在丝绸表面外露的完全是平行的蚕丝，对于机械性摩擦的承受能力非常有限，是各种面料中承受机械摩擦能力较差的。

（3）染色牢度　丝绸面料的染色多数使用活性染料、酸性染料，甚至使用直接染料或碱性染料，其染色牢度等级较低。除了浅色丝绸以外，多数丝绸面料都可能有不同程度的掉色。

（4）油污的去除　丝绸面料的染色牢度较低，限制了使用各种洗涤剂和去渍剂的可能性。浅色丝绸服装的油污较容易去除，而深色丝绸服装的油污则难以彻底去除。因此，带有油污的深色丝绸服装，宜先水洗，然后干洗。

（5）面料及服装结构　丝绸面料制作的服装由于服装结构不同，也会制约洗涤方法的选择。服装结构越复杂（如西装上衣、丝绸风衣等），洗涤难度也就越大。反之，结构简单的服装（如衬衫、夏季的裙子等）洗涤难度就相对较低。

（6）丝绸服装种类　见表 3-19。

表 3-19　丝绸服装种类

丝绸服装种类	特点与洗涤选择
绣花丝绸服装	丝绸服装的绣花部分都会使用真丝，其染色牢度较丝绸面料还要低。所有带有绣花的服装都会严重掉色 传统洗衣店的一些名师曾经水洗绣花丝绸服装，而且能够获得很好的效果。但是水洗绣花丝绸服装需要专门技术和经验的积累，须经过专业洗染技师当面传授相关技艺方能掌握。未经专业学习不可贸然行事 绣花服装一般干洗。干洗绣花丝绸服装时不宜用皂液、枧油和强洗剂等干洗助剂，但可在洗前进行柔和去渍
手绘丝绸服装	手绘丝绸服装是较为特殊的工艺服饰，大多是单件生产，使用专门的纺织品和绘画颜料由人工绘制而成。目前比较多的是仿照国画绘制的花卉、山水或飞禽走兽。这类手绘丝绸服装既可以干洗也可以水洗。但需要注意的是手绘图案部分耐摩擦能力较差，为防万一应该把手绘部分先进行熨烫予以固色，然后再进行洗涤

续表

丝绸服装种类	特点与洗涤选择
镶边与滚边丝绸服装	在丝绸服装中，尤其是中式服装中的清式服装，大量使用镶边、滚边，除了使用各种同色的绣花镶边以外，还会采用反差特别强烈的不同颜色镶边、滚边，如黄色镶黑色边，红色镶黄色边等。繁复的镶边上面还可能有绣花图案。这类丝绸服装在洗涤中无异于带有绣花的丝绸服装，如无特殊污渍，可以采用干洗；如果含有较多的水溶性污渍，就需要采用水洗（需要经过专业学习）

（7）其他（装饰物、纽扣、附件等）　丝绸服装所附带的各种纽扣、附件、装饰物等，都会在洗涤中发生种种问题，应该尽量把它们取下或包裹隔离，不可大意。手工水洗时，操作者可以直接观察服装状况，自然容易控制。而干洗时服装处于洗衣舱内部，无法直接控制。因此，对各种装饰物、纽扣和附件进行必要的包裹与隔离至关重要。各种附件的包裹与隔离有许多方法，具体见表 3-20。

表 3-20　各种附件的包裹与隔离方法

包裹与隔离方法	具体方法
铝箔包覆	使用铝箔（餐饮业使用的 0.1~0.2mm 铝箔即可）将扣子、装饰物紧密地包覆起来，防止摩擦与溶解
扣子盒隔离	使用洗染业专用塑料扣子盒进行隔离，主要是防止摩擦、碰撞
布片包裹	把一些悬挂类型的装饰物使用布片紧密地包裹起来，防止摩擦、碰撞和缠绕
布片缝合	一些比较复杂的装订在衣物表面的装饰物不便包裹，可以使用布片覆盖在表面隔离缝合，把它固定在衣物上，用以防止摩擦、碰撞、缠绕
布袋隔离	把衣物装在布袋内隔离，然后进行洗涤
网袋隔离	使用网袋进行隔离

2. 丝绸服装的污垢及特点

丝绸服装的污垢及特点见表 3-21。

表 3-21　丝绸服装的污垢及特点

污垢类型	特点
表面污垢与渗透性污垢	丝绸服装的表面污垢非常容易洗净，而渗透性污垢则比较难以洗净，一般以油性污垢为主。为了不致造成污渍处发白，洗涤时要有耐心。有时严重的油渍需多次处理方可洗净，如果急于求成往往会造成污渍处脱色
色性污垢与油性污垢	单纯的油性污垢比较容易去除，而丝绸服装上那些含有某些色素的污渍是最难去除的。其中白色服装的色性污垢较为简单，浅色服装的色素部分就要进行单独处理
污垢与浅表性磨伤	某些丝绸服装的污垢较重，往往在洗涤时不自觉地就提高了洗涤强度，从而造成浅表性磨伤，也就是出现了白色的霜雾样的磨伤，俗称白潲子。这是丝绸面料不能承受较大机械力的原因
严重污垢与跳丝并丝	丝绸服装在去渍时非常容易跳丝并丝，一些带有严重污垢的服装需要特别注意。甚至一些缎类面料衣物在穿着时都可能跳丝并丝，在收取服装时也应该仔细检验登记（如女式绉缎衬衫的前肩至腋下部位多数在穿用一段时间后跳丝并丝）

3. 水洗丝绸服装的基本原则

水洗丝绸服装，必须遵守表 3-22 所列举的一系列原则。

表 3-22 水洗丝绸服装的基本原则

基本原则	具体方法
中性洗涤	水洗丝绸服装一定要使用中性洗涤剂，而且用量不宜太多。宁可多次洗涤，也不可一次用料过多，更不可以使用碱性洗涤剂
尽量降低洗涤强度（机械力、时间、温度）	丝绸服装不宜使用普通洗衣机洗涤，如果必须采用时，应该选择柔和洗涤程序。多数丝绸服装适合手工洗涤或使用湿洗工艺
避免摩擦	手工刷洗时，要使用软毛刷，去渍时不可使用刮板
洗中去渍	洗涤服装上的油渍需要耐心处理，可以在洗前进行预处理，也可以在洗涤中进行去渍。去除油渍要有耐心，不可急于求成
连续操作，禁止停放	对丝绸服装进行洗涤时，不允许中途停顿、搁置，必须连续操作直至洗涤、漂洗、固色、脱水、晾晒完成后，才可以结束
醋酸固色处理	除了白色或极浅色以外，都要使用醋酸进行处理，以保证丝绸服装的色彩鲜艳和不致掉色
隔离	凡是有掉色倾向的服装在脱水和晾干时都要注意进行隔离，采用垫布或包裹隔离后再脱水
混纺面料的处理	当服装面料含有一定比例蚕丝时，一定要按真丝面料处理，不可抱有侥幸心理。目前许多名牌女装常常使用含有一定比例蚕丝的面料制作，洗涤前要关注其面料成分标志

4. 手工水洗丝绸服装基本工艺

手工水洗丝绸服装基本工艺见表 3-23。

表 3-23 手工水洗丝绸服装基本工艺

基本工艺	操作要点
过水	使用清水，将衣物在水中浸透，1~2min 即可
预去渍	带有色性污垢或油性污垢的丝绸衣物一般应该进行预去渍
主洗	使用中性洗涤剂，采用温和洗涤技法（揉洗或拎洗）
漂洗 1	拎洗 2~3min
漂洗 2	拎洗 2~3min
漂洗 3	拎洗 2~3min
酸洗	冰醋酸 3~10g/件衣物（视衣物大小调节用量），拎洗 1~2min，浸泡 2~3min
脱水	使用脱水机或家用波轮式洗衣机进行脱水时，服装要沿脱水桶周边摆放。不可摆放在脱水桶中心；脱水时，要保持脱水桶内的服装摆放均匀、平衡；脱水时间不可过长，应留有一定水分，一般不超过 2min，避免过度脱水造成细碎褶皱；脱水后用力将丝绸服装抖平，清理和拆解服装或附件粘连套结部分；有掉色倾向的服装要单件脱水，由不同颜色面料组成的服装需要使用干净的毛巾或布片隔离后脱水
干燥	丝绸服装应以晾干为主，多数不适宜烘干

5. 使用洗涤剂与助剂

① 福奈特中性洗涤剂：用于丝绸服装的主要洗涤剂。

② 中性皂片：用于丝绸服装的辅助洗涤剂。

③ 冰醋酸：用于酸洗固色和防止掉色。

④ 福奈特润色恢复剂：用于出现浅表性磨伤的修复。

⑤ 去渍剂：用于去除重点污渍。

⑥ 保险粉：用于漂色。

6. 丝绸服装容易出现的洗涤事故

丝绸服装容易出现的洗涤事故见表 3-24。

表 3-24 丝绸服装容易出现的洗涤事故

洗涤事故	原因和特点
掉色	深色、浓色、艳色的丝绸服装容易掉色，具体颜色包括 深色（黑色、深蓝色、深棕色、墨绿色、深灰色等） 浓重色（橘红色、金黄色、秋香色、蛙绿色、古铜色等） 鲜艳色（大红色、梅红色、玫瑰色、紫红色、艳蓝色、艳绿色、浓重柠檬黄色等）
搭色和洇色	容易掉色的服装产生搭色机会较多，在洗涤、漂洗、脱水和晾干等环节都要充分注意 红色、紫色、棕色系列的丝绸服装有时可能发生自身相互搭色现象。一般经过醋酸固色的可以防止这类搭色的产生
缩水	绉类（双绉、碧绉、留香皱等）丝绸服装缩水率较大。未经过水洗的这类丝绸服装水洗后会发生较大的缩水，已经经过水洗的这类丝绸服装一般不会继续缩水 纱类（乔其纱、头巾纱等）丝绸服装缩水率较大（其情况与绉类相似）
跳丝	各种缎类丝绸以及较为精细的丝绸面料（如电力纺、双绉等）的受力处比较容易产生跳丝，要避免尖锐粗糙物品的接触
并丝	缎类丝绸面料表面布满了大量的浮线，当受到与浮线不相同方向的摩擦力时就会发生并丝现象。轻微的并丝可以通过织补技术进行复位修复，而严重的或较大面积的并丝就无法修复了
针孔扩大	在穿用或洗涤丝绸服装时，如果受力过大，缝合处就会拉伤，使针孔扩大形成损伤
白溮子（浅表性磨伤）	由于摩擦力过大或过度，任何颜色的丝绸面料都有可能出现白溮子。深色的或缎类丝绸面料最容易产生白溮子（即浅表性磨伤）
磨边	比较硬挺的丝绸面料如织锦缎，丝绸面料内有平挺衬布的部位如袖口、领口、底边等处，当洗涤机械力较大时就容易产生磨边，出现发毛甚至磨破现象。这类磨边现象在穿用时也可能发生，因此收衣时需要检查细致以免误会
变硬	使用碱性洗涤剂洗涤丝绸服装，必然使丝绸变硬，而且手感粗糙。这种变硬了的丝绸一般无法恢复
无光	使用碱性洗涤剂洗涤丝绸服装，不但会使丝绸变硬，而且会使丝绸原有光泽全无，完全失掉了丝绸的风采

7. 特别注意事项

① 没有条件采用湿洗技术时，丝绸服装只能手工洗涤。

② 丝绸服装在任何情况下都不适合较长时间浸泡。

③ 洗涤全过程要连续进行，不可中途停顿。

④ 除了极浅色服装都需要过酸。

⑤ 要重视脱水与干燥过程。

⑥ 出现浅表性磨伤可使用福奈特润色恢复剂处理。

8. 水洗丝绸服装工艺

水洗丝绸服装工艺见表 3-25。

表 3-25　水洗丝绸服装工艺

工艺类型	适用范围	衣物状态	操作要点	操作过程	注意事项
水洗白色丝绸服装工艺	白色丝绸服装（衬衫、裤子、裙子、马甲等），无其他特殊装饰物	无特殊污渍	手工洗涤	①预去渍：重点去除油污、锈迹等 ②过水润湿：室温清水，浸透，翻动均匀，挤出水分 ③主洗：不超过 40℃温水，中性洗涤剂 1g/L 水，手工揉洗 2~3min，挤出水分 ④漂洗 1：室温清水，拎洗 1~2min ⑤漂洗 2：室温清水，拎洗 1~2min ⑥酸洗：室温清水，加入冰醋酸 1g/L 水，拎洗 1~2min ⑦脱水：标准脱水速度，脱水 2~3min ⑧晾干：自然晾干	确保洗涤工作台、器皿、工具等洁净无颜色污染；防止尖锐利器磨伤衣物；白色丝绸衣物带有色迹时[①]
水洗浅色丝绸服装工艺	浅色（淡蓝色、淡粉色、银灰色、淡黄色、淡绿色以及浅色条格、浅色印花等）丝绸服装，无其他装饰物	无特殊污渍	手工洗涤	①预去渍：重点去除油污、锈迹等 ②过水润湿：室温清水，浸透，翻动均匀，挤出水分 ③主洗：不超过 40℃温水，中性洗涤剂 1g/L 水，手工揉洗 2~3min，挤出水分 ④漂洗 1：室温清水，拎洗 1~2min ⑤漂洗 2：室温清水，拎洗 1~2min ⑥酸洗：室温清水，加入冰醋酸 1g/L 水，拎洗 1~2min ⑦脱水：标准脱水速度，脱水 2~3min ⑧晾干：自然晾干	洗涤时工作台、器皿、工具等确保洁净无颜色污染；注意防止尖锐利器磨伤衣物
水洗中浅色印花和中色色织丝绸服装工艺	中色、中浅色以及中浅色条格、印花丝绸服装，无其他装饰物	无特殊污渍	手工洗涤	①预去渍：重点去除油污、锈迹等 ②过水润湿：室温清水，浸透，翻动均匀，挤出水分 ③主洗：不超过 40℃温水，中性洗涤剂 1g+0.5g 冰醋酸/L 水，手工揉洗 2~3min，挤出水分 ④漂洗 1：室温清水，拎洗 1~2min ⑤漂洗 2：室温清水，拎洗 1~2min ⑥酸洗：室温清水，加入冰醋酸 1~2g/L 水，拎洗 1~2min ⑦脱水：标准脱水速度，脱水 2~3min ⑧晾干：自然晾干	

续表

工艺类型	适用范围	衣物状态	操作要点	操作过程	注意事项
水洗深色印花和中深色条格丝绸服装工艺	中色、中浅色以及中浅色色织、印花丝绸服装，无装饰物	无特殊污渍	手工洗涤	①预去渍：重点去除油污、锈迹等 ②过水润湿：室温清水，浸透，翻动均匀，挤出水分 ③主洗：室温，中性洗涤剂 0.5~1g+中性皂片 0.5~1g/L 水，手工揉洗 2~3min，挤出水分 ④漂洗 1：室温清水，拎洗 1~2min ⑤漂洗 2：室温清水，拎洗 1~2min ⑥酸洗：室温清水，加入冰醋酸 1g/L 水，拎洗 1~2min ⑦脱水：标准脱水速度，脱水 2~3min ⑧晾干：自然晾干	洗涤时工作台、器皿、工具等确保洁净无颜色污染；注意防止尖锐利器磨伤衣物；中性皂片需要事先以少量热水溶化成糊状后，与中性洗涤剂同时加入洗涤液中
水洗丝绸服装工艺（鲜艳蓝、绿色丝绸衣物）	鲜艳的蓝绿色系列丝绸服装；无特殊镶边、滚边，无特殊装饰物	无特殊污渍	手工洗涤	①预去渍：重点去除油污、锈迹等 ②过水润湿：室温清水，浸透，翻动均匀，挤出水分 ③主洗：室温，中性洗涤剂 0.5g+中性皂片 0.5~1g/L 水，手工揉洗 2~3min，挤出水分 ④漂洗 1：室温清水，加入冰醋酸 1g/L 水，拎洗 1~2min ⑤漂洗 2：室温清水，加入冰醋酸 1g/L 水，拎洗 1~2min ⑥酸洗：室温清水，加入冰醋酸 2g/L 水，拎洗 1~2min ⑦脱水：标准脱水速度，脱水 2~3min ⑧晾干：自然晾干	
水洗红色、紫色、棕色系列丝绸服装工艺	大红色、玫瑰色、紫红色、酱紫色、红棕色、深棕色等系列丝绸服装；无特殊镶边、滚边，无特殊装饰物	无特殊污渍	手工洗涤	①预去渍：重点去除油污、锈迹等 ②过水润湿：室温清水，浸透，翻动均匀，挤出水分 ③主洗：室温，中性洗涤剂 1g+冰醋酸 0.5~1g/L 水，手工揉洗 2~3min，挤出水分 ④漂洗 1：室温清水，加入冰醋酸 1g/L 水，拎洗 1~2min ⑤漂洗 2：室温清水，加入冰醋酸 1g/L 水，拎洗 1~2min ⑥酸洗：室温清水，加入冰醋酸 2g/L 水，拎洗 1~2min ⑦脱水：标准脱水速度，脱水 2~3min ⑧晾干：自然晾干	确保洗涤时工作台、器皿、工具等洁净无颜色污染；注意防止尖锐利器磨伤衣物；发生丝绸衣物浅表性磨伤可采用水洗丝绸服装工艺（丝绸衣物浅表性磨伤润色处理）
水洗丝绸服装工艺（深色丝绸衣物）	深蓝色、深绿色、深灰色、黑色等丝绸服装	无特殊污渍	手工洗涤	①预去渍：重点去除油污、锈迹等 ②过水润湿：室温清水，浸透，翻动均匀，挤出水分 ③主洗：室温，中性洗涤剂 1g+冰醋酸 0.5~1g/L 水，手工揉洗 2~3min，挤出水分	

续表

工艺类型	适用范围	衣物状态	操作要点	操作过程	注意事项
水洗丝绸服装工艺（深色丝绸衣物）	深蓝色、深绿色、深灰色、黑色等丝绸服装	无特殊污渍	手工洗涤	④漂洗 1：室温清水，加入冰醋酸 1g/L 水，拎洗 1~2min ⑤漂洗 2：室温清水，加入冰醋酸 1g/L 水，拎洗 1~2min ⑥酸洗：室温清水，加入冰醋酸 2~3g/L 水，拎洗 1~2min ⑦脱水：标准脱水	确保洗涤时工作台、器皿、工具等洁净无颜色污染；注意防止尖锐利器磨伤衣物；发生丝绸衣物浅表性磨伤可采用水洗丝绸服装工艺（丝绸衣物浅表性磨伤润色处理）
水洗重油垢丝绸服装工艺	各种带有重油垢的丝绸衣物	污垢量较大，有明显的重油垢	手工洗涤	①过水润湿：室温清水，浸透，翻动均匀，挤出水分 ②主洗：不超过 40℃温水，中性洗涤剂 1g/L 水，手工揉洗 2~3min，挤出水分 ③洗涤中去渍：手工洗涤过程中，在洗涤剂中将福奈特去油剂滴入重油垢处，停留 1~2min，温和揉搓油污处；然后重复主洗过程 ④漂洗 1：室温清水，加入冰醋酸 1g/L 水，拎洗 1~2min ⑤漂洗 2：室温清水，加入冰醋酸 1g/L 水，拎洗 1~2min ⑥酸洗：室温清水，加入冰醋酸 2g/L 水，拎洗 1~2min ⑦脱水：标准脱水速度，脱水 2~3min ⑧晾干：自然晾干	
水洗手绘图案丝绸服装工艺	各种手绘丝绸衣物	无特殊污垢，无特殊装饰物	手工洗涤	①图案固色：使用中等温度（150℃左右）熨斗熨烫手绘图案部分，进行固色 ②过水润湿：室温清水，浸透，翻动均匀，挤出水分 ③主洗：不超过 40℃温水，中性洗涤剂 1g/L 水，手工揉洗 2~3min，挤出水分 ④漂洗 1：室温清水，拎洗 1~2min ⑤漂洗 2：室温清水，拎洗 1~2min ⑥酸洗：室温清水，加入冰醋酸 1g/L 水，拎洗 1~2min ⑦脱水：标准脱水速度，脱水 2~3min ⑧晾干：自然晾干	洗涤时工作台、器皿、工具等确保洁净无颜色污染；注意防止尖锐利器损伤、磨伤衣物；熨烫固色时，熨斗温度应不低于 130℃
绣花丝绸服装工艺	带有较小面积绣花图案的丝绸衣物	无特殊污垢，无特殊装饰物	手工洗涤	①预去渍：重点去除油污、锈迹等 ②过水润湿：室温清水，浸透，翻动均匀，立即在洗板上平铺 ③主洗：室温；预先配制洗涤液，中性洗涤剂 1g/L 水；手工轻柔刷洗；随时使用清水泼洗绣花部分 ④漂洗 1：室温清水，加入冰醋酸 1g/L 水，拎洗 1~2min	洗涤时工作台、器皿、工具等确保洁净无颜色污染；注意防止尖锐利器磨伤衣物

续表

工艺类型	适用范围	衣物状态	操作要点	操作过程	注意事项
绣花丝绸服装工艺	带有较小面积绣花图案的丝绸衣物	无特殊污垢，无特殊装饰物	手工洗涤	⑤漂洗 2：室温清水，加入冰醋酸 1g/L 水，拎洗 1~2min ⑥酸洗：室温清水，加入冰醋酸 1g/L 水，拎洗 1~2min ⑦脱水：标准脱水速度，脱水 2~3min ⑧晾干：自然晾干	洗涤时工作台、器皿、工具等确保洁净无颜色污染；注意防止尖锐利器磨伤衣物
水洗白色丝绸服装工艺	白色丝绸服装（衬衫、裤子、裙子、马甲等），无其他特殊装饰物，无其他颜色附件	有色迹或衣物整体泛黄（陈旧性黄色或风化性黄色）	手工拎洗	①将衣物按照水洗丝绸服装工艺（白色丝绸衣物）洗涤干净，漂洗后不经酸洗，脱水备用 ②还原漂白：在准备好的热水（不少于 15 倍衣物重量；不低于 90℃）中加入保险粉 25~30g，搅匀；将衣物连续拎洗 2~3min ③漂洗 1：室温清水，拎洗 2~3min ④漂洗 2：室温清水，拎洗 2~3min ⑤酸洗：室温清水，加入冰醋酸 5~10mL，拎洗 2~3min ⑥脱水：标准速度，脱水 2~3min ⑦晾干：阴凉通风处晾干	①
水洗丝绸服装工艺（浅表性磨伤润色处理）	所有真丝面料衣物	洗涤后丝绸衣物表面泛出白色霜雾（出现白霜子）	喷枪喷涂	①将衣物熨烫整理完毕，挂好衣架备用 ②取福奈特润色恢复剂 20mL，装在皮衣喷枪水壶中，以 6~8 倍体积的温水溶化，摇匀备用 ③调整喷嘴为细雾状，喷涂浅表性磨伤处 ④自然晾干	②

① 将保险粉加入准备好的热水中，不可使用热水冲化保险粉；还原漂白时要连续拎洗，不宜停顿浸泡；为方便原料分解时放出臭味气体，须在通风处操作；使用过的废水不可接触其他衣物。

② 喷涂润色可以分多次完成，每次喷涂量不宜过多；根据白霜子情况的轻重逐渐缩小喷涂范围；每次喷涂要等待干燥再喷涂下一次。

七、水洗工作服

水洗工作服工艺见表 3-26。

表 3-26 水洗工作服工艺

工艺类型	适用范围	服装状态	工艺要点	工艺流程	注意事项
水洗全棉、涤棉工作服工艺	一般工种（非机电维修或餐饮业）使用的中深色纯棉或涤棉工作服	正常使用，无拖地、踩压等严重黑渍	水洗机机洗	①预处理 翻检，预去渍：掏袋翻检工作服遗留物，重点污渍使用相关去渍剂进行预去渍 预洗：室温清水；高水位；排水 3~5min ②洗涤：水温 40~50℃；低水位；排水 8~12min；脱水 3~5min 通用洗衣粉：1~2g/L 水；洗涤程序注水时加入 ③漂洗 1：室温清水；高水位；排水 4~5min；脱水 3~5min ④漂洗 2：室温清水；高水位；排水 4~5min；脱水 3~5min ⑤漂洗 3：室温清水；高水位；排水 4~5min；脱水 3~5min，转送干燥程序	带有拖地、踩压等严重黑渍者，需要先进行处理后再行洗涤；严重污垢的工作服可以在预处理时增加一次预洗涤
水洗机械电气维修工作服	机械电气维修工种使用的中深色纯棉或涤棉工作服	正常使用，以油污为主。无拖地、踩压等严重黑渍	水洗机机洗	①预处理 翻检，预去渍：掏袋翻检工作服遗留物，重点油污、黑渍使用相关去渍剂进行预去渍 预洗：水温 30~40℃；低水位；排水 3~5min 通用洗衣粉：1g/L 水；预洗程序注水时加入 ②洗涤：水温 40~50℃；低水位；排水 8~12min；脱水 3~5min 通用洗衣粉：1~2g/L 水；洗涤程序注水时加入 乳化剂：1~2g/L 水；洗涤程序注水时加入 ③漂洗 1：室温清水；高水位；排水 4~5min；脱水 3~5min ④漂洗 2：室温清水；高水位；排水 4~5min；脱水 3~5min ⑤漂洗 3：室温清水；高水位；排水 4~5min；脱水 3~5min，转送干燥程序	带有拖地、踩压等严重黑渍者，需要先进行处理后再行洗涤

第四章 水洗机电设备概述

水洗就是以水作为溶剂所进行的洗涤。水洗不仅能去除水溶性污渍，而且可以除去油溶性污渍。一般来说，水洗经济而简便。现代服装水洗机电设备（即洗衣机），不仅进入了每个家庭，而且在服装洗熨服务行业也有广泛的应用，除宾馆、饭店等使用工业卧式滚筒式洗衣机外，中、小型洗衣店大量使用的是家用洗衣机。

第一节 洗衣机的分类和型号

一、洗衣机的类型

洗衣机的类型很多，可以按服务对象、自动化程度和结构原理等不同角度来划分，如图 4-1 所示。

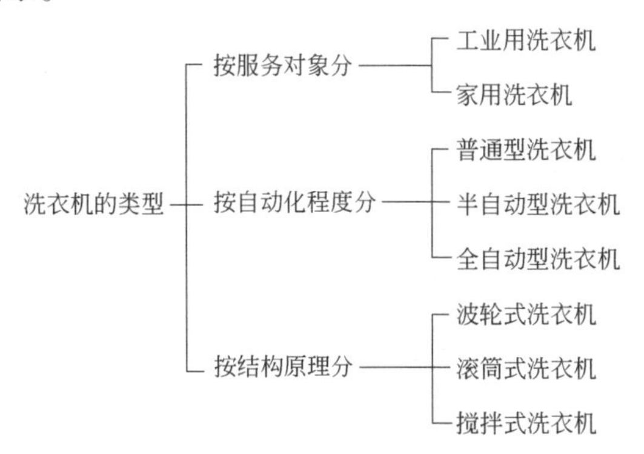

图 4-1 洗衣机的分类

1. 按服务对象分

① 服务于工业、宾馆、饭店等的工业用洗衣机。

② 服务于家庭，中、小型洗衣店的家用洗衣机。

2. 按自动化程度分

洗衣机按自动化程度分，一般有普通型洗衣机、半自动型洗衣机、全自动型洗衣机。

（1）普通型洗衣机　普通型洗衣机是指洗涤、漂洗、脱水各功能的操作均需人工转换的一类洗衣机，如图 4-2 所示。它又有单桶洗衣机和双桶洗衣机 2 种。

图 4-2　普通型洗衣机

单桶洗衣机是在一个桶内完成洗涤和漂洗工序的洗衣机。双桶洗衣机有 2 个桶，在一只桶内完成洗涤和漂洗工序，脱水时必须转入另一个桶。

（2）半自动型洗衣机　半自动型洗衣机是指洗涤、漂洗、脱水各工序中，任意两工序的转换不需要人工介入（操作）而能自动完成的洗衣机。例如，服装在洗涤和漂洗两工序中，由控制器自动执行进水→洗涤→排水→进水→漂洗→……反复几次来达到洗净服装目的。半自动型洗衣机又分半自动双桶洗衣机和半自动套桶洗衣机。图 4-3 所示是我国较为常见的半自动型洗衣机。

（3）全自动型洗衣机　全自动型洗衣机是指洗涤、漂洗、脱水各工序之间的转换均无须人工介入（操作）而自动完成的洗衣机。图 4-4 所示是较常见的一种全自动型洗衣机。全自动型洗衣机多为套桶式。

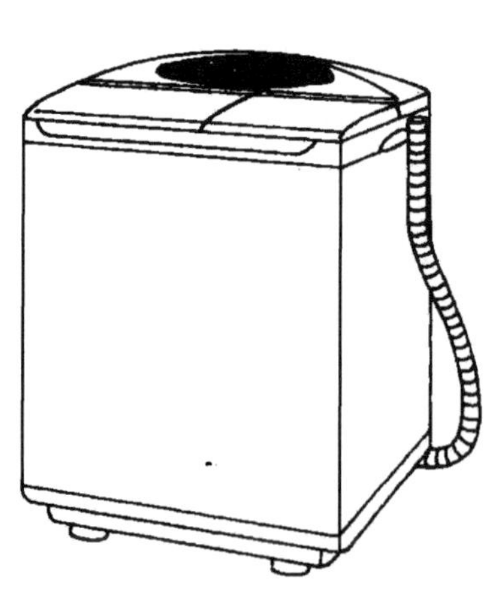

图 4-3　常见的半自动型洗衣机

图 4-4　全自动型洗衣机

3. 按结构原理分

洗衣机按结构原理分，一般有波轮式洗衣机、滚筒式洗衣机、搅拌式洗衣机 3 种。

（1）波轮式洗衣机　波轮式洗衣机在洗涤桶底部装有波轮，波轮上面有 3~4 条凸筋，在电动机带动下，波轮以 100~300r/min 的转速正、反向旋转，带动洗涤液和服装上下翻滚运动，服装在洗涤液的冲刷和相互摩擦作用下达到洗净之目的。

按波轮在洗衣桶中安装位置的不同可分为涡流式洗衣机（即波轮安装在洗衣桶底部或将波轮中心安装在偏离洗衣桶中心一定距离的位置上）、喷流式洗衣机（即波轮安装在洗衣桶某侧壁适当位置上）、双喷流式洗衣机（即两波轮分别安装在洗衣桶两相对侧壁的不同高度位置上），如图 4-5 所示。波轮式洗衣机有普通型、半自动型和全自动型 3 种。

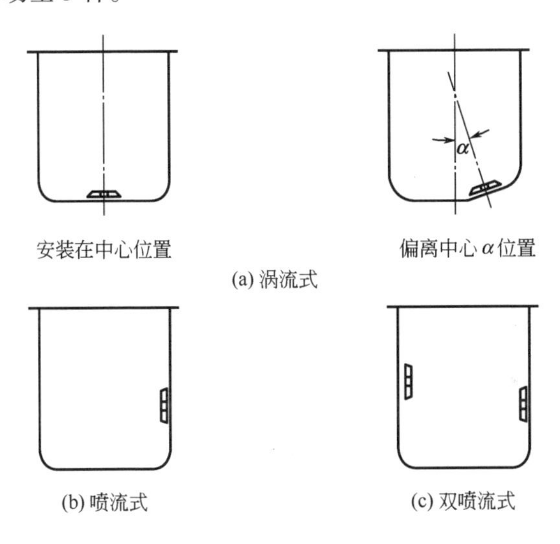

图 4-5　波轮在洗衣桶中的安装位置

① 涡流式洗衣机。它是将洗涤服装浸泡在洗涤液中，依靠洗衣桶底部带凸筋的波轮连续转动或定时做正、反向间歇转动来进行洗涤的洗衣机。

② 喷流式洗衣机。它是将洗涤服装浸泡在洗涤液中，依靠洗衣桶侧向安装的波轮旋转，推动水流向对侧喷流，使服装受到冲击而翻滚、冲刷来进行洗涤的洗衣机。

③ 双喷流式洗衣机。它是依靠洗衣桶两侧不同高度的波轮旋转，推动洗涤液形成双喷流式水流，使服装冲击、翻搅更强烈的洗衣机。

近年来，洗衣机安装的新水流大波轮结构见表 4-1。

表 4-1　各种新水流大波轮结构

机型	特征	波轮与水流示意图
碟式波轮洗衣机	波轮形状犹如荷叶，运转时将洗涤物上扬后往下压，形成“心”形水流，使衣物舒展，减少了缠绕	
帽式波轮洗衣机	波轮形状很像帽子，有高、中，低 3 种形式，产生“垂直”和“水平”双向合成水流洗涤服装	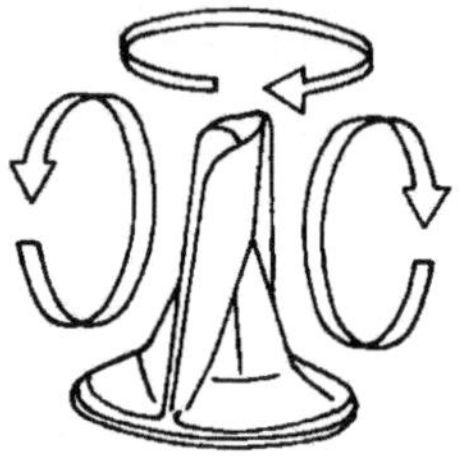
手搓式波轮洗衣机	波轮直径为 320mm，高 140mm，其上有 3 条凸起的筋。当波轮向右转时，洗涤液沿波轮脊背扬起，使水流自上而下形成纵向水流；当波轮向左转时，波轮凸筋沿水平方向展开，形成横向水流。这两股水流与洗涤桶壁相互冲击产生冲击波，类似人工“搓洗”方式	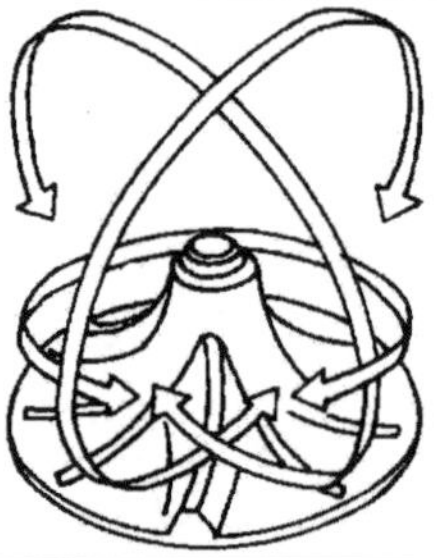
棒式波轮洗衣机	采用搅拌器与波轮相结合的棒式波轮，产生“垂直”和“水平”双向水流洗涤服装。棒式搅拌器是空心的，棒内有软化剂注入，且配有强制式循环水流线屑过滤系统	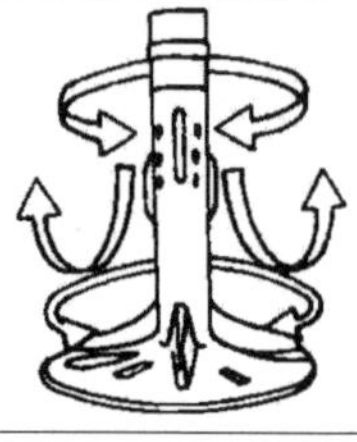
转桶式波轮洗衣机	洗涤桶上部固定，下部用碗式旋转桶代替波轮。低速旋转时，洗涤液由桶壁外沿向内流动，形成“向心水流”	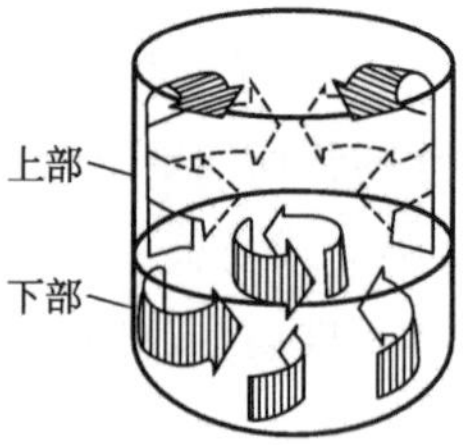 上部 下部

（2）滚筒式洗衣机　滚筒式洗衣机有一个圆筒形的外桶（称外筒）和一个可旋转的圆筒形内桶（称内筒）组成。外筒作用主要是盛放洗涤液，内筒的周壁上开有许多规则排列的小孔，内壁上设有 3 条凸起的筋。服装浸泡在内筒的洗涤液中，依靠滚筒连续转动或定时正、反向间歇转动，将服装托起又跌落到洗涤液中，

如此反复不断运转进行洗涤，如图 4-6 所示。

(a) 滚筒式洗衣机外形

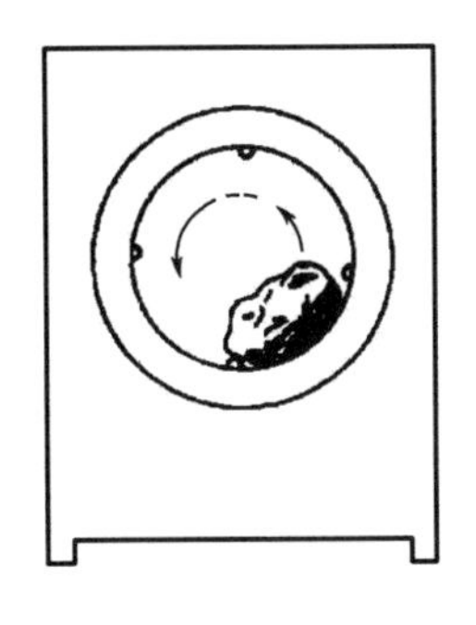

(b) 滚筒式洗衣机水流示意图

图 4-6　滚筒式洗衣机外形和水流示意图

波轮式洗衣机和滚筒式洗衣机的性能比较和优缺点见表 4-2。

表 4-2　波轮式洗衣机和滚筒式洗衣机的性能比较

项目	波轮式洗衣机	滚筒式洗衣机
洗涤容量	较小	大
磨损率	较大	小
洗涤时间	短	长
浴比①	20	13
噪声	较小	中
洗净性能②	好	较差
优点	洗净度高，体积小，重量轻，结构简单，制造容易，维修方便，耗电少，成本低	磨损率③小，用水量少，洗涤容量大，服装不易缠绕，可洗吸水性强的厚重服装，洗涤范围广
缺点	服装易缠绕，对服装磨损较大，用水量较多，不易制成大容量洗衣机	结构复杂，对材料要求高，需加热装置，体积大，成本高，耗电量大，洗涤时间长，洗净度低

① 浴比是指洗涤衣物重量与洗涤液重量的比值。

② 洗净性能表示洗衣机对衣物洗干净的程度，它与洗涤时间、浴比等因素有直接关系，通常用洗净度表述。

③ 磨损率是衡量洗衣机在洗涤过程中对衣物磨损情况的性能指标，也是广大用户十分关心的问题。

（3）搅拌式洗衣机　搅拌式洗衣机机体为一立桶，在桶中央设有一根垂直的立轴，立轴上装有搅拌器，靠电动机带动搅拌器进行小于 360°的正、反向旋转（或称摆动）完成洗涤任务，如图 4-7 所示。

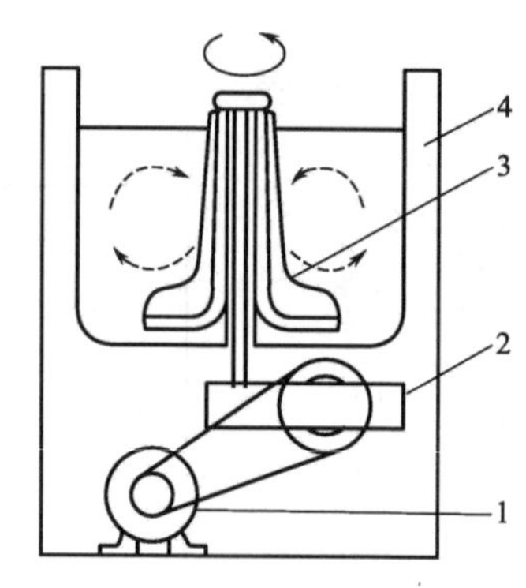

图 4-7　搅拌式洗衣机的结构

1—电动机；2—减速变速器；3—搅拌器；4—洗涤桶

4. 其他形式洗衣机

为满足和服务于人类，生产企业应用新工艺、新技术已研制了几种新颖的洗衣机，以满足用户的不同需求。

（1）振动式洗衣机　振动式洗衣机是将衣物浸泡在洗涤液中，依靠桶底振动板的振动产生振动波来洗涤服装，如图 4-8 所示。这种洗衣机没有波轮，而是在洗涤桶中安置洗涤头，洗涤头与电磁线圈相连。洗涤时，电磁线圈带动洗涤头振动，振动频率为 2500Hz，使夹在洗涤头上的服装在洗涤液中来回摆动，并与桶壁及洗涤液发生摩擦，产生洗涤效果。同时，洗涤液在洗涤头的振动下，也产生疏密波，对服装进行冲击及挤压，达到洗净服装的目的。

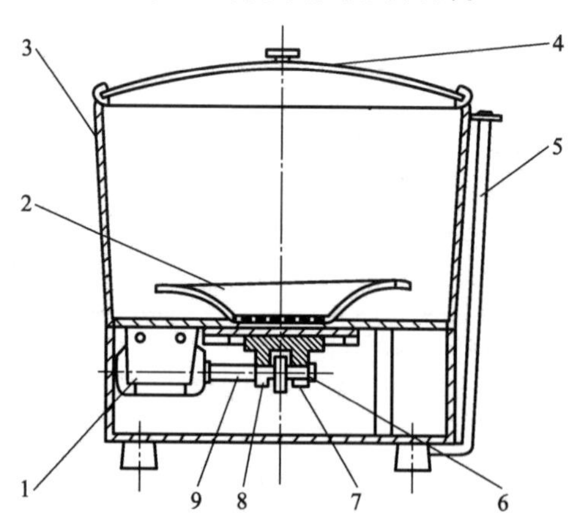

图 4-8　振动式洗衣机的结构

1—电动机；2—洗涤头；3—洗衣桶；4—上盖；5—排水管；6—偏心轴；7—振子；8—轴承；9—联轴器

（2）超声波式洗衣机　超声波式洗衣机是一种在洗衣桶中装有超声波发生器和气泡发生装置的洗衣机，如图 4-9 所示。这种洗衣机是利用超声波产生的空穴现象和振动作用，以及在洗涤液中的气泡所产生的乱反射特性来工作的。在超声波产生的振动作用下，气泡与服装间产生强烈的水压，迫使衣物振动，达到洗净衣物的目的。这种洗衣机不需要洗涤剂，用水量也少，不存在波轮式洗衣机缠绕服装的问题。由于这种洗衣机内没有电动机及传动装置，所以服装无机械磨损，且使用年限较长，无噪声。

此外，还有旋转桶式、全瀑布式和气泡爆炸式等新型洗衣机。

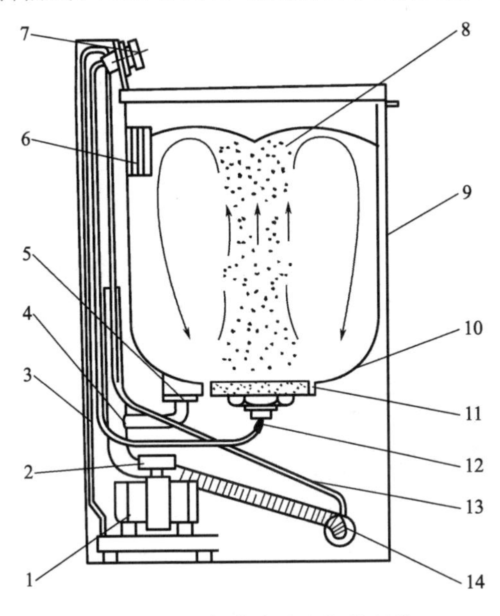

图 4-9　超声波式洗衣机的结构

1—空心泵；2—空气泵进气管；3—空气泵送气管；4—控制阀；5—排水管；6—溢水孔；7—风量调节器；8—气泡；9—外桶；10—洗衣桶；11—空气分散管；12—空气分散器供氧管；13—排气管；14—排水管

二、洗衣机的规格型号

洗衣机的规格是按额定洗涤（或脱水）容量，即一次可洗涤（或脱水）干燥状态标准洗涤物的最大质量来分的。在洗衣机的型号中，规格以额定洗涤或脱水容量数值乘以 10 表示。如 50 表示洗衣机正常工作时，可洗涤干燥状态下 5kg 的标准洗涤物。

为了设计制造和使用方便，以及简化对洗衣机产品名称、类型和规格的表示，我国洗衣机标准规定了统一的产品型号，其型号的含义为：

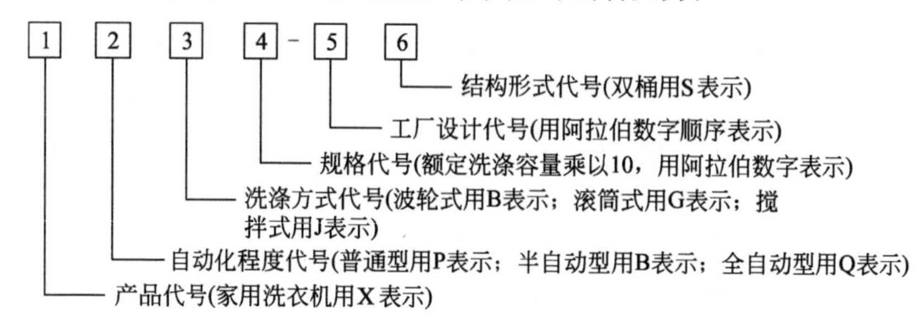

［例 4-1］ XPB30-5S 型，表示洗涤容量为 3kg 的波轮式普通双桶洗衣机，其中“5”表示该洗衣机为企业生产的第五代产品。

［例 4-2］ XBB20-2 型，表示洗涤容量为 2kg 的波轮式半自动洗衣机，其中“2”表示该洗衣机为企业生产的第二代产品。

有些洗衣机在产品型号的“-”后面，还标有“外观代号、甩干速度”等内容。如 XQG51-WN500 Ⅰ型的含义分别表示：

X—家用洗衣机；Q—全自动；G—滚筒式；51—洗涤容量为 5.1kg；WN—外观代号；500—甩干速度为 500r/min；Ⅰ—带过滤装置。

三、洗衣机主要名词的定义

家用洗衣机的主要名词定义见表 4-3。

表 4-3 家用洗衣机的主要名词定义

主要名词	定义
额定洗涤容量	额定洗涤容量是指一次洗涤干燥标准洗涤物的最大质量，以千克（kg）为单位
额定脱水容量	额定脱水容量是指一次可脱水的标准洗涤物在干燥状态下的最大质量，以千克（kg）为单位
额定水量	额定水量是指按洗衣机说明书中标称，洗涤额定洗涤容量的洗涤物一次所用水量的概数，以升（L）为单位，尾数四舍五入
额定洗涤剂量	额定洗涤剂量是指按额定水量配制额定浓度洗涤液所用的洗涤剂量
工作水压	工作水压是指保证洗衣机正常工作水压的范围，以帕斯卡（Pa）为单位
水位、水位线	水位是指洗涤一定容量的洗涤物时，洗涤桶内注入相应水量时的水面位置。这一水位的标志线称为水位线
最高水位	最高水位是指加入额定负载时静止水的高度
最低水位	最低水位是指保证水不飞溅、又能正常洗涤而加入最少洗涤水量时的静止水面高度
额定洗涤（或漂洗）状态	额定洗涤（或漂洗）状态是指洗衣机的洗涤（或漂洗）工作在额定电压、额定频率和额定负载的条件下（洗涤性能试验时应加入额定的洗涤剂量），以标准洗涤程序进行运转

续表

主要名词	定义
额定脱水状态	额定脱水状态是指洗衣机的脱水工作在额定电压、额定频率和额定脱水容量（洗涤物浸泡 1h 以上）的条件下进行
标准洗涤程序	标准洗涤程序是指在使用说明书中规定的以标准洗涤方式进行的常用洗净程序。对普通洗衣机而言，为定时器运转一个满量程的洗涤程序
额定洗涤输入功率	额定洗涤输入功率是指洗衣机在额定洗涤状态下，其平均消耗功率的标称值，是以瓦（W）为单位的整数。一般情况下标称功率 180W 的电动机，额定洗涤输入功率为 380~400W
额定脱水输入功率	额定脱水输入功率是指洗衣机的脱水装置或脱水机在额定脱水状态下，其平均消耗功率的标称值（以 W 为单位的整数）
常温绝缘电阻	常温绝缘电阻是指在室内常温下的绝缘电阻，即冷态绝缘电阻
常温电器强度	常温电器强度是指在室内常温下的电器耐压试验强度，即冷态电器的耐压试验强度

四、工业洗衣机

1. 工业洗衣机工作原理

工业洗衣机的主体由外筒和内筒组成，外筒为容器，内筒俗称滚筒，是布满穿孔的转筒。洗衣机工作时，服装在滚筒内随着滚筒沿顺时针和逆时针方向间歇转动，从而使服装产生滚动、跌落、摔打、摩擦等相对运动。通过这些相对运动，利用不同类型、不同强度的机械力洗涤服装，去除污垢。

2. 常用洗衣机类型

水洗洗衣机基本类型见表 4-4。

表 4-4　水洗洗衣机基本类型

类型	简述
全自动工业洗衣机（又称洗脱联合机、商用全自动洗衣机）	专门为洗衣业设计制造的专业洗衣机。全世界有许多生产制造专业洗衣机的厂家。洗衣机按装载量可分为 小型机——装载量 25kg 以下 中型机——装载量 25kg 以上，100kg 以下 大型机——装载量 100kg 以上 为了便于装机和出车，其中一些大型机的主体设计成可倾式。在服装装机和洗涤脱水后服装出车时，内外筒同时前倾一定的角度，并且做低速转动，衣物即可缓慢地倾倒出转筒，可以大大减轻体力劳动 全自动工业水洗机一般设计参数：固定转速 40r/min；转停比（洗衣机滚筒转动与停顿时间的比例）(8~12) / (2~3)；洗涤水温、洗涤时间以及洗涤程序都可以在一定范围内进行设定和调节 国际上高端工业洗衣机已经可以进行智能模糊控制，所有影响洗衣工艺的因素都可以进行控制与自动调节，包括转速、转停比、水温、时间以及各个程序的自动加料以及控制原料加入量等 国外发达国家还推出了超大型隧道式全自动洗衣系统（俗称洗衣龙），洗衣量最高可达 30t/8h。国内已有洗衣企业引入使用

续表

类型	简述
半自动工业洗衣机（半自动滚筒洗衣机+脱水机）	洗衣业的专业洗衣机，它很早就出现，是由半自动滚筒式洗衣机和脱水机组合而成 半自动洗衣机的标称装载量为 10~160kg，以前也曾经制造过更大型的，后逐渐被全自动洗衣机替代。目前，主要是中小型机，一般装载量在 10~60kg 脱水机一般都与洗衣机容量配套设置，大都略小于洗衣机。脱水机一般直径在 400~1000mm
工业用洗衣烘干机（商用烘干机）	烘干机是与洗衣机配套使用的设备，主要用于内衣、内裤、毛巾、浴巾以及工作服等类型衣物水洗后的干燥。由于烘干机的加工效率大大低于洗衣机，因此与洗衣机配套使用的烘干机大都略大一些。而且多数的水洗布草不是依靠烘干机完成干燥工作的，床单、被罩一类布草都是依靠烫平机干燥和烫平 烘干机的主体结构类似洗衣机，也是由内外两个筒组成，外筒为外容器，内筒为转筒。烘干机使用蒸汽排管、电加热管或燃气加热箱加热空气，对衣物进行烘干，同时设有风机，用以向外排出烘干时挥发出来的水分。为了使烘干加热均匀，烘干滚筒以35~40r/min 转速转动

五、水洗工具

常用水洗工具见表 4-5。

表 4-5　常用水洗工具

水洗工具	简述
洗板	传统的洗板是由纤维较细的木材制成，如柳木、椴木等。现在除了使用木材以外，可以作为洗板的材料是比较宽泛的，如混凝土平板、水磨石板、不锈钢板等均可。洗板的基本要求只有一条：平。洗板的板面应该没有任何的凸凹不平或孔洞、裂缝等 洗板的尺寸不宜太小，一般为 60cm×120cm 及 80cm×200cm 两种尺寸，便于进行手工刷洗和处理衣物的操作
洗衣刷	洗衣刷是手工洗涤的主要工具，它的质地和规格直接影响洗涤强度。因此，手工洗衣需要配备不同的洗衣刷以适应不同的服装 ①洗衣刷的外形 以长方形、长椭圆形较多。而被大多数洗衣师比较看好的是一种叫作瘦银锭型的洗衣刷，其尺寸为：长 16~18cm，宽约 6cm，中腰宽 4cm；洗衣刷的背板由硬杂木制成 ②洗衣刷的刷毛质地 传统洗衣刷有几种不同材质的刷毛，如竹丝（最硬型）、葵扇筋（硬型）、马莲草根（中型）和棕毛（软型）等。一些洗衣店现在仍然在使用这些洗衣刷。由于原料来源和制造方面的差异，加上传统洗衣刷生产厂家不同，洗衣刷尺寸各异，很难规范一致 现在多数使用尼龙丝制作刷毛，利用改变刷毛的直径和刷毛长度控制洗衣刷的硬度，基本上可以保持不同批次、不同厂家生产的洗衣刷大体上做到规范和一致。因此，天然材料的洗衣刷逐渐淘汰。但是软型棕毛刷仍然是刷洗娇柔丝绸服装的首选 现在所使用的尼龙丝洗衣刷，其刷毛直径大都选择 0.2~0.6mm。刷毛直径小的比较柔软，刷毛直径大的则比较硬 ③洗衣刷的刷毛长度 刷毛长度同样可以控制洗衣刷的软硬，刷毛长度一般为 25~40mm。刷毛较短的比较硬，反之则较为柔软 ④目前比较有代表性的洗衣刷的规格 硬型洗衣刷：刷毛 ϕ0.5mm×35mm，用以刷洗重油垢或工作服类服装 中型洗衣刷：刷毛 ϕ0.3mm×40mm，用以刷洗一般服装 软型洗衣刷：棕毛刷（猪鬃或马尾鬃），用以刷洗娇柔的丝绸类服装

续表

水洗工具	简述
大容器	盆、桶，容量在 10~100L
小容器	杯子等，容量在 20~1000mL
量杯	容量在 100~500mL
小工具	针、线、剪刀、小木棍等
防护用品	手套、防水围裙等

第二节　洗衣机性能指标

一、技术性能指标

搅拌式洗衣机的结构如图 4-10 所示。洗衣机技术性能指标见表 4-6。

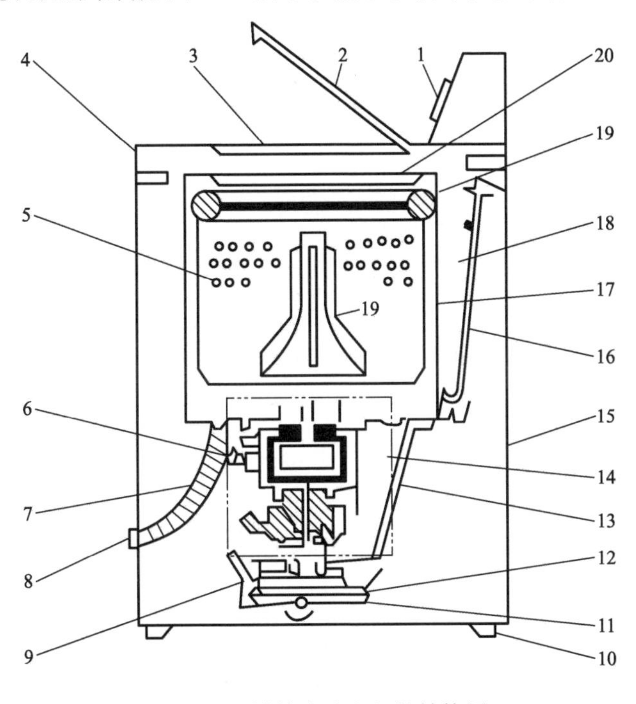

图 4-10　搅拌式洗衣机的结构图

1—程序控制器；2—洗涤桶盖；3—洗涤桶入口；4—机壳上框；5—洗涤桶壁流水孔；6—排水阀；7—排水软管；8—排水口；9—定位片；10—底脚；11—润滑油槽；12—电动机；13—金属吊架；14—主要机械部件；15—机壳；16—吸振吊杆；17—脱水桶；18—往复式搅拌器；19—外桶；20—内桶盖

表 4-6　洗衣机技术性能指标

性能指标	含义
洗净率	洗净率是指在标准状态下使用洗衣机对服装的洗净能力。国家行业标准规定洗净率应不小于 0.8
漂洗性能	漂洗性能指洗衣机漂清服装的能力，用漂洗比来表示。漂洗比是通过漂洗前后测定的洗涤液及漂洗液的导电率来确定 漂洗比=$K(A-B)/(A-C)$ 式中　A——洗涤液（原液）的电导率，S/m B——漂洗后液体的电导率，S/m C——自来水的电导率，S/m K——漂洗系数（一般取 0.9） 行业标准规定：漂洗比应大于 1
脱水能力	脱水能力是指脱水机对漂洗后服装内水分甩干的能力，用脱水率来表示 $脱水率=\frac{脱水前的质量-脱水后的质量}{脱水前的质量}\times100\%$ 国家行业标准规定，脱水率应大于 50%
磨损率	洗衣机在洗涤过程中对服装造成的不同程度的磨损，用磨损率来表示。磨损率的测定方法为：用标准试验布在被测洗衣机中，在标准使用状态下进行洗涤，分别测量出试验布洗涤前的质量和洗涤后被磨损的质量（从洗涤液中捞出并过滤所得的织物绒毛渣），计算出磨损量与洗涤前质量的百分比 I，即 $I=P/P_0\times100\%$ 式中　P——磨损量，从洗涤液中捞出的绒毛质量，kg P_0——试验布洗涤前的质量，kg 国家行业标准规定：磨损率应不大于 0.2%
噪声	在标准使用状态下，洗衣机洗涤、脱水时的声功率级噪声不大于 75dB
功率消耗	在标准使用状态下，洗衣机的功率应在额定输入功率的 15%以内
启动特性	在电源电压为额定值的 85%时，洗衣机的电动机及相应电器件应能正常工作
电压波动特性	当电源电压额定值上下波动 10%时，其电器件都应能正常工作

二、安全性能指标

为保证洗衣机的正常运转及使用者的人身安全，国家标准中规定了表 4-7 所列的主要安全性能指标。

表 4-7　洗衣机主要安全性能指标

安全性能指标	具体指标
温升	在标准使用状态下，洗衣机电动机绕组的温升不应大于 75℃（E 级绝缘），电磁阀和电磁铁线圈的温升不应大于 80℃（E 级绝缘）
制动性能	在额定脱水状态下，脱水桶转速达到稳定时，迅速打开脱水桶外盖，脱水桶应在 10s 之内完全停止转动
泄漏电流	在标准使用状态下，洗衣机外露非带电部分与带电之间的泄漏电流不应大于 0.5mA
电气强度	洗衣机的带电部分与外露非带电金属部分之间，应能承受热态试验电压 1500V，潮态试验电压 1250V，经过 1min 的电气强度试验，不发生闪络或击穿现象
绝缘电阻	洗衣机的外露非带电金属部分与接地线之间的绝缘电阻应大于 2MΩ

续表

安全性能指标	具体指标
接地电阻	洗衣机的外露非带电金属部分与接地线之间的电阻不应大于 0.1Ω，与接地线末端（或电源线插头的接地极）之间的电阻应不大于 0.2Ω
溢水绝缘性能	将洗衣机平稳放置好后，以 20L/min 的流量向洗衣机内连续注水，使洗衣机上口溢出 5min。在溢水过程中用 500V 兆欧表（绝缘电阻表）连续监测带电部分与外露非带电金属部分之间的绝缘电阻值，应不小于 2MΩ
淋水绝缘性能	将洗衣机平稳放置，盖好上盖，从其上部中央距洗衣机放置地面 2m 高处的喷水装置内，以 10L/min 的流量向洗衣机上部均匀淋水 5min，用 500V 兆欧表连续监测带电部分与外露非带电金属部分之间的绝缘电阻值，应不小于 2MΩ

第五章 洗衣机的结构与拆装

本章阐述波轮式洗衣机和滚筒式洗衣机的结构和拆装。这是洗衣机正常使用和维修所必备的技术知识。

第一节 波轮式洗衣机的结构与拆装

一、波轮式洗衣机的结构

1. 波轮式双桶洗衣机的结构

波轮式双桶洗衣机的规格及型号有多种，但其结构大同小异，主要由洗涤、脱水、给排水、传动、控制、箱体和支承机构 6 个部分组成。

（1）洗涤部分　洗涤部分主要由洗涤桶、波轮、波轮轴、轴套、轴封、水封和毛絮过滤装置等部件组成。

① 洗涤桶。洗涤桶是用来盛放服装和洗涤液并实现洗涤任务的容器。双桶洗衣机采用连体桶（即洗涤桶与脱水桶连体）结构，其外形如图 5-1 所示。洗涤桶应具有良好的抗酸碱腐蚀能力，并具有一定的强度和刚性。

② 波轮。波轮是波轮式洗衣机实现洗涤的主要运动部件，其外形结构如图 5-2 所示。波轮的直径大小、筋的高低、转停时间的长短及其安装位置等对洗衣机洗净度、磨损率有很大的影响。一般来说，在转速一定时，波轮的直径越大，筋数越多，筋越高，波轮与衣物的接触面积就越大，施加给洗涤液及衣物的机械力也越大，洗涤效果就越好。

随着洗涤效果的提高，对服装的磨损也增大，因此波轮的结构设计应综合考虑。由于波轮在高速旋转时所产生的洗涤液呈漩涡状，因此称为涡流式洗衣机。

③ 毛絮过滤装置。毛絮过滤装置用来滤除洗涤液中的毛絮杂物。在洗涤桶内一般都装有溢水过滤罩和毛絮过滤架。毛絮过滤装置如图 5-3 所示。

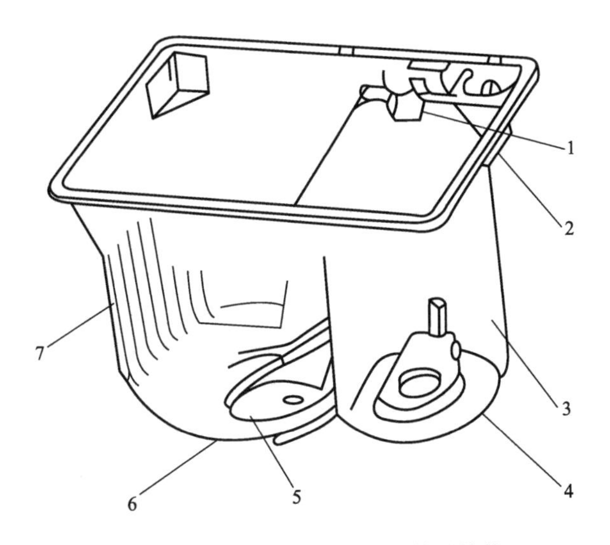

图 5-1 波轮式双桶洗衣机的外形结构

1—喷淋洗涤进水器；2—扣手；3—脱水桶；4—脱水外桶；5—波轮凹座；6—洗涤桶；7—挡流凸肋

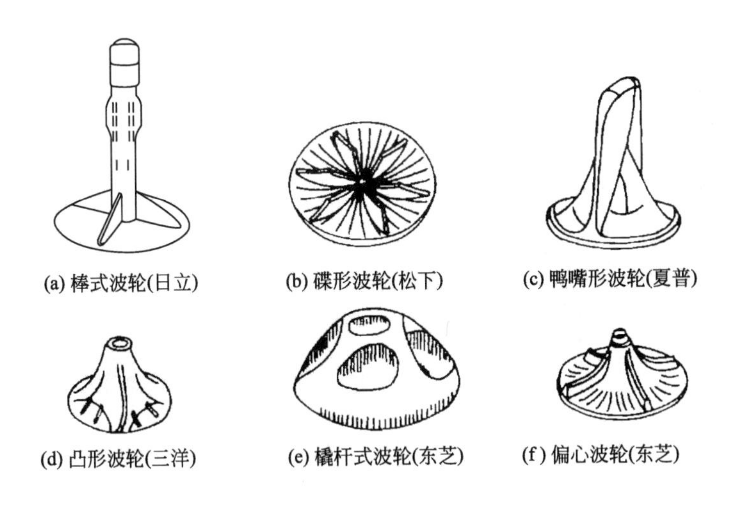

图 5-2 一些常见的波轮形状

④ 波轮轴部件。该部件主要由波轮轴、轴套、轴承和密封圈（水封）组成。波轮轴用来支撑波轮、传递动力、完成洗涤任务。轴套是安装在洗涤桶底面的固定装置，用来支撑波轮轴，具有良好的密封特性。轴承带动波轮轴转动。密封圈（水封）为轴套和波轮间的密封件。波轮轴组件的结构外形如图 5-4 所示。

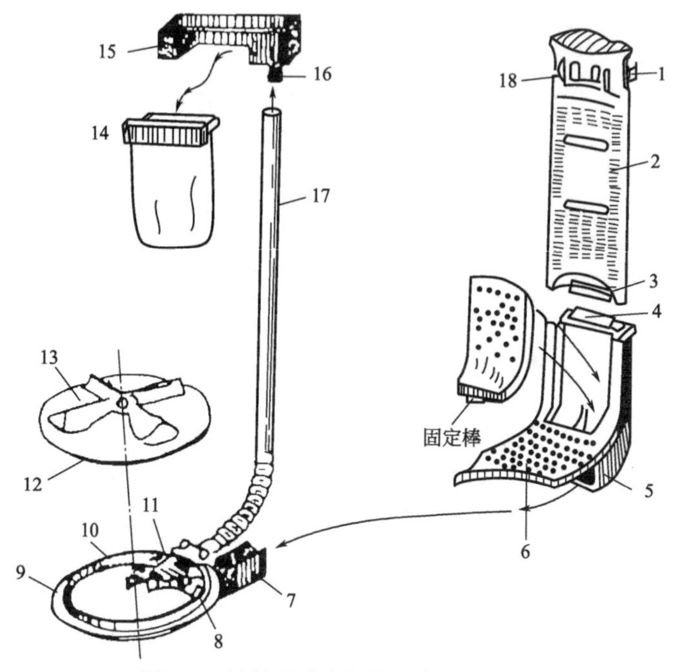

图 5-3　波轮式洗衣机的毛絮过滤装置

1—抓钩；2—溢水过滤罩；3—固定棒；4—固定孔；5—集水管；6—固定套；7—回水管；8—右进水口；9—挡圈；10—回水罩；11—左进水口；12—叶片；13—波轮；14—毛絮过滤架；15—集水槽；16—水管接头；17—循环水管；18—拆装孔

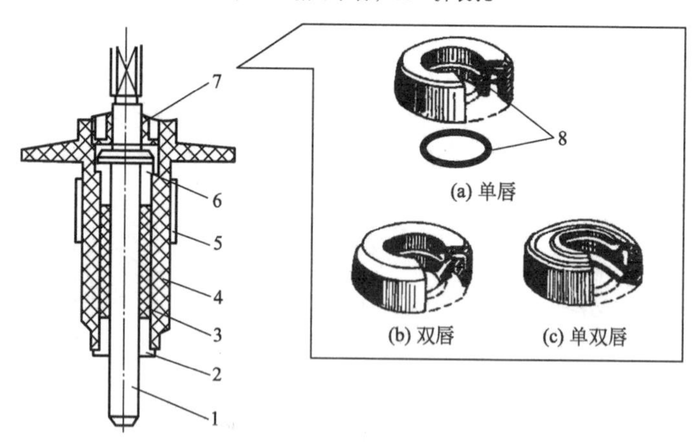

图 5-4　波轮式洗衣机的波轮轴组件

1—波轮轴；2—下含油轴承；3—含油棉；4—轴套；5—轴套螺母；
6—上含油轴承；7—密封圈；8—弹簧圈

（2）脱水部分　脱水部分主要由脱水外桶、脱水内桶、刹车装置、减震装置和脱水电动机等部件组成，如图 5-5 所示。

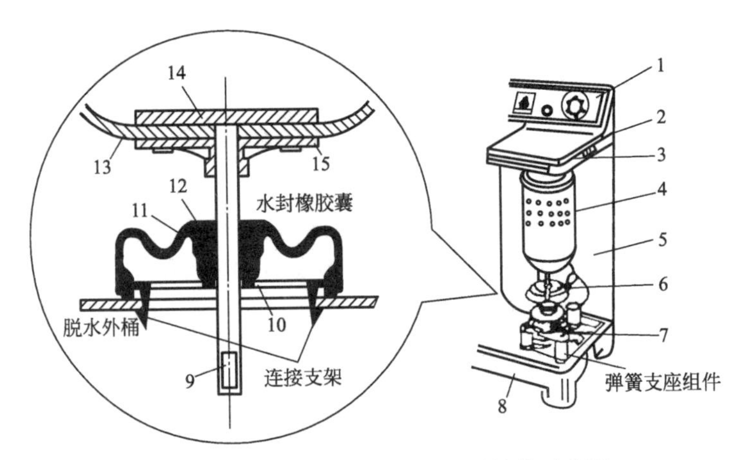

图 5-5　波轮式洗衣机脱水部分的结构示意图

1—控制盘；2—三角底座；3—脱水外盖；4—脱水内桶；5—脱水外桶；6—橡胶囊组件；7—脱水电动机；8—底座；9—脱水轴；10—含油轴承；11—加强板；12—橡胶圈；13—脱水桶；14—加强铁；15—法兰盘

① 脱水外桶。脱水外桶一般与洗涤桶连在一起。其作用一是安装脱水内桶水封橡胶囊；二是盛接喷淋漂洗和脱水时内桶工作甩出的水，并通过外桶的排水口排出机外。

② 脱水内桶。脱水内桶是水封与脱水外桶的密封装置，在脱水电动机的带动下，以约 1400r/min 的高速运转，在离心力的作用下衣物内的水从桶壁小孔中甩出，达到脱水目的。

③ 刹车装置。刹车装置主要由刹车鼓、刹车块、刹车底盘、弹簧等组成，如图 5-6 所示。其作用是当用户打开脱水外盖时，强行制动高速旋转的脱水内桶，防止伤人。

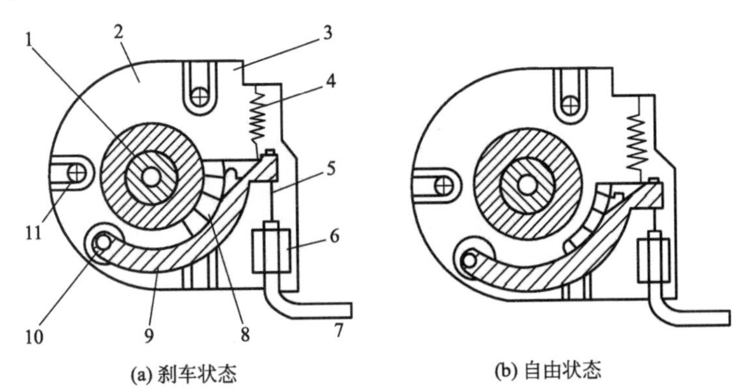

图 5-6　波轮式洗衣机的刹车装置

1—电动机轴；2—刹车鼓；3—刹车底盘；4—弹簧；5—钢丝；6—钢丝套支架；7—钢丝套；8—刹车块；9—刹车臂；10—销轴；11—紧固螺钉

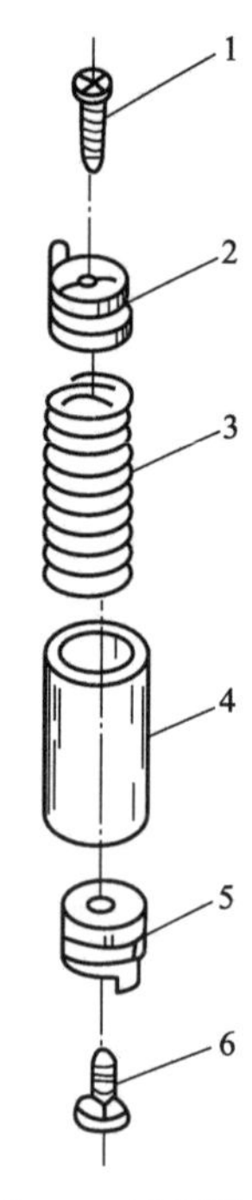

图 5-7 减震装置

1—上紧固螺钉；2—上支架；3—减震弹簧；4—减震橡胶套；5—下支架；6—下紧固螺钉

④ 减震装置。减震装置主要由减震弹簧、减震橡胶套、支架和紧固螺钉等组成，如图 5-7 所示。其作用是减小脱水部分的震动和避免脱水内桶内的衣物放置不均匀而产生偏摆。在洗衣机脱水部分一般设置 3 套减震装置，通过上下支架将脱水电动机安装在底座上。

⑤ 电动机和电容器。电动机是洗衣机进行洗涤或脱水的动力源。由于洗衣机电动机启动频繁，且做正、反向交替运转，又工作在条件比较恶劣的环境下，因此为便于散热和排出水汽，常把它设计成开启式结构。目前洗衣机电动机都采用电容运转式结构，如图 5-8 所示，其结构主要由定子铁芯、定子绕组、转子、电动机轴等组成。

由于洗衣机的洗涤电动机做正、反向交替运行时需要具有相同的输出功率、转速和启动性能，所以洗涤电动机的主、副绕组完全相同。而脱水电动机工作时仅需做单向运转，故其主、副绕组线径和匝数是不相同的。

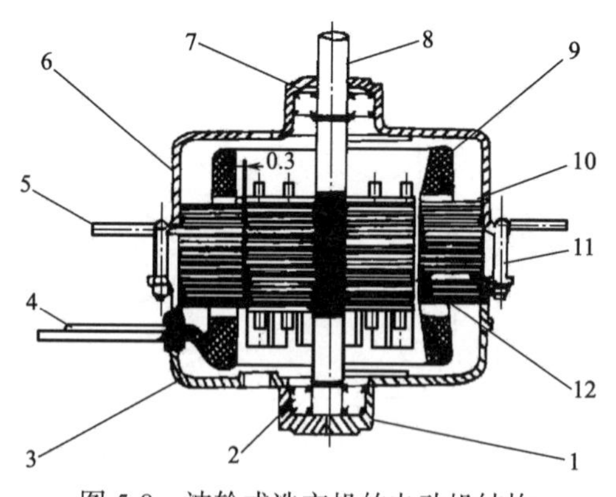

图 5-8 波轮式洗衣机的电动机结构

1—波形弹簧片；2,7—轴承；3—下端盖；4—电源线；5—安装孔；6—上端盖；8—电动机轴；9—定子绕组；10—定子铁芯；11—上下端盖连接螺钉；12—转子

电容运转式电动机的工作原理：电动机的绕组分为运行绕组（主绕组）和启动绕组（副绕组）。副绕组与电容器串接，由于电容器的移相作用，使副绕组中产生的电流超前主绕组一个电角度（一般为 90°），从而使电动机启动运行。可见，对电容运转式电动机来说，电容器是个重要的元件。

电容运转式电动机在工作中，其电流与电压之间的相角随负荷的变化而变化。所以，正确地选择电容器的容量是保证电动机在给定负荷条件下获得圆形旋转磁场的关键。

（3）给排水系统　给排水系统由给水和排水两部分装置组成。

① 给水装置。普通洗衣机采用一根普通橡胶制成的波纹管，一端套在自来水龙头上，另一端套在洗衣机进水口或直接放在洗衣桶内，开启自来水龙头，水进入洗衣桶内即可进行洗涤。波纹管的外形如图 5-9（a）所示。半自动和全自动洗衣机的给水管一端为带内螺纹的管接头，与洗衣机的进水电磁阀的外螺纹连接；另一端为快速接头，与自来水管连接，如图 5-9（b）所示。

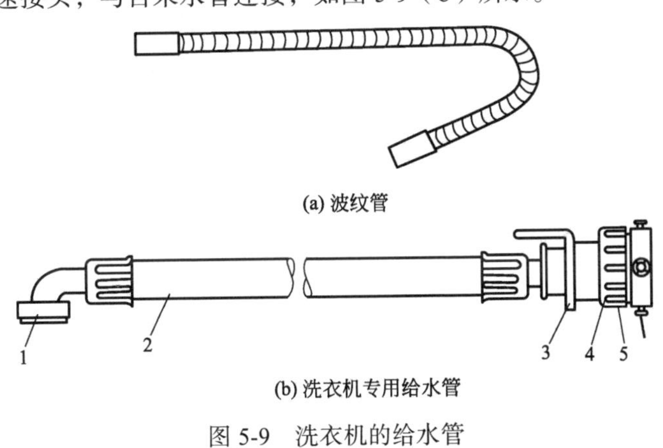

(a) 波纹管

(b) 洗衣机专用给水管

图 5-9　洗衣机的给水管

1—管接头；2—进水管；3—套环；4—管接头；5—接头紧固螺钉

② 排水装置。排水装置可分为外排水和内排水 2 种，主要由操作组件和阀体组件两部分组成。操作组件安装在控制面板上，由旋钮（按钮或拨动键）、排水钮子、弹簧片与阀拉带组成。阀体组件安装在洗涤桶的下部，由阀拉带、导向套、阀芯、弹簧和阀体组成，如图 5-10（a）所示。当排水开关处于关闭位置时，阀芯在弹簧弹力的作用下，紧贴阀体下孔阻止水流出；当打开排水开关时，阀拉带提起阀芯，打开阀孔，排出洗涤液。

此外，还有一种排水阀安装在洗涤桶的内侧，阀体同时兼有溢水的功能，其结构如图 5-10（b）所示，工作过程与前述相同。

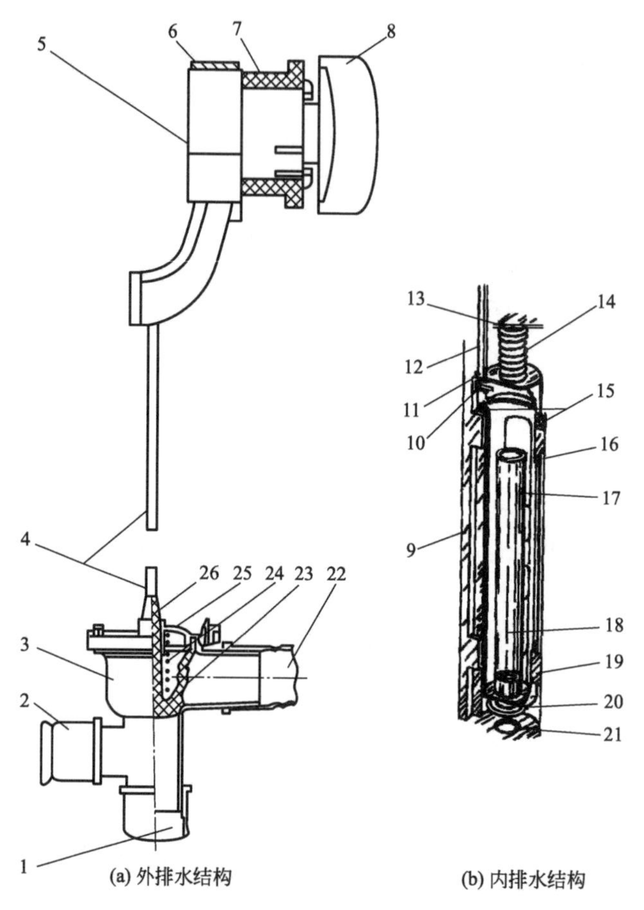

图 5-10　手动排水装置

1—排水管；2,17—溢水管；3—阀体；4—阀拉带；5—排水钮子；6—弹簧片；7—控制座；8—旋钮；9—洗涤桶；10—阀架；11—排水拉带挂钩；12—排水拉带；13—三角底座；14—压缩弹簧；15—滑架上滑板；16—洗涤桶滑槽上挡板；18—阀架下滑板；19—洗涤桶滑槽下挡板；20—橡胶阀圈；21—洗涤桶排水孔；22—洗涤桶出水管；23—阀芯；24—弹簧；25—阀盖；26—导向套

（4）传动部分　传动部分由洗涤传动和脱水传动两部分组成，如图 5-11 所示，两者的动力都是来自洗衣机电动机。洗涤传动过程为：洗涤电动机—小带轮—V 带—大带轮—输入轴（波轮轴）—波轮，如图 5-11（a）所示。脱水传动过程为：脱水电动机—联轴器—脱水轴—密封圈—脱水内桶，如图 5-11（b）所示。

（5）控制部分　波轮式双桶洗衣机控制系统的部件比较多，有洗涤定时器、脱水定时器、安全开关、蜂鸣器等。XPB36-231S 型新水流波轮式双桶洗衣机的电气控制原理图如图 5-12 所示。

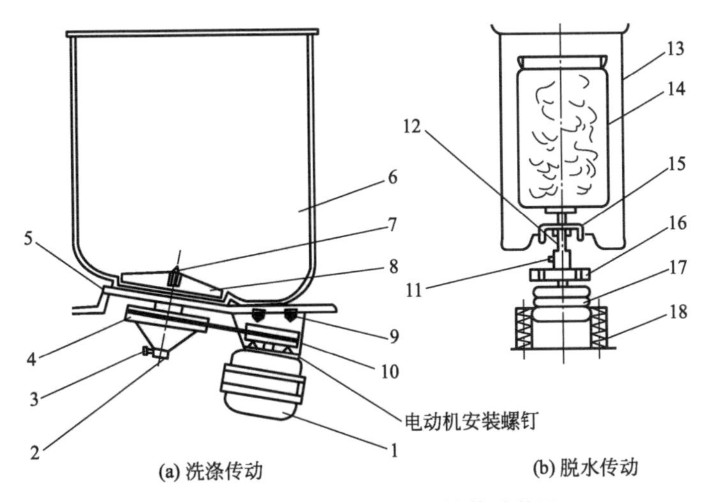

图 5-11　波轮式双桶洗衣机的传动装置

1—洗涤电动机；2—大带轮；3—大带轮固定螺钉；4—V 带；5—波轮轴；6—洗衣桶；7—波轮紧固螺钉；8—波轮；9—电动机安装座螺钉；10—小带轮；11—联轴器；12—脱水轴；13—脱水外桶；14—脱水内桶；15—密封圈；16—制动机构；17—脱水电动机；18—减震弹簧和阻尼套

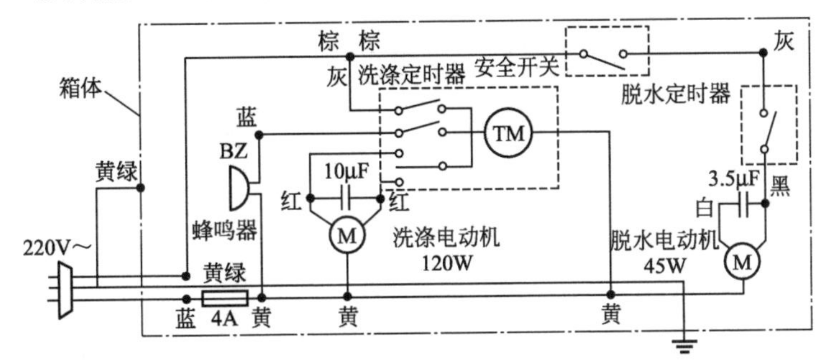

图 5-12　XPB36-231S 型新水流波轮式双桶洗衣机的电气控制原理图

（6）箱体与支承机构

① 箱体。箱体不仅用于安装全部零部件，通过支承与联结还起到表面装饰的作用。箱体把各部分连成一体，由 1mm 厚的钢板冲压制成，在前、左、右三面或左、右两面冲制凸筋以增强外界的冲击力，外表经防锈、装饰处理（如静电喷塑、磷化处理）。

② 支承机构。支承机构除起支承作用外，还起到减震、消除噪声的作用。

2. 波轮式全自动洗衣机的结构

波轮式全自动洗衣机（电动控制全自动洗衣机和电脑控制全自动洗衣机 2 种）的基本结构主要由以下几部分构成：

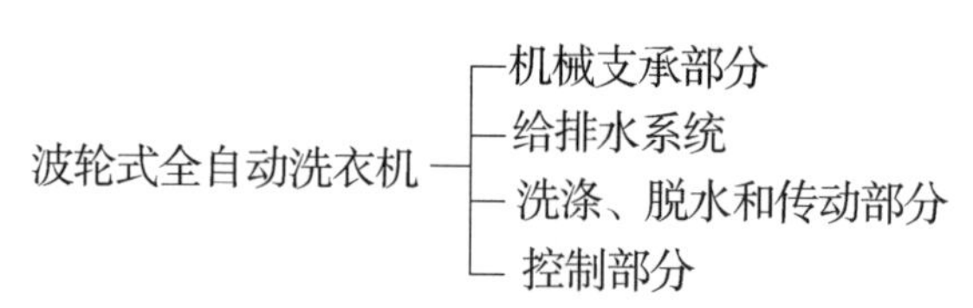

（1）机械支承部分　机械支承部分主要由外箱体、控制台、吊杆等组件组成。

① 外箱体。外箱主要包括外桶（箱体）、箱体衬垫、装饰条、调整脚组件（包括调整脚弹簧、调整脚体、脚垫圈以及固定脚）、调整手轮、后盖。波轮式全自动洗衣机外箱体结构如图 5-13 所示。

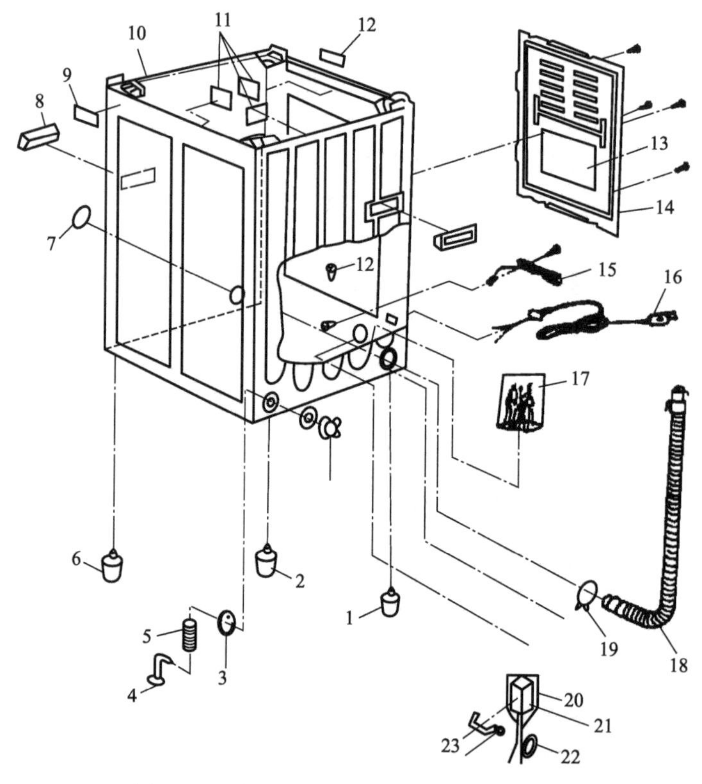

图 5-13　波轮式全自动洗衣机外箱体结构

1，6—固定脚；2—调整手轮；3—脚垫圈；4—调整脚体；5—调整脚弹簧；7—排水管孔盖；8—扣手；9—装饰条；10—箱体；11—箱体衬垫；12—铭牌；13—电气接线图；14—后盖；15—接地线；16—电源线；17，20—防护袋；18—排水软管；19—卡圈；21—电容器；22—电线圈；23—电容器固定架

② 控制台。控制台位于洗衣机上部，用于安装和固定电气元件、操作件的部件。要求它具有良好的绝缘性和操作安全性能，一般用工程塑料注塑成形。平台式控制台结构如图 5-14 所示。

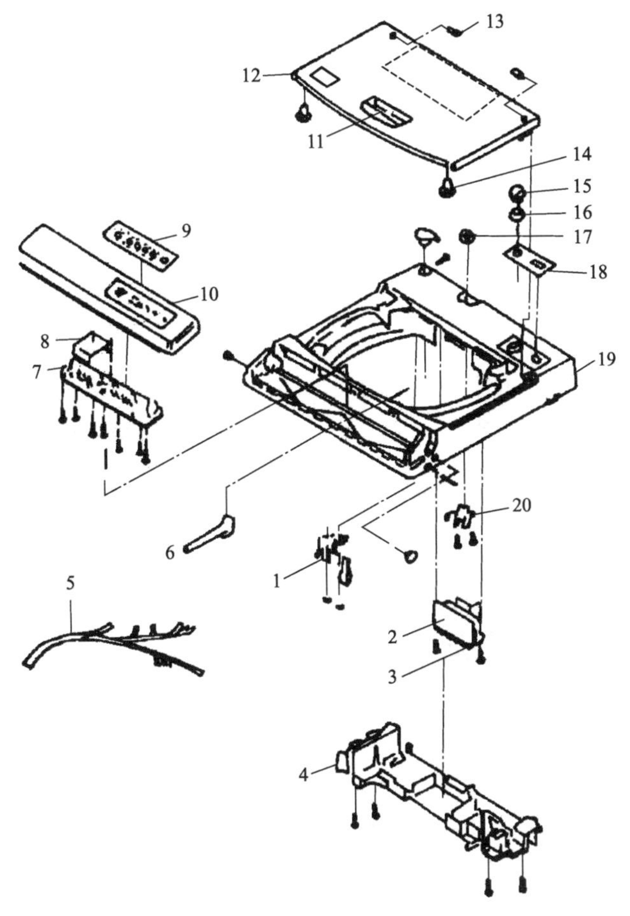

图 5-14　全自动洗衣机控制台（平台式）结构

1—安全开关；2—进水喷头架；3—进水喷头；4—控制件防护罩；5—程控器引线；6—泄水管；7—电脑控制器；8—隔热罩；9—程控器板；10—程控器座；11—提手；12—盖板；13—盖板销；14—盖板支脚；15—水位旋钮；16—防水垫圈；17—进水密封；18—水位控制面板；19—控制台；20—电磁进水阀

③ 吊杆。吊杆是保证洗涤、脱水时动平衡和稳定的部件，起吊挂和减震作用，其结构如图 5-15 所示。

（2）给排水系统　全自动洗衣机的给水系统主要由连接螺母、进水管、快速接头体等组成，其结构如 5-16（a）所示。进水管的一头通过快速接头体固定在洗衣机进水口上，另一头通过连接螺母固定在自来水龙头上。当需要洗涤时，只要开启自来水龙头，由洗衣机的进水电磁阀来控制进水口的进水或停水，就可达到自动控制水源的目的。

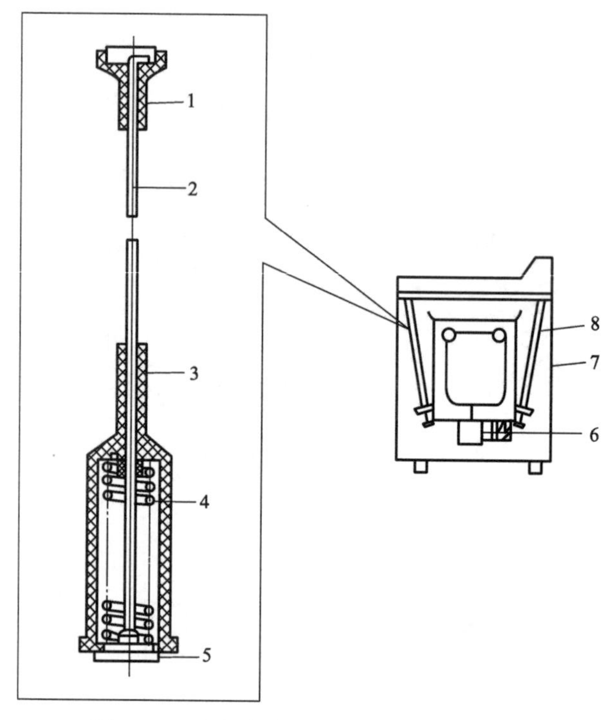

图 5-15　全自动洗衣机的吊杆结构示意图

1—提手；2—提杆；3—外套；4—弹簧；5—弹簧垫片；6—电动机；7—外箱体；8—吊杆

自动排水系统主要由排水电磁阀组件和阀体组件两部分组成，其结构如图5-16（b）所示。排水电磁阀组件的电磁铁又可分为直流和交流两种。它有两个作用：控制离合器的洗涤或脱水工作状态；排水。即在洗涤、漂洗时对洗衣桶实现污水排放。

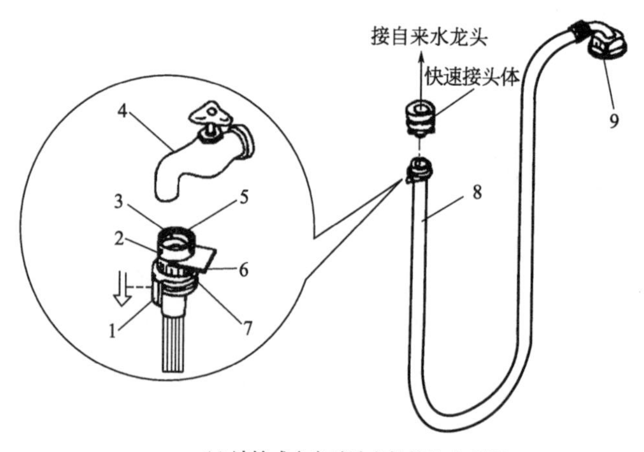

(a) 波轮式全自动洗衣机的给水系统

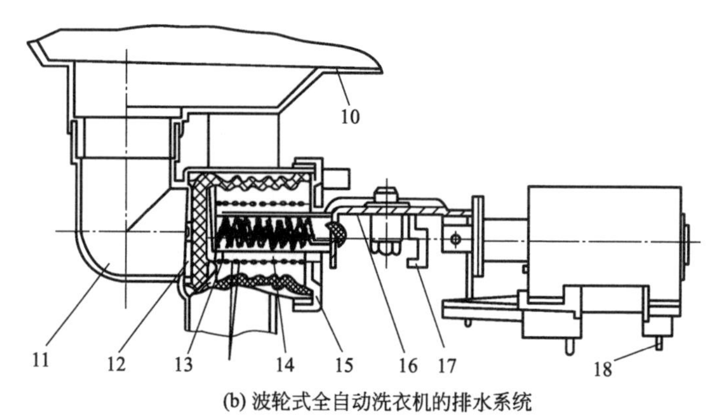

(b) 波轮式全自动洗衣机的排水系统

图 5-16 波轮式全自动洗衣机的给排水系统

1—活动环；2—螺栓；3—橡胶垫圈；4—自来水龙头；5—内环；6—紧固体；7—接管嘴；8—进水管；9—连接螺母；10—排水电磁铁；11—排水阀座；12—阀芯；13—弹簧；14—导向套；15—阀盖；16—电磁铁拉杆；17—离合器制动杆；18—引线端

（3）洗涤、脱水和传动部分　洗涤、脱水和传动部分主要由盛水桶、洗涤桶、波轮、离合器、传动装置等部件组成。

① 盛水桶。盛水桶主要用于盛放洗涤水和漂洗水，其结构如图 5-17 所示。

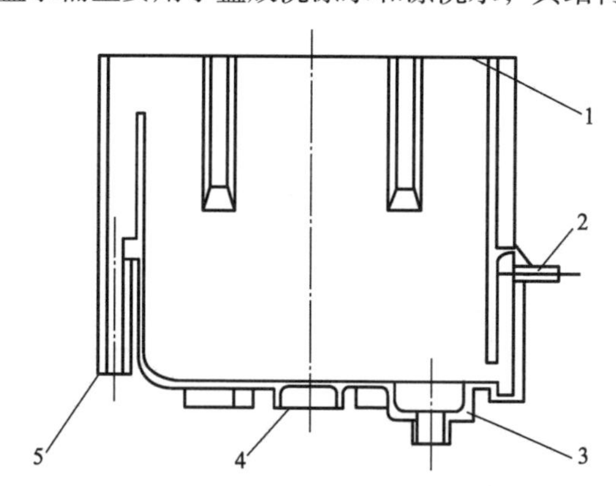

图 5-17 波轮式洗衣机盛水桶结构

1—盛水桶上口；2—导气管接嘴；3—排水接口；4—离合器口；5—溢水口

② 洗涤桶。洗涤桶亦称离心桶或脱水桶。由于洗涤和脱水在同一个桶内完成，因此桶的结构设计要求是既要保证洗涤效果，又要满足脱水需要。在桶的内壁不仅有许多条凸筋，而且还开有许多小孔，其结构如图 5-18 所示。洗涤时衣物在桶内翻滚并与桶壁相擦，起到搓擦衣物的作用。凸筋的另一个作用是可以增强洗涤漩涡和提高洗净度。

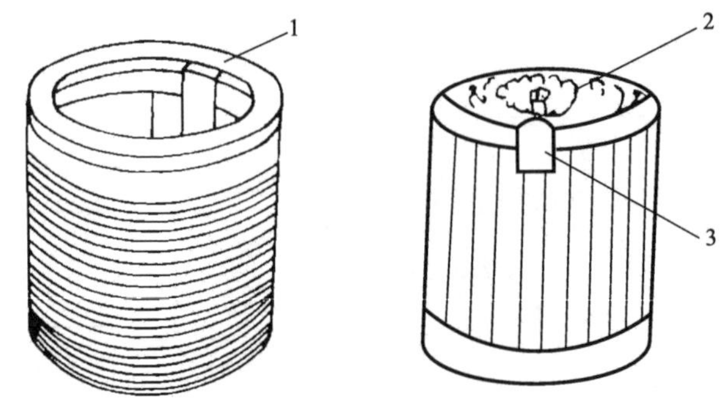

图 5-18　波轮式洗衣机洗涤桶结构

1—回水管；2—连接盘；3—蟹壳盖

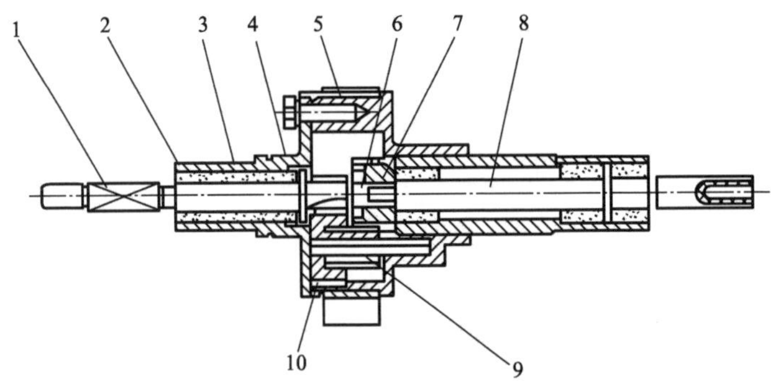

(a) 过桥齿轮结构的离合器

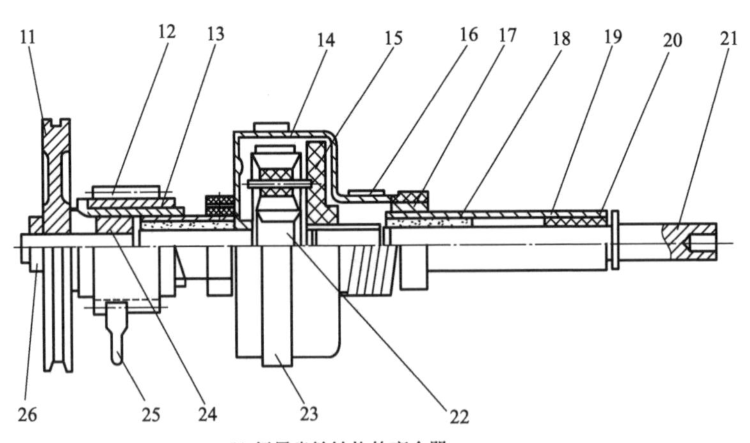

(b) 行星齿轮结构的离合器

图 5-19　波轮式全自动洗衣机的离合器

1—输入轴；2—油封；3，18—含油轴承；4—外轴；5—刹车箍；6—止推挡圈；7—输出齿轮；8—输出轴；9—小齿轮；10—大齿轮；11—传动轮；12，25—棘轮；13—离合器扭簧；14—刹车盘（外轴）；15—传动盖；16—抱簧；17—滚动轴承；19—挡圈；20—油封；21—输出轴（波轮轴）；22—行星轴；23—刹车带；24—方孔轴套；26—紧固螺母

③ 波轮。波轮式全自动洗衣机的波轮一般采用大波轮新水流，外形如图 5-2 所示。

④ 离合器。离合器又称减速离合器，是实现洗涤时低速（约 180r/min）运转和脱水时高速（约 2800r/min）旋转的部件。为了在全自动洗衣机底部的有限空间内用一级皮带或多级皮带传动获得这样低的洗涤转速和高速脱水转速，往往采用体积小、传动比大、可靠性好的过桥齿轮结构和行星齿轮结构的减速离合器，其结构如图 5-19 所示。

⑤ 传动装置。传动装置是波轮式全自动洗衣机的电动机与洗涤、脱水部件的动力输送枢纽。一般是用一台电动机来实现洗涤和脱水 2 种转速功能，它主要依靠传动机构的心脏——减速离合器来实现。但也有采用 2 台电动机来实现洗涤和脱水 2 种转速功能的波轮式全自动洗衣机，如图 5-20 所示。

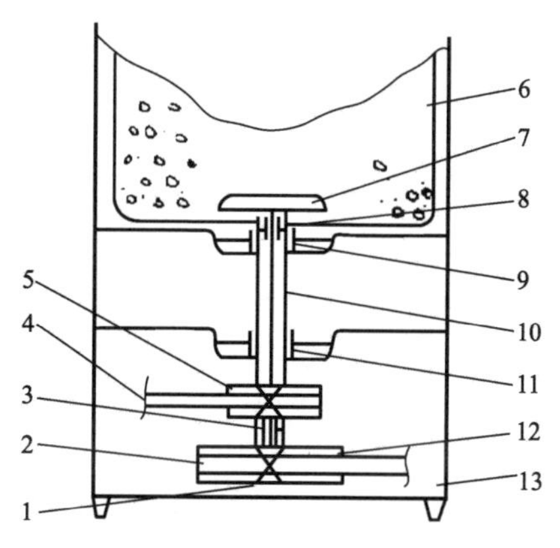

图 5-20　全自动洗衣机的传动装置

1—波轮轴；2，4—V 带；3—波轮轴下轴承；5—带轮；6—甩干篮；7—波轮；8—波轮轴上轴承；9—套筒上轴承；10—套筒；11—套筒下轴承；12—波轮轴上的带轮；13—外壳

采用 2 台电动机（图中未标出）的全自动洗衣机，一台为洗涤电动机，另一台为脱水电动机。这种装置的关键在于波轮轴与甩干篮（即甩干篮套筒）具有各自的传动系统，前者套在后者中，其间装有 2 个滑动轴承，而套筒借助 2 个滚动轴承支撑在箱体骨架上。当洗涤电动机转动时，电动机上的带轮通过 V 带带动，使波轮轴以低速洗涤，此时套筒不转动，故甩干篮不动。当洗涤与漂清结束，程控器在控制洗涤电动机停转的同时启动脱水电动机的 V 带，带动脱水皮带轮旋转，使套筒转动开始脱水（甩干）。甩干结束时，整机自动停止运行。

（4）控制部分　波轮式全自动洗衣机控制部分的部件比较多，有安全开关、水位开关、电脑程控器、进水阀、温度传感器、电动机和排水牵引器等。某品牌迷你型全自动洗衣机的电气控制图如图 5-21 所示。

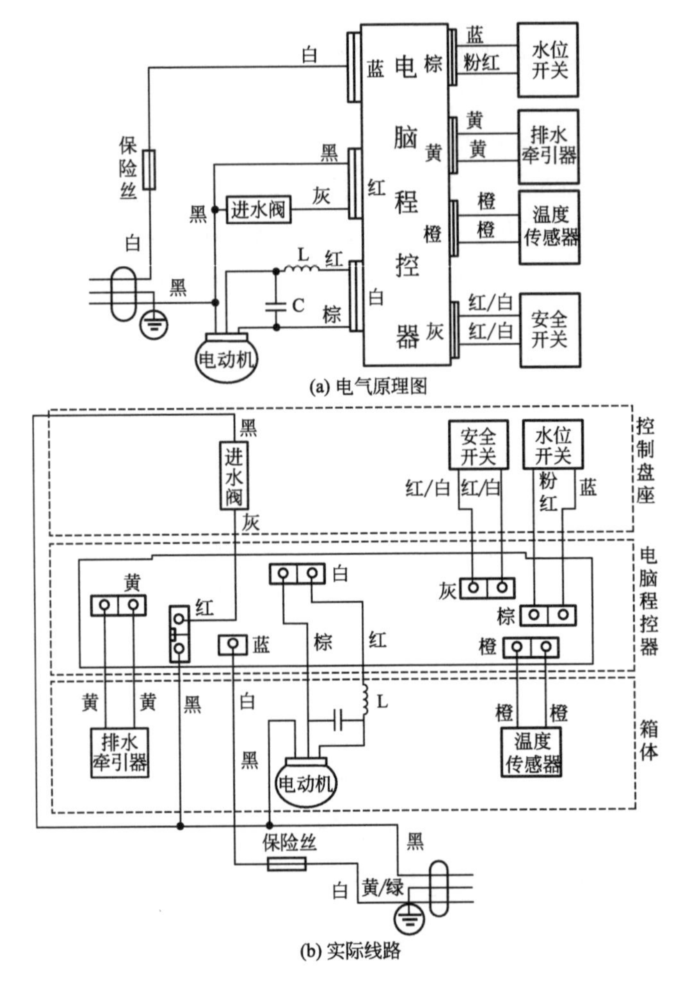

图 5-21　某品牌迷你型全自动洗衣机的电控图

二、波轮式洗衣机的拆卸

1. 洗涤部分的拆卸

波轮式双桶洗衣机洗涤部分的拆卸如表 5-1 所示。

表 5-1　波轮式双桶洗衣机洗涤部分的拆卸

拆卸项目	拆卸方法
解开捆扎线	取下后盖板，解开箱体内导线的捆扎线，使连接导线处于自由松弛状态
拆卸皮带	用手慢慢转动皮带，同时用螺丝刀从小皮带轮处向下撬动皮带，使皮带脱出小皮带轮导槽，即可卸下皮带

续表

拆卸项目	拆卸方法
拆卸小皮带轮	用扳手卸下紧固小皮带轮与电动机轴螺钉的防松螺母，然后卸下电动机小皮带轮，如图 5-22 所示
拆卸大皮带轮	用扳手卸下连接大带轮与洗涤轴紧固螺钉的防松螺母，双手握住大皮带的外缘，用力向下拉，大皮带轮即可与洗涤轴脱开，如图 5-23 所示
拆卸洗涤轴和密封圈	卸下波轮、大带轮，然后将洗衣机翻倒在地，用扳手卸下紧固在洗涤桶下方的洗涤轴螺母，卸下洗涤轴套。如图 5-24 所示，卸下洗涤轴上卡圈，将洗涤轴从波轮的一端用力拔出
卸下洗涤电动机	先用螺丝刀和扳手卸下固定洗涤电动机下端的 3 个螺钉，如图 5-25 所示，再拆下洗涤电动机的引出线，取出洗涤电动机，同时取出洗涤电动机的 3 个减震垫和 1 个调整套

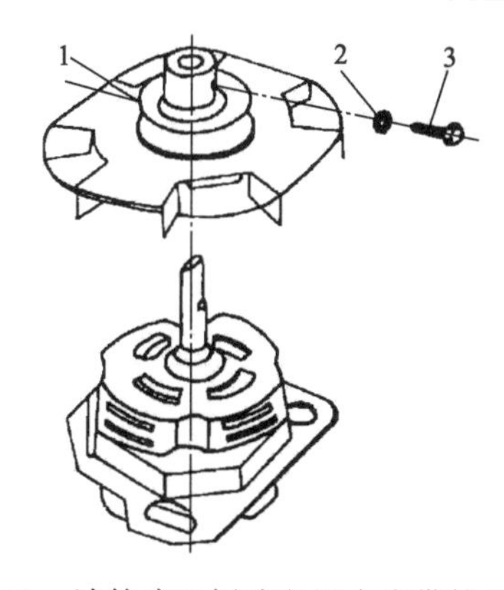

图 5-22 波轮式双桶洗衣机小皮带轮的拆卸

1—小皮带轮；2—垫圈；3—螺钉

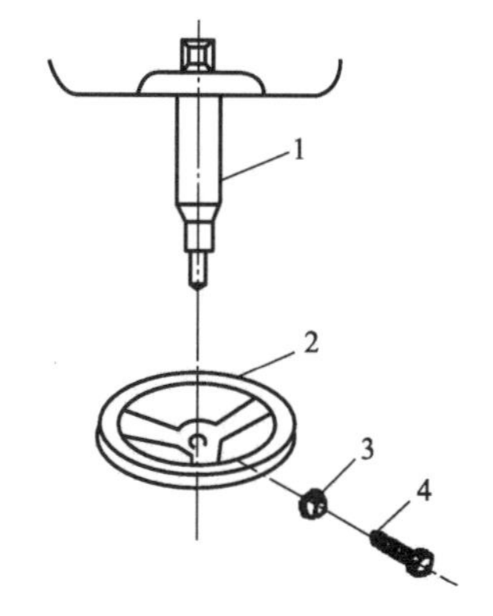

图 5-23 波轮式双桶洗衣机大皮带轮的拆卸

1—波轮轴套；2—大皮带轮；3—防松螺母；4—紧固螺钉

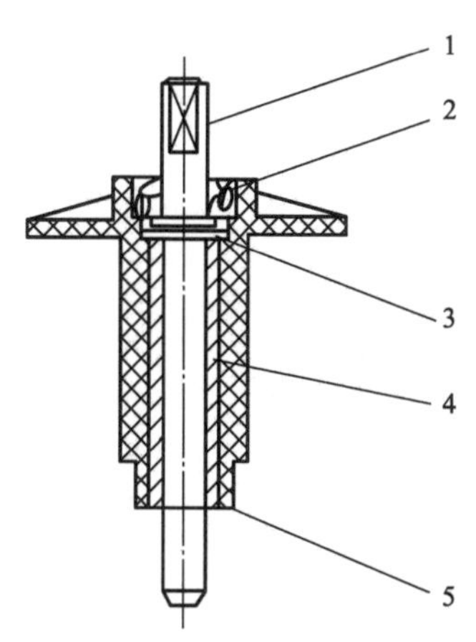

图 5-24 波轮式双桶洗衣机的洗涤轴和密封圈的拆卸

1—洗涤轴；2—密封圈；3—轴承；4—轴套；5—卡圈

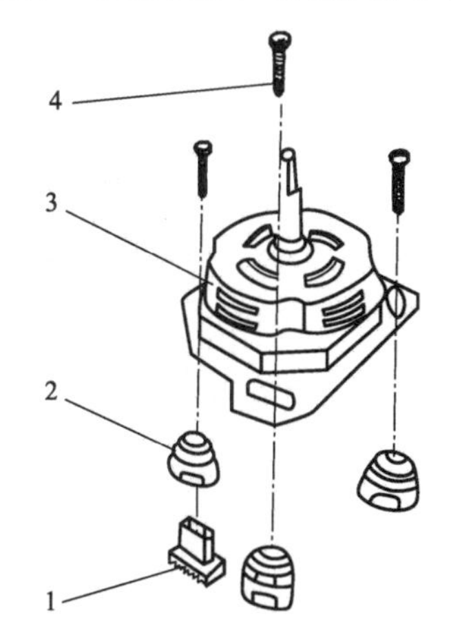

图 5-25 波轮式双桶洗衣机的洗涤电动机的拆卸

1—调整套；2—减震垫；3—电动机；4—自攻螺钉

2. 脱水部分的拆卸

波轮式双桶洗衣机脱水部分的拆卸见表 5-2。

表 5-2　波轮式双桶洗衣机脱水部分的拆卸

拆卸项目	拆卸方法
卸下后盖板	卸下洗衣机后盖板
取出塑料压板	拆开洗衣机脱水外盖、内盖，从脱水内桶中将塑料压板取出
拆卸脱水内桶	用螺丝刀卸下连接脱水内桶与脱水轴法兰盘的 3 个紧固螺钉，然后取出脱水内桶。脱水部分的拆卸示意图如图 5-26 所示
拆卸脱水轴	旋松联轴器的脱水轴锁紧螺母和紧固螺钉，从脱水桶里拔出脱水轴
拆卸水封橡胶囊	水封橡胶囊是通过连接支架与脱水外桶紧固的。因此在拆卸时，先将洗衣机倒立，用毛巾塞入连接支架中心孔中，向毛巾浇开水，等连接支架受热后，再掰开 8 个爪钩，取出水封橡胶囊和连接支架
拆卸刹车机构和脱水电动机	①取下后盖板，解开连接导线捆扎线，使导线处于自由松弛状态 ②分离刹车鼓与刹车块 ③拆卸减震弹簧支座 ④拆卸联轴器 ⑤拆卸刹车底盘 ⑥从刹车底盘上取下刹车钢丝

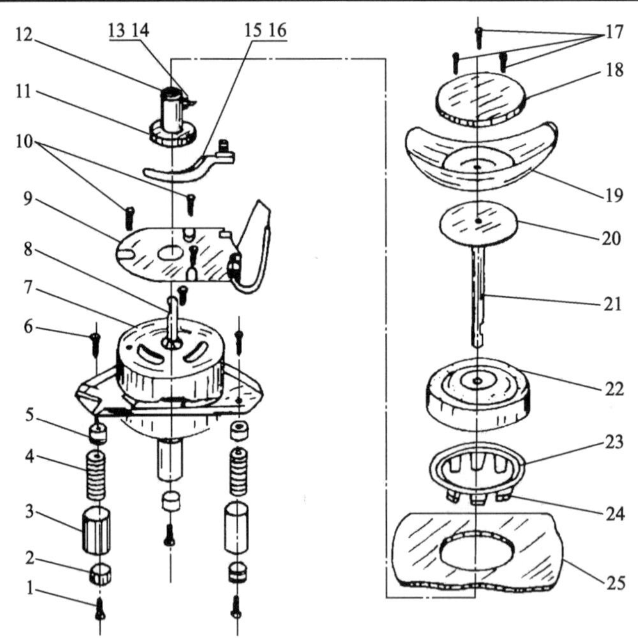

图 5-26　波轮式双桶洗衣机脱水部分的拆卸示意图

1—下紧固螺钉；2—下支架；3—橡胶套；4—减震弹簧；5—上支架；6—上紧固螺钉；7—脱水电动机；8—电动机轴；9—刹车底盘；10，14，17—螺钉；11—刹车鼓；12—联轴器；13—螺母；15—刹车块；16—刹车钢丝；18—加强板；19—脱水内桶；20—法兰盘；21—脱水轴；22—水封橡胶囊；23—连接支架；24—爪钩；25—脱水外桶

3. 波轮式全自动洗衣机的拆卸

波轮式全自动洗衣机的拆卸如表 5-3 所示。

表 5-3 波轮式全自动洗衣机的拆卸

拆卸项目	拆卸方法
机框的拆卸	① 拆下工作台与箱体螺钉，如图 5-27（a）所示 ② 取下固定工作台与控制面板的 3 个固定螺钉，如图 5-27（b）所示
电脑板的拆卸	① 用手向上掰开前控制板的外边缘，使它与机框分离，如图 5-28 所示 ② 拧下螺钉，先取防水板，再卸电脑板。将引线插头从电脑板上拔下，如图 5-29 所示 ③ 进水电磁阀、水位开关、安全开关、电源开关都装在工作台内，3 个开关用防水盖板挡住。可按图 5-30 松开各自的 2 个固定螺钉即可卸下
波轮的拆卸	先用十字螺丝刀旋松螺钉，取出波轮。如果不能拆下波轮，可采用以下方法：先卸下 V 带，再拆下离合器带轮，取下棘轮、抱簧，卸下离合器套，轻轻松动离合器内轴，就能将波轮连同洗涤轴一起拆下（波轮固定螺钉不必旋出，带有减速机构的洗衣机则不行）
内桶的拆卸	① 拆下机框，将机框挂在箱体后部，要注意不能拉断或划破机内导线软管 ② 用十字螺丝刀卸下固定在外桶上的螺钉，将内桶护圈卸下 ③ 拆下波轮 ④ 取下波轮轴上的垫圈，用 7in[①]管钳或专用扳手（39mm 套桶扳手）卸下固定内桶的六角螺母，将内桶轻轻摇晃使之松动，然后用手握住平衡圈，向上提起。要注意拆内桶时只能向上提，切忌逆时针方向转动内桶，否则容易扭断离合弹簧
电动机、排水电磁铁和排水阀的拆卸	电动机、电磁铁都固定在洗衣机的底盘上，拆卸时先把洗衣机轻轻横倒，在电动机与箱体之间垫上木块或柔软物，以避免电动机风叶碰箱体 ① 取下 V 带，如图 5-31 所示。松开电动机两端的固定螺钉，将电动机轻轻向波轮方向移动，即可取下 V 带 ② 拆卸电磁铁时，用尖嘴钳将衔铁上的开口销拔下，卸下固定电磁铁的螺钉，即可取下电磁铁 ③ 拆卸排水阀时，先用尖嘴钳将连接电磁铁的开口销拔下，再旋转排水阀盖向外拉，即可将排水阀取下
离合器的拆卸	离合器也是固定在洗衣机底盘上，其拆卸步骤如下 ① 拆卸洗衣机工作台，取出波轮、盛水密封圈和离心桶 ② 将洗衣机横倒卸下三角皮带，用梅花扳手（M8）卸下离合器的 4 个固定螺钉 ③ 从洗衣机箱体的下部取下离合器
盛水桶、大油封的拆卸	盛水桶是用自攻螺钉固定在洗衣机底盘上的，其拆卸步骤如下 ① 拆下洗衣机工作台和离合器 ② 卸下排水阀 ③ 卸下洗衣机与盛水桶之间的自攻螺钉后，即可将盛水桶从箱体取出 ④ 大油封一般固定在离合器上，也有用自攻螺钉固定在盛水桶底部，所以拆卸大油封时只要拆下离心桶即可

① 英寸，1in=25.4mm。

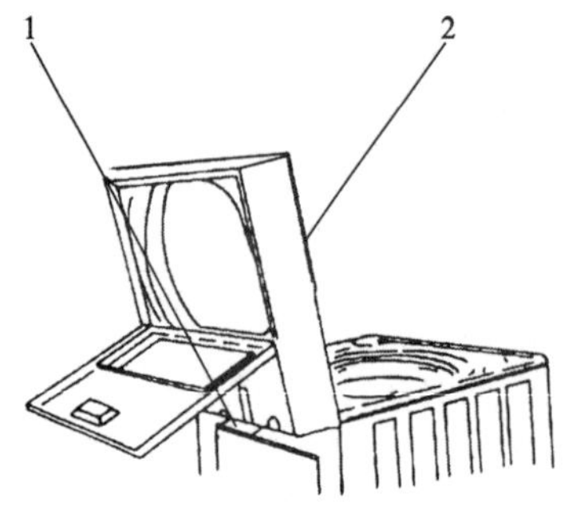

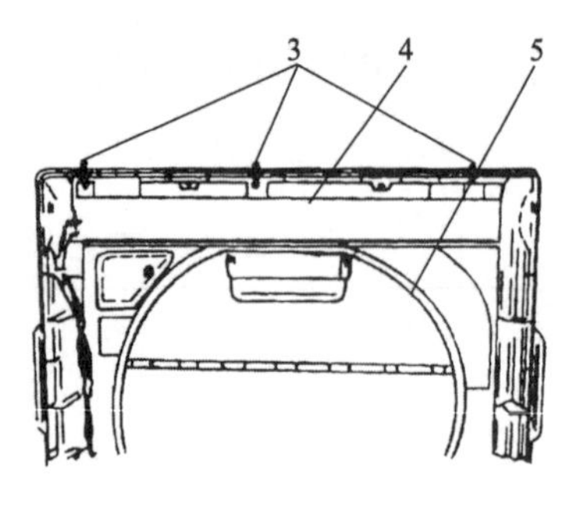

(a) 卸下工作台与箱体螺钉　　(b) 工作台与机框固定螺钉的位置

图 5-27　波轮式电脑全自动洗衣机机框的拆卸

1—箱体；2—工作台；3—固定螺钉；4—机框；5—盖

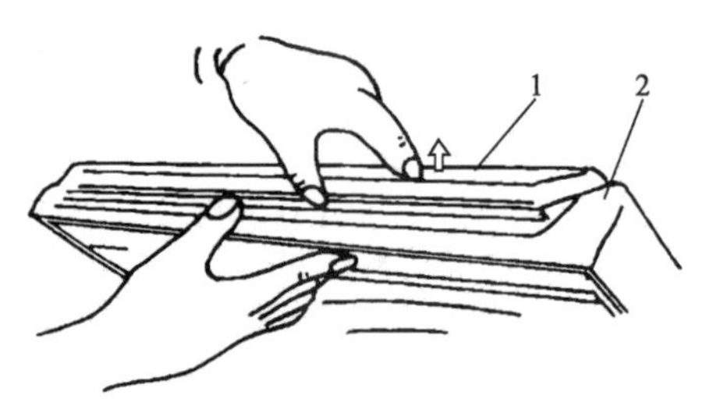

图 5-28　控制板与机框的分离

1—前控制板；2—机框

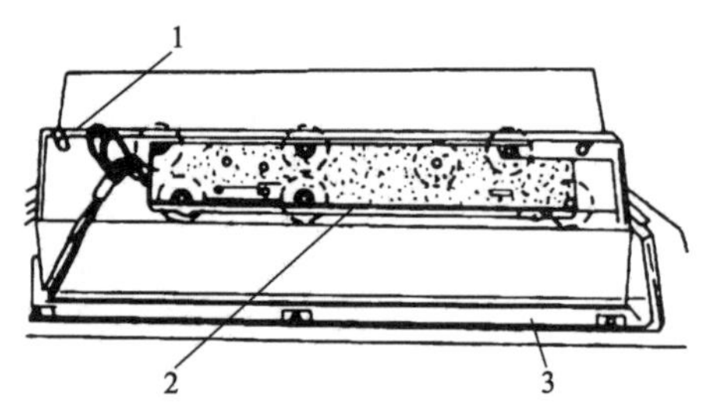

图 5-29　先取防水板，后卸电脑板

1—前控制板；2—电脑板；3—机框

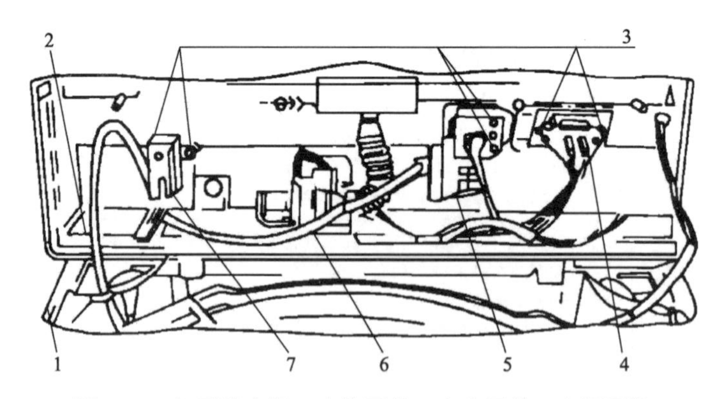

图 5-30　卸下进水阀、水位开关、安全开关、电源开关

1—箱体；2—回气管；3—固定螺钉；4—电源开关；5—水位开关；6—进水电磁阀；7—安全开关

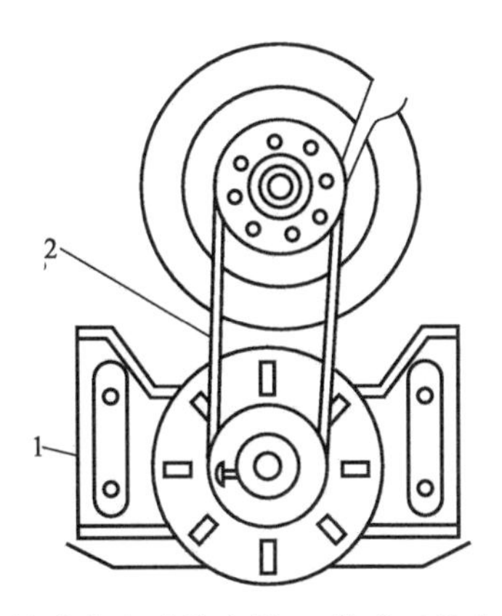

图 5-31　波轮式全自动洗衣机 V 带（三角皮）带的拆卸

1—电动机架；2—V 带

三、波轮式洗衣机的安装

1. 波轮式双桶洗衣机主要部件的安装

波轮式双桶洗衣机的部件有许多，表 5-4 仅对其中一些主要部件安装做一介绍。

表 5-4　波轮式双桶洗衣机主要部件的安装

安装项目	安装方法
洗衣桶和脱水外桶部件的安装	洗衣桶和脱水外桶部件的安装示意图如图 5-32 所示
洗涤传动部分与脱水部分的安装	洗涤传动部分与脱水部分的安装如图 5-33 所示。在安装过程中，必须注意电动机小带轮与大带轮应处在同一平面上，传送带的松紧程度如图 5-34 所示。调整传送带松紧度的方法：旋松电动机与底座的固定螺钉，移动电动机使皮带松紧度合适（用手往下压，位移为 10mm 左右），再将固定螺钉旋紧 ①安装橡胶囊部件。含油轴承应先放在 20 号机油中浸泡 24h，使其微孔中饱含润滑油后再装入橡胶圈内。将连接支架套入水封橡胶囊内，再压入脱水外桶底部中心圆孔，并使 8 个爪钩紧扣在圆孔的圆周，同时使橡胶囊底边与脱水外桶紧密接触 ②安装刹车盘。先在刹车臂销轴上点些机油，然后将刹车块的凸起部分嵌入刹车臂的燕尾槽中，挂上刹车拉簧，钢丝堵头嵌套在刹车动臂末端孔洞上，最后用 3 个紧固螺钉将刹车底盘安装在脱水电动机前端 ③安装联轴器。先将联轴器套在电动机转轴上，然后对准转轴槽，旋紧紧固螺钉和锁紧螺母 ④安装减震弹簧、支架和减震橡胶套。应先将 3 个减震弹簧及其上、下支架和减震橡胶套各自组装好，再用 3 个紧固螺钉把减震弹簧的上支架固定在脱水电动机上 ⑤组装脱水电动机、刹车机构与减震弹簧。先将脱水电动机连同刹车机构和减震弹簧放入倒置的洗衣机内，再用 3 个紧固螺钉把减震弹簧下支架固定在洗衣机的底盘

续表

安装项目	安装方法
洗涤传动部分与脱水部分的安装	⑥安装脱水轴。应把洗衣机正立起来，使脱水轴穿过密封圈插入联轴器里，然后对准脱水轴的平槽，旋紧固定螺钉和锁紧螺母 ⑦安装脱水桶。应把脱水桶放在脱水轴法兰盘上，放好加强板，旋紧3个脱水内桶的紧固螺钉 ⑧安装与调整刹车装置。打开脱水桶外盖，把刹车拉杆挂钩挂在刹车底盘孔眼上。合上脱水外盖，钢丝拉紧，刹车块应能离开刹车盘。打开脱水外盖5cm，钢丝放松，刹车块应能紧压刹车盘。可以通过反复调整刹车拉杆挂钩在刹车底盘孔眼上的位置来满足要求 波轮式双桶洗衣机安装后，要仔细检查，通电试运转。试运转要求平稳，无严重抖动现象。如果抖动严重，需要拆下重装或更换3个防震弹簧；若抖动不严重，但有偏侧现象，可以在防震弹簧下垫入橡胶块加以调整
给排水部分的安装	给排水部分的安装如图5-35所示
机座的安装	机座的安装如图5-36所示

2. 波轮式全自动洗衣机的安装

波轮式全自动洗衣机的部件很多，表5-5仅选择其中一些部件的安装进行介绍。

表5-5　波轮式全自动洗衣机的安装

安装项目	安装方法
内桶的安装	内桶的安装按拆卸内桶的逆顺序操作，装配时固定在内桶底部的法兰盘与离合器脱水轴在方孔对方轴吻合后，再往下按内桶。安装完应先手动检查，再通电试运转，检查内、外桶之间以及内桶与波轮之间是否存在碰撞现象。若有碰撞，应查明原因并重新装配调整
波轮的安装	按拆卸波轮的逆顺序装好波轮，如图5-37所示。安装时要孔轴吻合，保证波轮与洗涤桶凹坑边缘等距离（一般不大于1.5mm），否则会轧衣服
离合器的安装	按拆卸离合器的逆顺序安装离合器。安装时应注意 ①先调整好洗衣机拨叉、调节螺钉、顶开螺钉后，再安装离合器 ②安装时，离合器的4个固定螺钉一定要按对角位置逐一拧紧，以确保离合器的轴与盛水桶底部、底盘平面垂直
盛水桶、大油封的安装	按拆卸盛水桶、大油封的逆顺序安装盛水桶、大油封。安装时应注意 ①安装盛水桶时，应注意回气管与水位压力开关的储气口和盛水桶的连接质量，以免漏水、漏气 ②新换的盛水桶，应先除去油封安装孔周围的毛刺和飞边，并嵌入槽内，以防漏水 ③先在大油封内侧及橡皮油封凹槽内填满黄油，再将内油封压入外油封圈内，然后将含油轴承压入外油封内，轴承要压紧且安装平整，密封圈唇口不能有缺陷及损伤 ④大油封由盛水桶内的2个固定的定位销定位，做固定用的自攻螺钉必须按对角逐一紧固

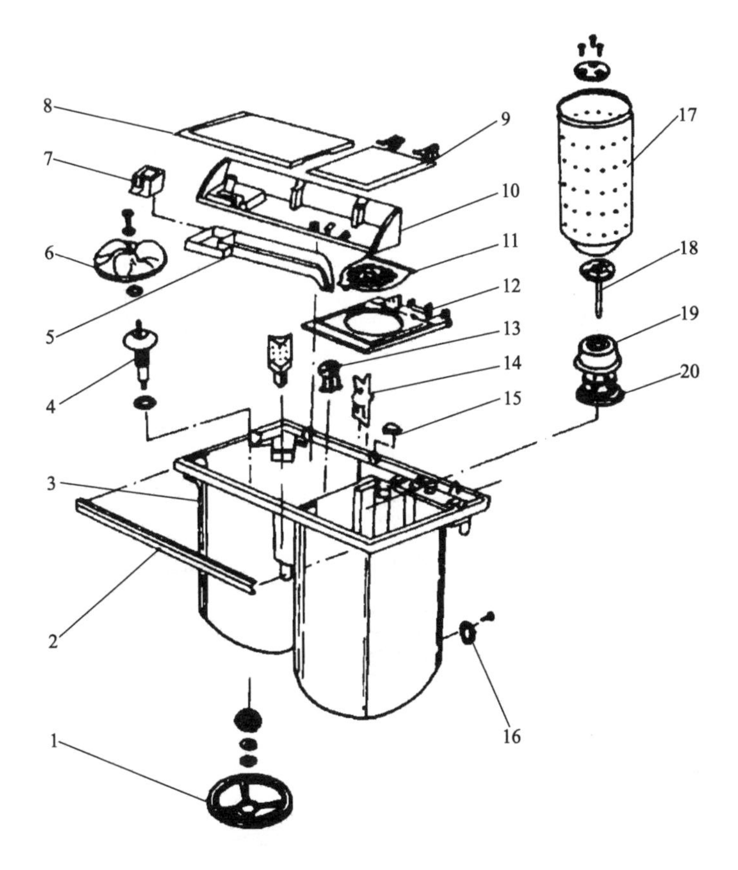

图 5-32　洗衣桶和脱水外桶部件的安装

1—大带轮；2—前装饰条；3—连体桶；
4—轴壳组件；5—进水槽；6—波轮；
7—进水选择器；8—洗涤桶盖；
9—脱水盖组件；10—控制座；11—内盖；
12—框架；13—过滤器；14—溢水板；
15—止逆阀；16—钢丝调节块；17—脱水桶；
18—连接法兰；19—皮碗；20—皮碗支架

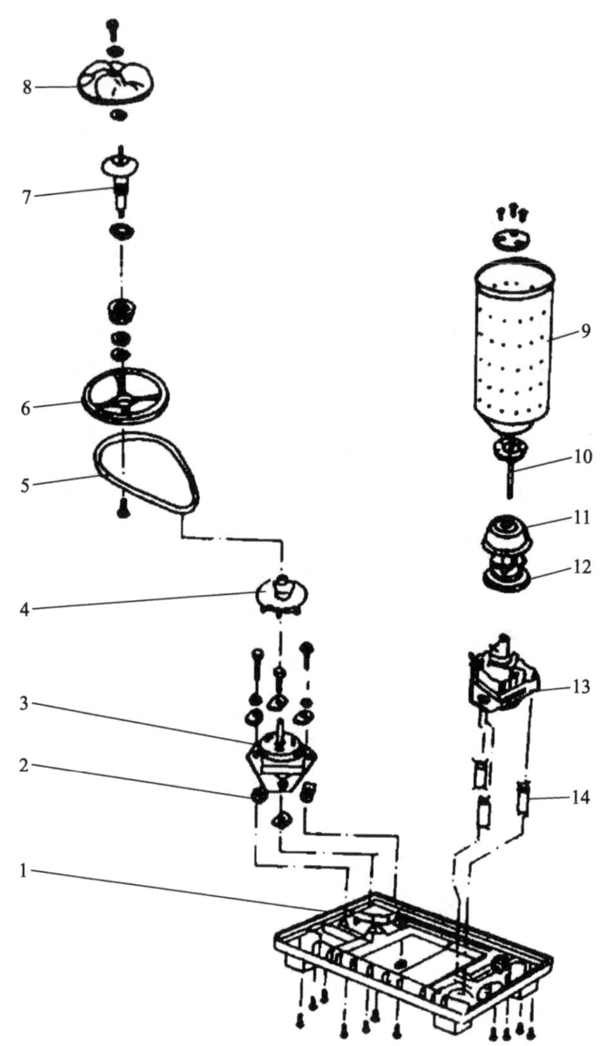

图 5-33　洗涤传动部分与脱水部分的安装

1—底座；2—绝缘缓冲垫；3—洗涤电动机；4—带轮风叶；5—V 带；6—大带轮；7—轴壳组件；8—波轮；9—脱水桶；10—连接法兰；11—皮碗；12—皮碗支架；13—脱水电动机组件；14—减震弹簧

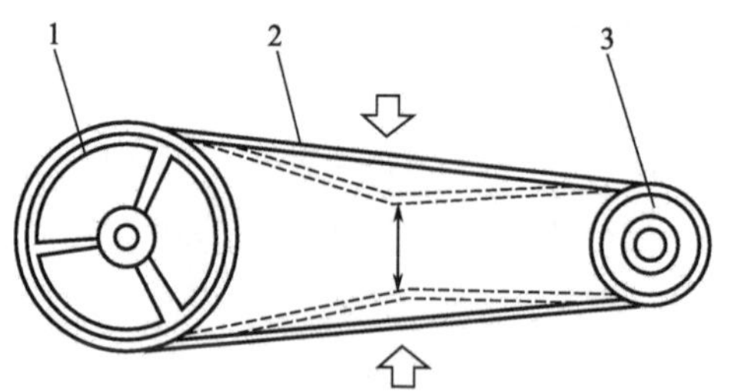

图 5-34　传送带松紧度的调整

1—大带轮；2—V 带；3—小带轮

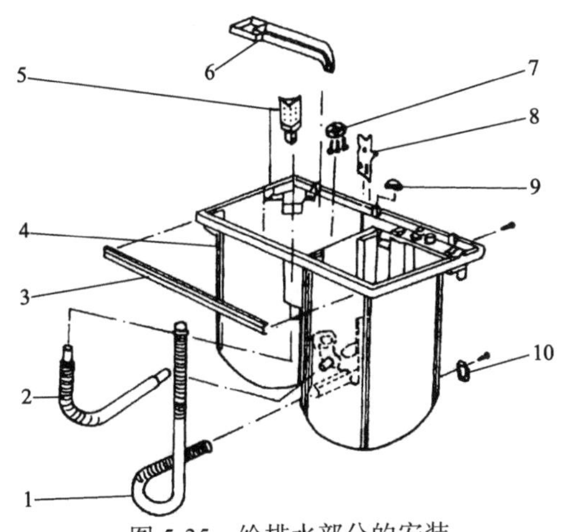

图 5-35　给排水部分的安装

1—排水管；2—循环水管；3—前装饰条；4—连体桶；5—线过滤器进水槽；6—进水槽；7—过滤器；8—溢水板；9—止逆阀；10—钢丝调节块

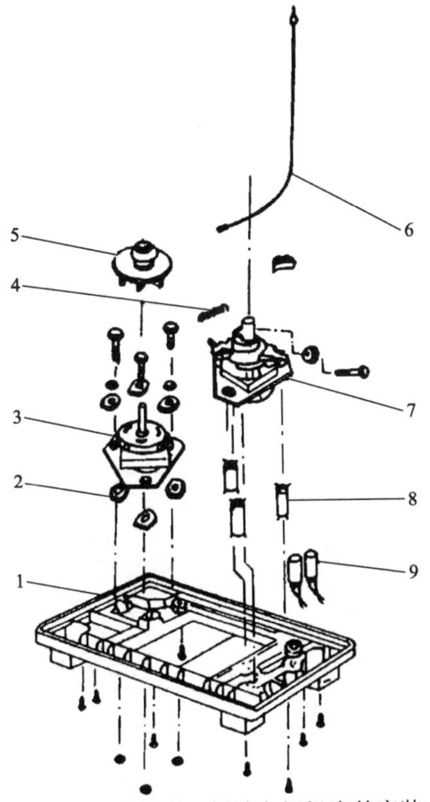

图 5-36　波轮式双桶洗衣机机座的安装

1—底座；2—绝缘缓冲垫；3—洗涤电动机；4—制动弹簧；5—带轮风叶；6—制动钢丝；7—脱水电动机；8—减震弹簧；9—电容器

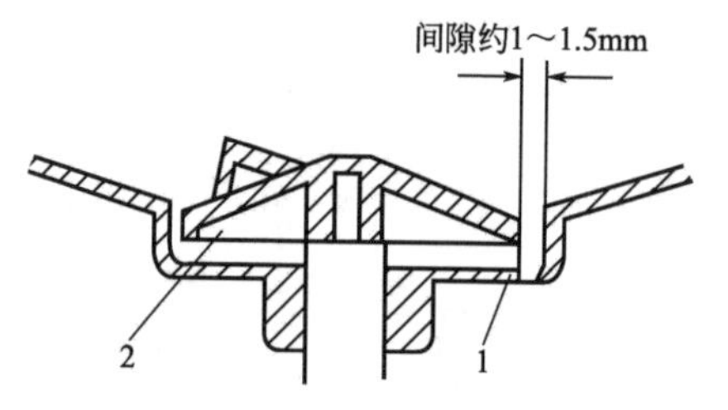

图 5-37　波轮的安装图

1—洗涤桶；2—波轮

第二节　滚筒式洗衣机的结构和拆装

一、滚筒式洗衣机的结构

滚筒式全自动洗衣机按衣物装入的方式可分为前装式和上装式 2 种。目前市场上以前装滚筒式洗衣机为多，它主要由以下几部分组成。

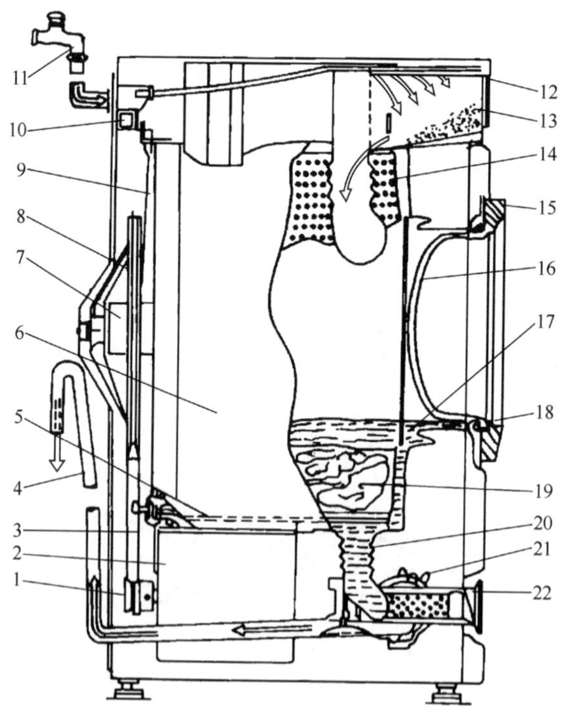

图 5-38　滚筒式全自动洗衣机的结构（前装式）

1—小带轮；2—主电动机；3—V 带；4—排水管；5—加热器；6—洗涤液筒；7—轴承体；8—大带轮；9—外筒 Y 形支架；10—进水电磁阀；11—自来水龙头；12—操作面板；13—洗涤剂；14—滚筒；15—圆形前窗；16—玻璃视孔；17—洗涤液；18—密封圈；19—洗涤物；20—排水管；21—排水泵；22—过滤器

前装滚筒式全自动洗衣机的结构如图 5-38 所示。

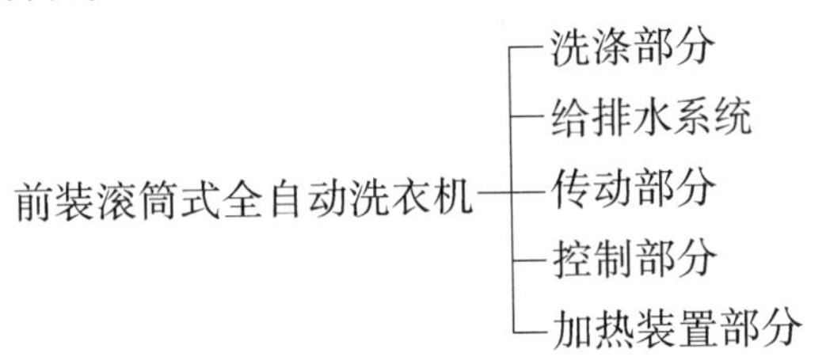

1. 洗涤部分

洗涤部分主要由滚筒（内筒和外筒）、内筒骨架、转轴、外筒 Y 形支架和轴承座等组成。

（1）滚筒的内筒　内筒是滚筒式洗衣机的关键组件，整个洗涤、漂洗、脱水，甚至烘干，全部在内筒中进行。它都是用厚度为 0.5~1.0mm 的不锈钢卷制成筒形。筒壁上布有直径为 3.5~5mm 的小圆孔，孔间距 15~20mm。在筒内壁沿直径的方向，一般有 3~4 条凸筋，其作用是在洗涤过程中举升衣物，所以又叫举升筋，如图 5-39 所示。

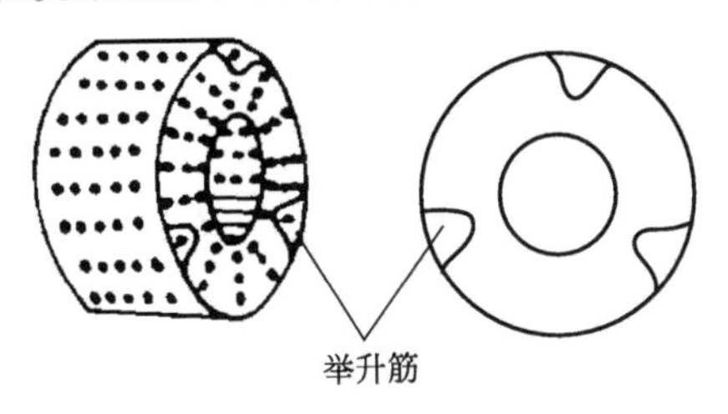

图 5-39　滚筒式洗衣机内筒举升筋示意图

（2）滚筒的外筒　滚筒的外筒（又称洗涤液桶），它除了用来盛装洗涤液外，还对某些部件起着支承作用。其结构如图 5-40 所示。

（3）内筒骨架、转轴和外筒 Y 形支架、轴承座　内筒骨架、转轴由铝合金制成，其结构如图 5-41（a）所示，骨架的中央是钢制转轴。外筒 Y 形支架、轴承座也是由铝合金制成的，轴承座位于 Y 形支架的中央，用于安装轴承和油封，其结构如图 5-41（b）所示。

2. 给排水系统

给排水系统主要由进水管、进水电磁阀、洗涤剂容器盆、溢水管、过滤器、排水泵和排水管等部件组成。这些部件与波轮式洗衣机相同。

3. 传动部分

传动部分主要由双极变速电动机、小带轮、传动 V 带和大带轮等部件组成，其装配结构如图 5-42 所示。

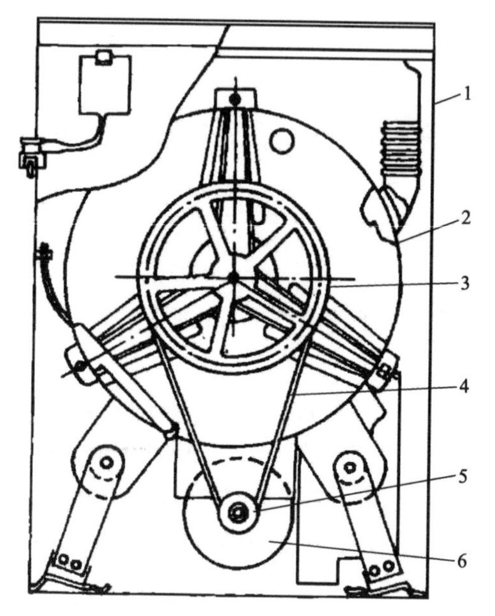

图 5-40　滚筒式洗衣机外筒及其部件

1—外箱体；2—内筒；3—大带轮；4—V 带；5—小带轮；6—单相多速电动机

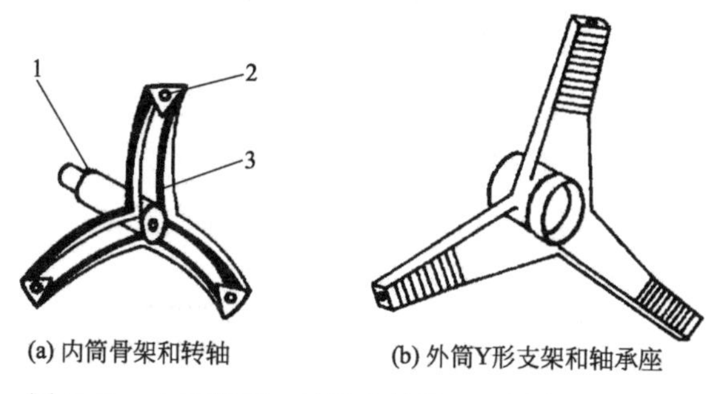

图 5-41　内筒骨架、转轴和外筒 Y 形支架、轴承座

1—转轴；2—装卸孔；3—内筒骨架

4. 控制部分

控制部分主要由程控器、水位控制器（压力传感器）、温度控制器、门开关、进水阀以及各种检测发声部件组成。

5. 加热装置部分

加热部分是依靠安装在洗涤液筒内的管状加热器来加热洗涤液，以提高滚筒式洗衣机的洗涤效果。管状加热器及安装位置如图 5-43 所示。

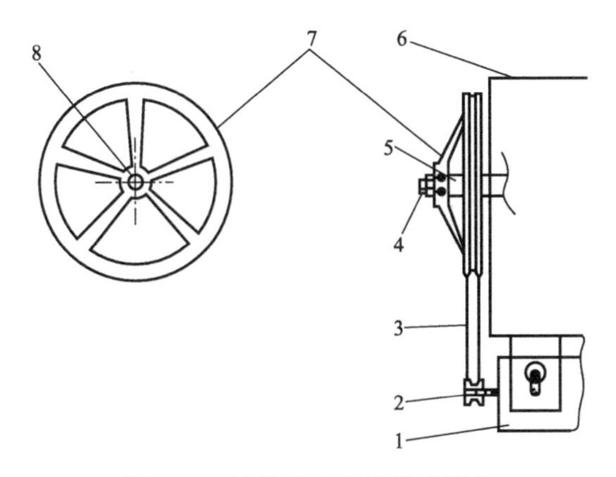

图 5-42　滚筒式洗衣机传动部分

1—双极变速电动机；2—小带轮；3—传动 V 带；4—紧固螺钉；
5—转轴；6—洗涤液筒；7—大带轮；8—安装孔

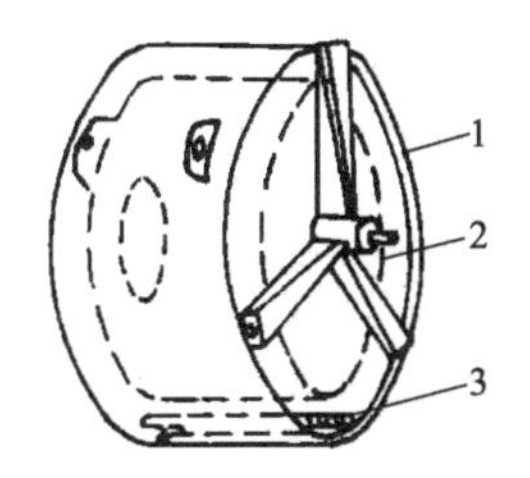

图 5-43　滚筒式洗衣机的管状加热器及安装位置

1—洗涤液筒（外筒）；2—滚筒（内筒）；3—管状加热器

二、滚筒式洗衣机的拆卸

滚筒式洗衣机的拆卸见表 5-6。

表 5-6　滚筒式洗衣机的拆卸

拆卸项目	拆卸方法
程控器的拆卸	用十字螺丝刀卸下上盖后面的 2 个固定螺钉，用手从上盖前端向后拍几下，取下上盖。将程控器顺时针旋到“STOP”位置上，用螺丝刀从程控器旋钮的后面将其向外推出，松开导线的捆扎线，使连线处于自由状态。用十字螺丝刀将安装程控器的 2 个螺钉卸下，即可将其从操作盘上拆下。如果需要更换程控器，应按编号重新将导线插到新的程控器上，确保插线正确无误后，再将新的程控器装好
箱门开关的拆卸	打开洗衣机箱门，用一字螺丝刀取出门密封圈（异形橡胶密封圈）夹缝中的钢丝卡环，脱下密封圈，再用十字螺丝刀卸下门开关固定架上的螺钉，即可卸下门开关，如图 5-44 所示
水位开关的拆卸	打开洗衣机上盖，松开导线的捆扎线。拔下水管与水位开关间的透明塑料连接管，用十字螺丝刀卸下电器板上固定水位开关的螺钉，即可将水位开关卸下来，如图 5-45 所示

续表

拆卸项目	拆卸方法
外筒Y形支架的拆卸	卸下洗衣机后盖板，将洗衣机向前倾倒放在泡沫垫上。拆下三角皮带，用套筒扳手将皮带轮与内筒间的连接螺钉卸下，取下大皮带轮，如图5-46所示。用万向内六角套筒扳手卸下外筒Y形支架与外筒的连接螺母、螺栓。用橡胶锤敲击内筒轴，使内筒轴脱离外筒Y形支架的轴孔，然后用力向上抬起外筒Y形支架，并转动一定方向将其取下
滚筒式洗衣机洗涤剂盒、进水阀、门密封圈、弹簧和盛水桶的拆卸	拆卸洗涤剂盒。先将洗涤剂盒抽屉按图5-47所示方法取出，然后用螺丝刀将洗涤剂盒固定在箱体上的螺钉卸下，用双手拿住洗涤剂盒向上用力，将洗涤剂盒从操作槽中取出 拆卸进水阀。用螺丝刀将固定进水阀的2个螺钉从箱体上卸下，即可取下进水阀 拆卸门密封圈（又称异形密封圈）。打开洗衣机前门，用螺丝刀将门密封圈缝中的钢丝卡圈挑出，将门密封圈从箱体门上取下。门密封圈（又称异形密封圈）与外筒的配合关系如图5-48所示 拆卸弹簧和盛水桶。如图5-49所示，先用活动扳手将固定前配重块1的螺母卸下，取下前配重块1，再用力将外筒上的4根减震弹簧3从箱体上取下，这样就能将弹簧连同盛水桶从外箱体中取出
排水泵的拆卸	卸下洗衣机后盖，拔出排水泵上的2根接插线。将洗衣机向左侧放倒在泡沫垫上。用专用套筒扳手卸下排水泵安装座与箱体的固定螺钉。用螺丝刀松开排水泵与排水管连接管的卡圈。如图5-50所示，拔下排水泵排水连接管，取下排水泵

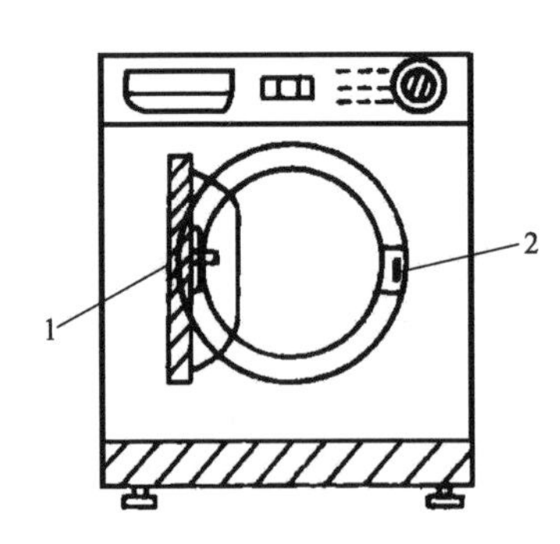

图5-44　滚筒式洗衣机箱门开关的拆卸

1—玻璃门；2—门微动开关及安装架

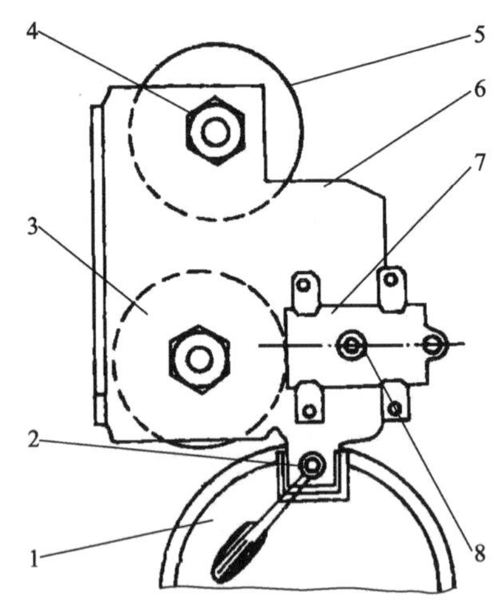

图5-45　滚筒式洗衣机水位开关的拆卸

1—水位开关；2—自攻螺钉；3—过滤器；4—螺母；5—电容器；6—电器板；7—接线板；8—螺钉

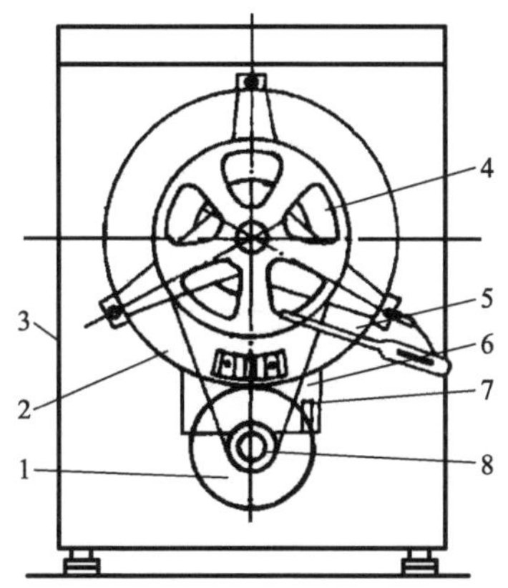

图 5-46　滚筒式洗衣机外筒 Y 形支架的拆卸

1—双速电动机；2—盛水桶；3—箱体；4—大带轮；5—电动机安装板；
6—带；7—小带轮；8—电动机调整孔及螺钉

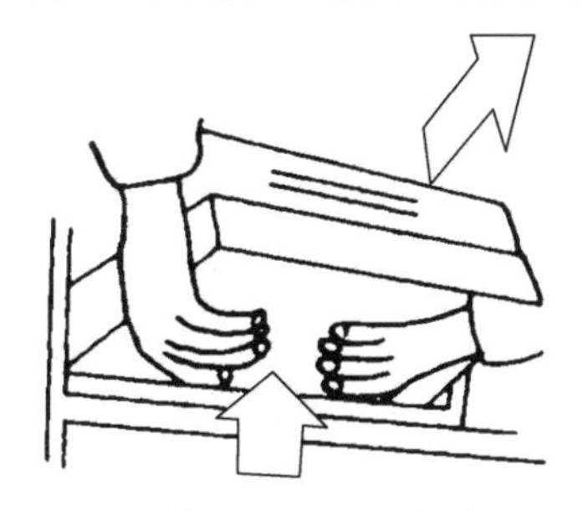
图 5-47　滚筒式洗衣机洗涤剂盒的拆卸

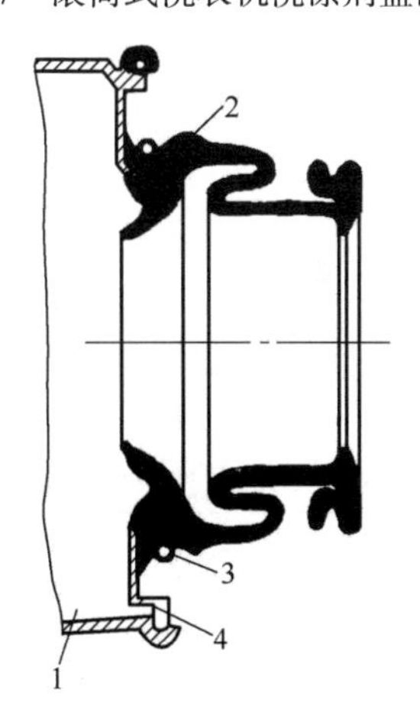

图 5-48　异形密封圈与外筒的配合关系

1—外筒；2—门密封圈；3—外筒前盖；4—锁紧环

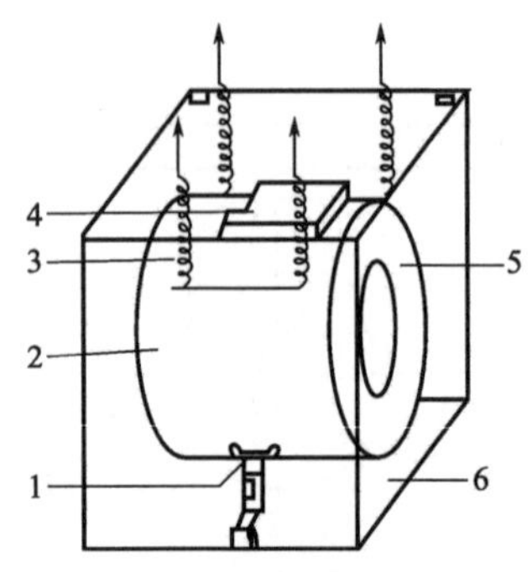

图 5-49　拆卸弹簧和盛水桶

1—前配重块；2—盛水桶；3—减震弹簧；

4—上配重块；5—减震器支架；6—外箱体

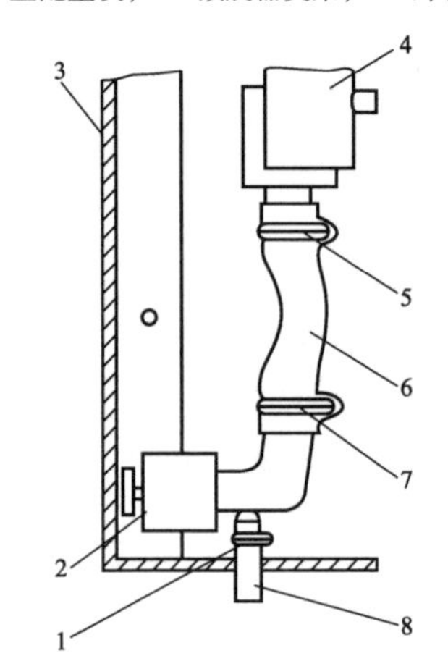

图 5-50　排水泵的拆卸

1, 5, 7—卡圈；2—排水泵；3—箱体；

4—过滤器；6, 8—排水管

三、滚筒式洗衣机的安装

滚筒式洗衣机的部件很多，有一些部件的安装方法与波轮式洗衣机雷同。表 5-7 仅对一些主要部件的安装做一简要介绍。

表 5-7　滚筒式洗衣机的安装

安装项目	安装方法
箱体部件的安装	滚筒式洗衣机箱体部件的安装如图 5-51 所示
内、外筒部件的安装	滚筒式洗衣机内、外筒部件的安装如图 5-52 所示
烘干装置的安装	带有烘干功能的洗衣机在洗涤结束后能自动进入烘干程序，做到洗涤、脱水、烘干合一。烘干装置安装如图 5-53 所示
电气控制及给排水系统的安装	装配示意图如图 5-54 所示

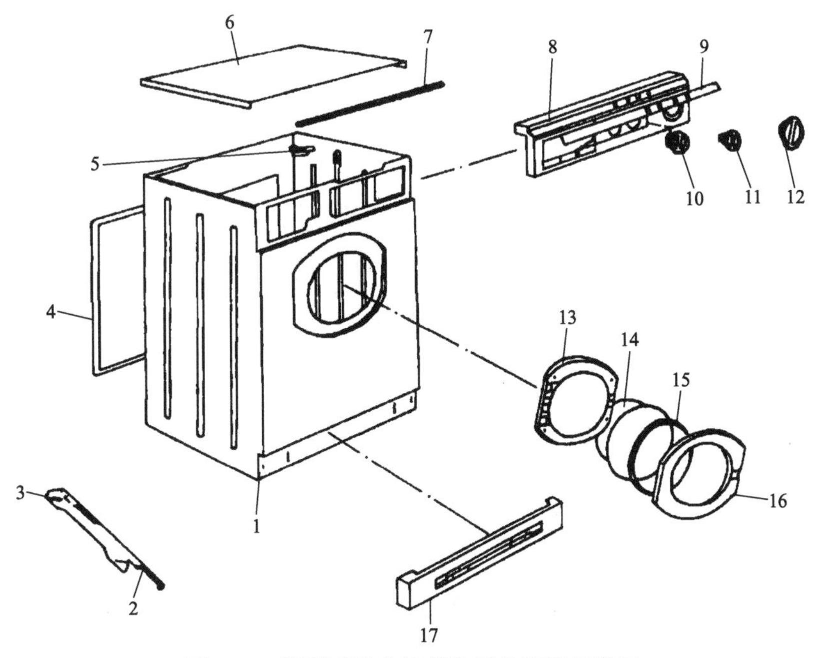

图 5-51　滚筒式洗衣机箱体部件安装示意图

1—壳体；2—连杆；3—槽钢；4—后背盖板；5—电缆支架；6—台面板；7—台面板密封条；8—主控板；9—饰条；10—烘干定时器旋钮；11—水温调节温控器旋钮；12—程控器旋钮；13—观察窗内框；14—观察窗玻璃；15—防烫罩；16—外框；17—底装饰板

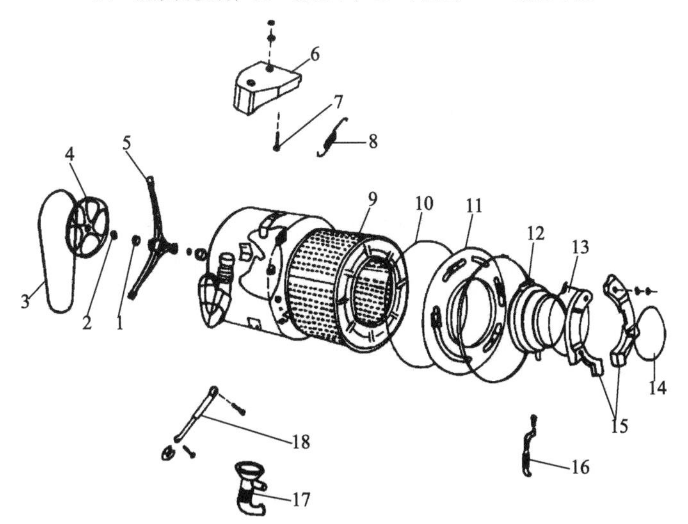

图 5-52　滚筒式洗衣机内、外筒部件安装示意图

1—密封圈；2—轴承；3—传动带；4—带轮；5—外筒 Y 形支架；6—上配重块；7—配重块固定螺栓；8—外筒悬挂弹簧；9—内筒；10—外筒前法兰密封圈；11—外筒前法兰；12—观察窗垫；13—观察窗垫后密封圈；14—观察窗垫前密封圈；15—前左右配重块；16—回收管；17—外筒主泵软管；18—减震器

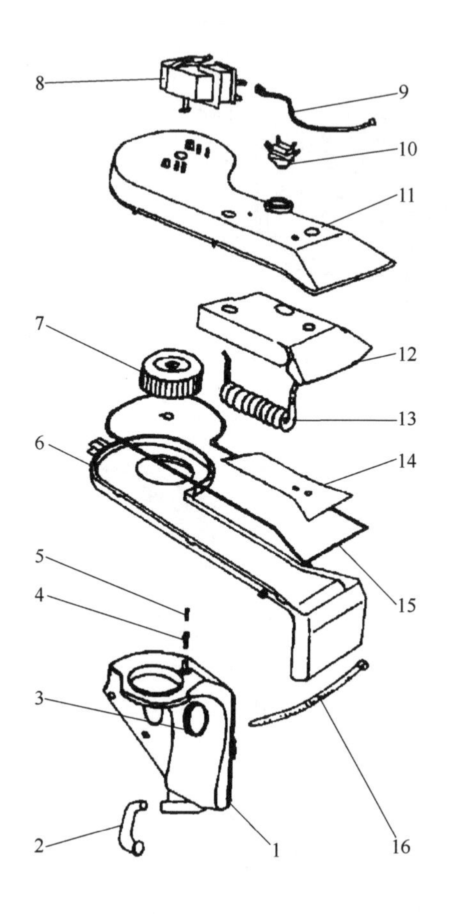

图 5-53　滚筒式洗衣机烘干装置安装示意图

1—冷凝器；2—冷凝器至外筒套管；3—密封圈；
4—偏心轮衬套；5—偏心轮；6—水加热管；
7—过滤器旋钮；8—烘干电动机；9—烘干保险丝；
10—烘干温控器；11—烘干装置外壳上部；
12—上烘反射板；13—烘干加热管；
14—烘干反射板；15—密封圈；
16—扣带夹

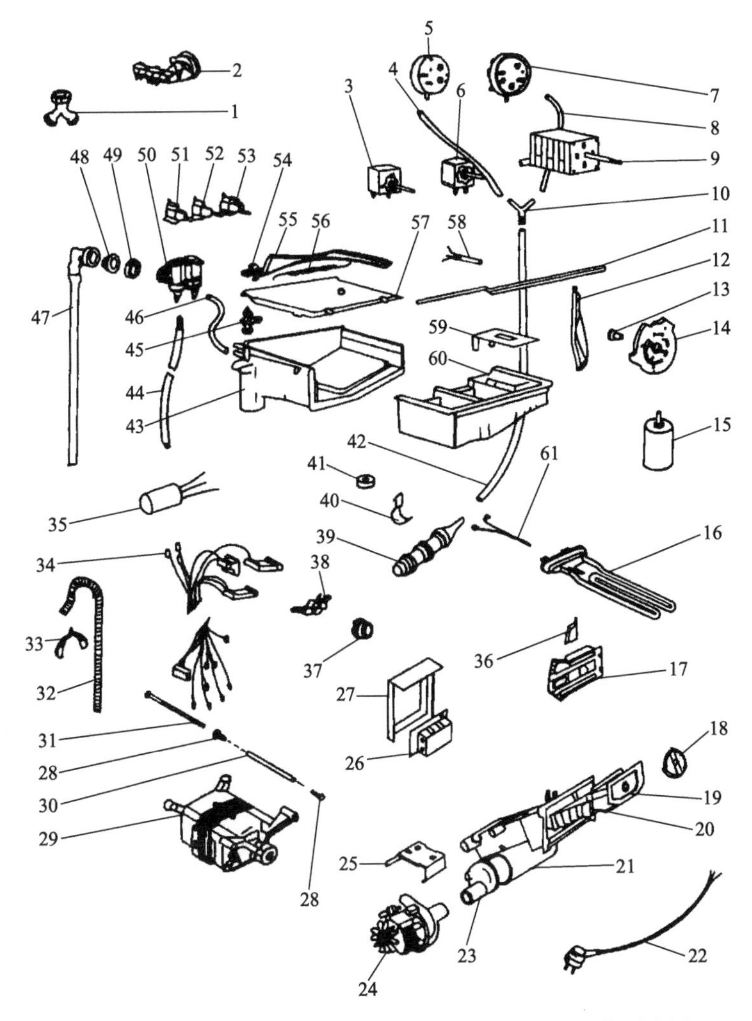

图 5-54　滚筒式洗衣机电气控制及给排水系统的安装示意图

1—进水连接管；2—电源接线板；3—温控器；4—压力开关软管；5—单水位压力开关；6—烘干定时器；7—双水位压力开关；8—压力开关软管；9—程控器；10—三通接管；11—配水连杆；12—转换器；13—偏心轮衬套；14—偏心轮；15—电容器；16—水加热管；17—微延时装置；18—过滤器旋钮；19—过滤器漏斗；20—过滤器密封圈；21—过滤盒；22—电源线；23—过滤器至泵软管；24—排水泵；25—排水泵水罩；26—电子调速器；27—电子调速器罩；28—电动机固定衬套；29—整流电动机；30—电动机固定套管；31—电动机固定螺钉；32—排水管；33—排水管支架；34—控制电缆总成；35—干扰抑制器；36—微动开关；37—恒温器封垫；38—恒温器；39—集气阀；40—集气阀固定夹；41—海绵块；42—集气阀软管；43—储水槽漏斗；44—电磁阀至冷凝器软管；45—分水嘴；46—电磁阀至分配器软管；47—进水管；48—过滤网；49—密封垫；50—电磁阀；51—按键开关（2 爪）；52—按键开关（3 爪）；53—按键开关（4 爪）；54—配水齿轮；55—配水组曲柄；56—配水组拉簧；57—储水槽盖总成；58—电源指示灯；59—添加剂盒盖；60—分配器盒；61—热保险丝

第六章 洗衣机的主要电气部件

第一节　进水电磁阀、排水电磁铁和排水泵

一、进水电磁阀、排水电磁铁和排水泵的结构及工作原理

1. 进水电磁阀

（1）进水电磁阀的结构　常见的进水电磁阀有二通、三通结构，每种结构又分为弯体式（即进水和排水轴线相互垂直）和直体式（即进水和排水轴线在一直线上）2 种。其外形如图 6-1 所示。

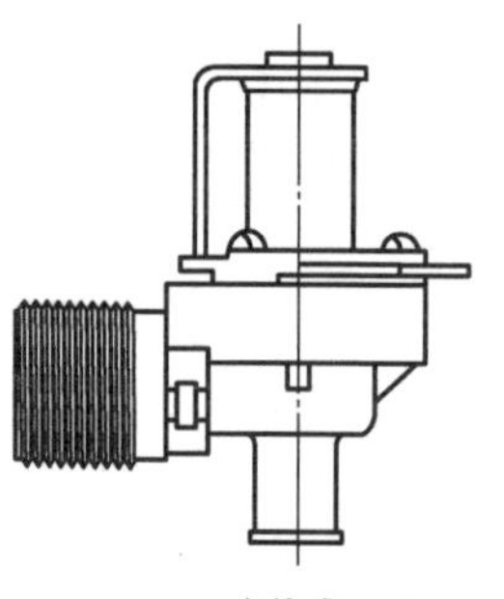

(a) 弯体式二通

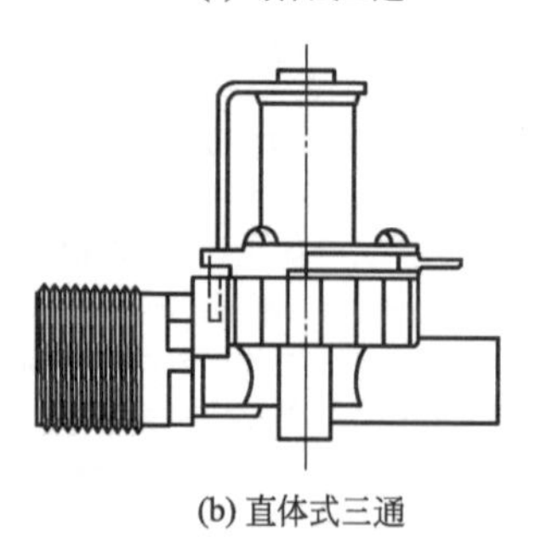

(b) 直体式三通

图 6-1　进水电磁阀

无论是二通还是三通，其结构均主要由电磁线圈、导磁铁框、小弹簧、移动铁芯（阀芯）、阀座、金属过滤网、橡胶阀等组成。图 6-2 为弯体式进水电磁阀的结构。

进水电磁阀主要用来控制洗衣机的进水，即当进水电磁阀回路的两触片接通时，阀门打开进水；断开时，阀门就关闭停水。

（2）进水电磁阀的工作原理　当电磁线圈通电时，在其周围就会产生一个磁场，磁场的作用力吸起阀芯，打开气孔，在水的压力（490 ~ 9800kPa）作用下打开阀门通过水流。切断电源后，阀芯又在重力和弹簧的作用下，将阀中的气孔封住，阀被关闭，停止进水。

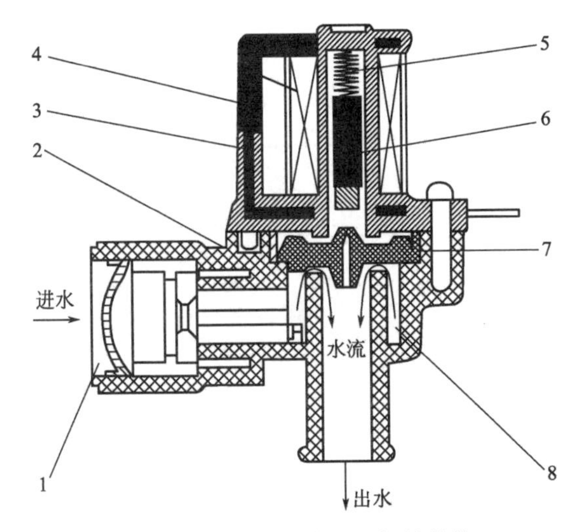

图 6-2　弯体式进水电磁阀的结构

1—金属过滤网；2—阀座；3—导磁铁框；4—电磁线圈；5—小弹簧；

6—移动铁芯；7—橡胶阀；8—进水腔

（3）进水电磁阀的拆卸　进水电磁阀通常安装在洗衣机控制座内，进水口伸出机外。拆卸时，先用螺丝刀打开控制座，拔出接线端子，拧下固定进水阀的螺钉，然后拔下出水口的引水管即可。重新安装时要注意，进水阀与引水管要用胶水黏合，防止漏水。

2. 排水电磁铁

（1）排水电磁铁的结构　排水电磁铁通常分为交流、直流 2 种，其外形如图 6-3 所示。交流排水电磁铁用于电动式程控器控制的洗衣机，直流排水电磁铁用于微电脑程控器控制的洗衣机。

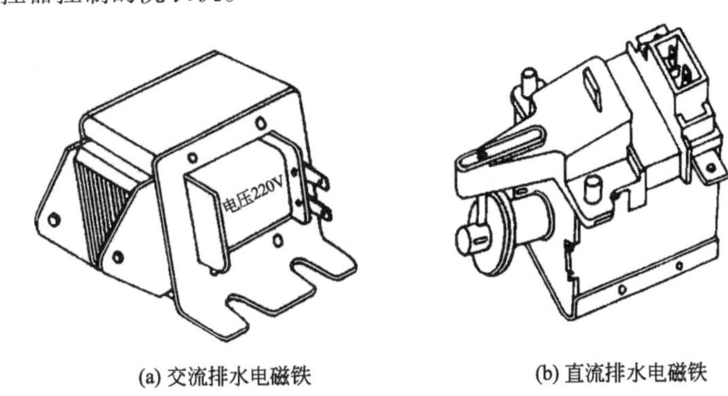

(a) 交流排水电磁铁　　(b) 直流排水电磁铁

图 6-3　排水电磁铁外形示意图

排水电磁铁的结构如图6-4所示，主要由线圈、铁芯、衔铁及固定支架等组成。

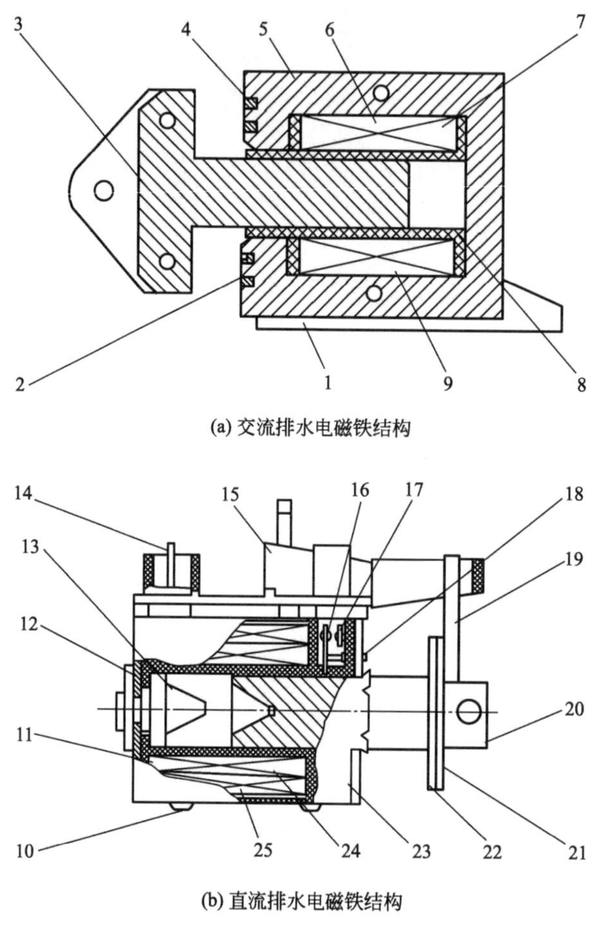

(a) 交流排水电磁铁结构

(b) 直流排水电磁铁结构

图6-4　交流、直流排水电磁铁的结构

1—固定支架；2—外极面；3—衔铁；4—短路环；5—铁芯；6—线圈；7—内极面；8，11—线圈骨架；9—绝缘层；10—安装挡板；12—O形密封圈；13—内衔铁；14—引出片；15—塑料座；16—动触片；17—静触片；18—微动按钮；19—行程挡杆；20—外磁铁；21—橡胶缓冲垫；22—衔铁挡板；23—外壳；24—吸合线圈；25—保持线圈

排水电磁铁主要用来自动控制洗衣机排水阀的开闭，在波轮式全自动洗衣机中还起到改变减速离合器洗涤、脱水状态的作用。

（2）排水电磁铁的工作原理　当排水电磁铁线圈通电时，产生一个很强的磁场使磁轭和衔铁磁化并互相吸引，通过排水拉杆将排水阀拉开，洗衣机进入排水程序；当排水电磁铁线圈断电时，磁场消失，磁轭和衔铁因失磁受弹力的牵动而复位，通过排水拉杆将排水阀重新堵死，洗衣机进入关闭程序。

（3）排水电磁铁的拆卸　洗衣机的排水电磁铁与电动机、排水阀都固定在洗衣机底盘上。拆卸时先将洗衣机轻轻横倒，用尖嘴钳将衔铁上的开口销拔下，卸下固定排水电磁铁的螺钉即可取下。需注意：如果拆下的排水电磁铁防尘罩需重新安装，喇叭罩口要保证朝下（指最后罩口对准地面），才能避免排水电磁铁淋到水。

3. 排水泵

（1）排水泵的结构　排水泵结构如图 6-5 所示。

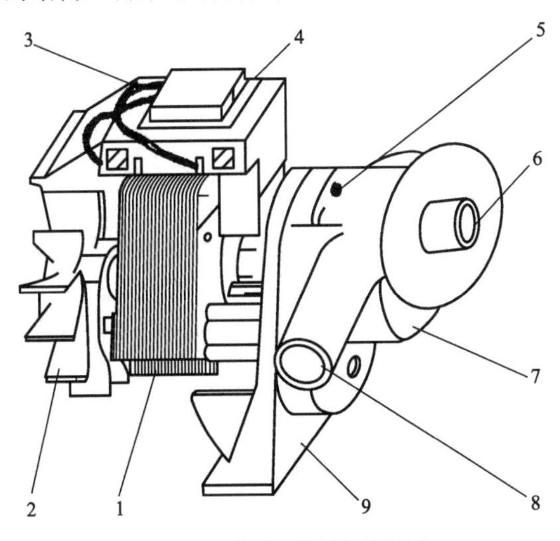

图 6-5　排水泵结构示意图

1—定子铁芯；2—风扇；3—导线；4—接线端子；5—螺钉；6—水室进水口；7—叶轮室盖；8—水泵排水口；9—安装架

国内生产的洗衣机排水泵共有七八种。从外观看，如果排水泵电动机引线是 2 根，则是罩极式电动机；如果电动机引线是 3 根，则是电容运转式电动机。从电路图上看，只有上下 2 根引线的排水泵电动机是罩极式电动机；并接有电容器引线的排水泵电动机，则是电容运转式电动机。由于罩极式电动机结构简单、成本低，被广泛地用于洗衣机排水泵中。排水泵主要用于洗衣机的自动排水。

（2）排水泵的工作原理　排水泵通电后，罩极式电动机带动叶片轮高速旋转，使洗衣机内的水以 24L/min 的排水量从排水口排出，其扬程可达 0.8~1.5m。在罩极式电动机内装有过热保护器，当排水泵因堵转温升过高或出现异常时，过热保护器会自动切断电源，停止对罩极式电动机供电。待温度下降后，过热保护器又能自动接通，排水泵继续工作（排水）。

（3）排水泵的拆卸　排水泵的拆卸参照滚筒式洗衣机排水泵的部分内容。

二、进水电磁阀、排水电磁铁与排水泵常见故障的检修方法

1. 进水电磁阀常见故障的检修

将程控器调到进水程序上，接通电源，用手摸洗衣机后背的电磁阀塑料进水口，如果手有振感且有电磁声，则说明进水电磁阀是正常的；如果没有振感，则进水电磁阀损坏。打开洗衣机台面板，将程控器旋钮调到进水程序，用万用表电压挡测量电磁进水阀两插头端的电压，如果电压正常、而电磁阀不工作，说明电磁阀已损坏，应更换进水电磁阀。电磁阀的直流电阻应为 4kΩ，如果测得的电阻为无穷大或零，则说明电磁阀已损坏，应更换进水电磁阀。若无配件更换时，对表 6-1 列举的故障可自行动手给予修复。

表 6-1　进水电磁阀常见故障的检修

常见故障	故障检修方法
进水电磁阀线圈烧毁	先检查线圈是否烧焦，绝缘层是否开裂，线圈框架是否破损。再用万用表测量线圈的通断情况。如果线圈框架完好，可进行如下修理：先拆出线圈及铁架，用小刀把线圈外的环氧树脂刮掉，清除干净，然后用扁凿把铁架与线圈框架上的铆接点冲掉，取出铁芯。将框架上的废线圈全部拆除，并清理干净。在原框架上用 ϕ0.06mm 的 QZ 型聚酯漆包线密绕 16500 匝。焊好引出线，然后在线圈外包扎 3～5 层黄蜡绸布作保护层，装回铁架重新铆接，再经 2 次浸渍烘干处理即可使用
进水电磁阀泄压孔被堵	当泄压孔堵住时，无论线圈是否通电，铁芯处于任何位置，控制腔内始终是高水位，橡胶阀垫无法打开。修理时，只要用细针把泄压孔捅通即可
进水电磁阀漏水	对进水电磁阀因螺钉未拧紧而造成的漏水，只要重新拧紧螺钉或重新装配即可；若阀关闭后出水口仍滴水，则应拆开进水电磁阀清除内部杂质，检查阀体

2. 排水电磁铁常见故障的检修

排水电磁铁常见故障与检修方法见表 6-2。

表 6-2　排水电磁铁常见故障与检修方法

常见故障	故障检修方法
排水电磁铁线圈烧毁（断路）	用万用表欧姆挡测量线圈电阻。如果阻值为无穷大，则说明内部断路；如果阻值很小（趋近零）或为零，则说明线圈短路。碰到这些情况须更换新的排水电磁铁
使用时交流电磁铁有振动和噪声	检查电磁铁短路环是否断裂或脱落，如果短路环已断裂或脱落，则应重新焊接或装配。再查看电磁阀铁芯与衔铁两端面有无污垢或磨损，螺钉或夹板是否松动，根据情况予以清除或拧紧
直流电磁铁拉力不足	检查微动开关的动、静触点接触是否良好，触点间是否烧蚀发黑或压力不足。若有以上情况，应予以调整，甚至更换触片

3. 排水泵常见故障的检修

排水泵常见故障与检修方法见表 6-3。

表 6-3 排水泵常见故障与检修方法

常见故障	故障检修方法
排水泵不排水	先检查排水泵线路，看排水泵接插件是否到位，排水泵的叶轮片有无异物缠绕。如果有异物缠绕，清除异物即可。若仍不正常，用万用表的电阻挡测量排水泵电动机线圈的直流电阻，如果直流电阻为无穷大，说明排水泵已损坏。打开罩壳仔细观察线圈是否断线，如果断线在外层或引线处，可重新接好
排水泵噪声大	卸下排水泵，转动排水泵风扇，看风扇转动是否顺畅。如果转动较紧，应打开排水泵，看叶轮室内有无异物，有异物取出即可。如果排水泵已坏，应更换
排水泵漏水	可以用十字螺丝刀紧固叶轮室盖螺钉，若仍漏水，则需更换排水泵

第二节 程 控 器

一、程控器的结构及工作原理

洗衣机的程控器一般有电动式和微电脑式两种。电动式程控器又分为时间控制（对各种洗涤、脱水功能进行时间安排和控制）和条件控制（对洗衣机某种功能进行条件控制）两种形式。

1. 电动式程控器的结构及工作原理

电动式程控器的外形与结构示意图如图 6-6 所示。它是由一个 3W（有的用 5W）同步微型电动机通过一套减速齿轮来驱动记忆步进凸轮盘，最后由凸轮驱动簧片的通断来实现洗衣机的各种程序（如自动进水、洗涤、漂洗、脱水、排水和自动定时等功能）控制，使洗衣机洗涤服装自动化。

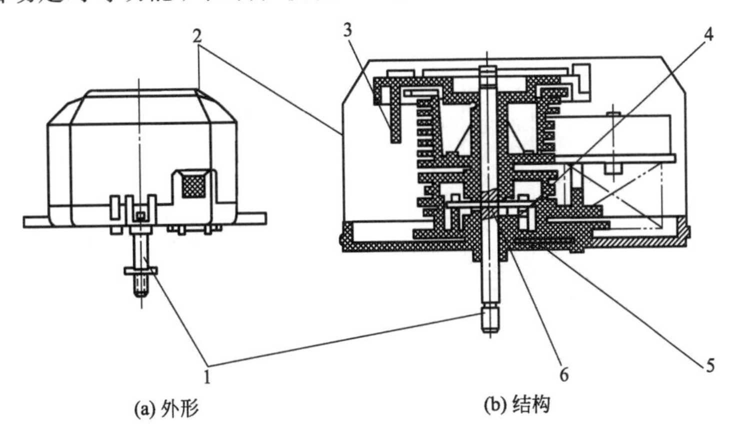

图 6-6 电动式程控器外形与结构示意图

1—操作轴；2—外壳；3—上支座；4—凸轮；5—轴销；6—减速齿轮

电动式程控器具有运行可靠、程序组合量大、抗干扰能力强、成本低、使用寿命长、可直接控制较强的电流等优点，应用相当广泛。

（1）记忆步进凸轮盘的结构及工作原理　在电动式程控器中，记忆步进凸轮盘的结构如图 6-7 所示，图中每个凸轮都有一组簧片开关（每组 3 片，左右 2 片为静簧片，中间 1 片为动簧片）。12 个凸轮对应 12 组开关，通常用 C_1~C_{12} 表示各组开关的 3 个簧片（其中 C 表示动片），如图 6-8（a）所示。图 6-8（b）所示为 12 组开关的电路符号。图 6-9 所示是一个凸轮盘控制原理及各齿轮啮合关系。

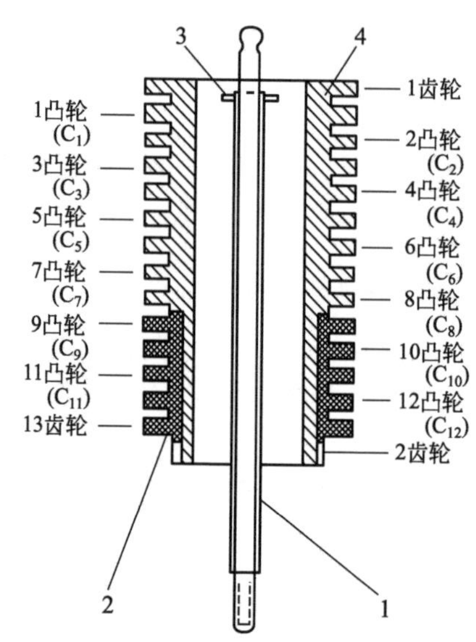

图 6-7　记忆步进凸轮盘的结构

1—旋转柄；2—高速凸轮组；3—销杆；4—低速凸轮组

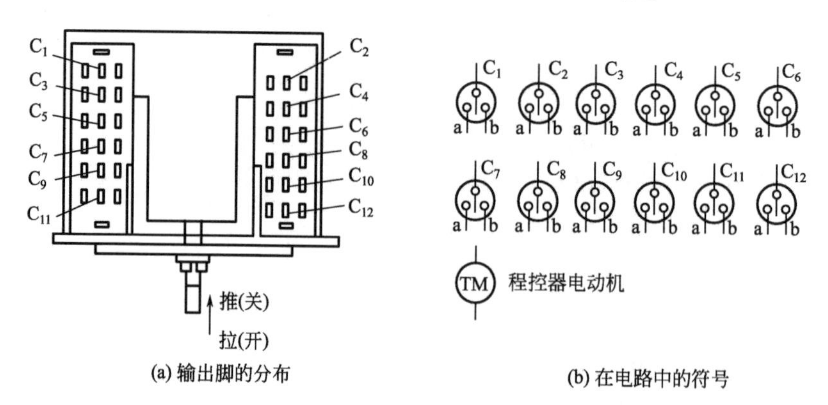

图 6-8　程控器输出引脚的分布和在电路中的符号

图 6-9（a）中 c 簧片通过顶针与凸轮轮廓接触。凸轮旋转时，在顶针的驱动下，c 簧片将根据凸轮轮廓形状的变化，与 a 簧片（或 b 簧片）接触或断开，实现开关的通断。由于同步微型电动机的转速与电源频率保持恒定关系，因此，由同步微型电动机经减速齿轮减速后驱动的记忆步进凸轮盘的转速同样与电源频率保持恒定关系。这样，由凸轮盘驱动的簧片开关的开启与闭合就只与时间有关，所以只要适当选择凸轮盘的形状，将 12 组开关根据需要进行组合，就能以一定程序控制洗衣机中的各电气部件，实现洗衣机洗涤自动化。由于凸轮盘已记忆了整个控制程序，所以我们就称它为记忆步进凸轮盘。

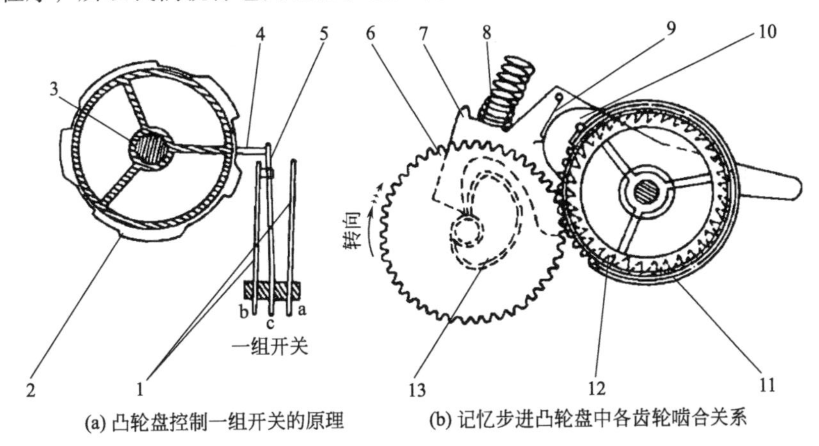

(a) 凸轮盘控制一组开关的原理

(b) 记忆步进凸轮盘中各齿轮啮合关系

图 6-9　凸轮盘控制原理及各齿轮啮合关系

1—静簧片；2—低速凸轮；3—带销轴；4—顶针；5—动簧片；6—大轮；7—摆杆；8—弹簧；9—簧片；10—“鱼”；11—凸轮盘中的齿轮 3；12—凸轮盘中的齿轮 2；13—大齿轮中的凸轮

在电动式程控器中，记忆步进凸轮盘由高速凸轮组和低速凸轮组组成。两凸轮组同轴但不联动，低速凸轮组与旋转轴是同轴联动的。当电动式程控器工作时，高速凸轮组由大轮与凸轮盘中的齿轮 3 啮合直接驱动。低速凸轮组由与大轮同轴联动的凸轮、摆杆和摆杆上的“鱼”驱动，如图 6-9（b）所示。

在洗衣机中，高速凸轮组主要控制洗涤方式，如强洗、标准洗、轻柔洗等；低速凸轮组主要控制电动机运转，并控制进水、洗涤、排水、脱水和报警（蜂鸣）。操作时，顺时针方向转动控制面板上的程控器旋钮，即可任意选择某一程序或从某一程序中的某一小程序开始工作。

（2）同步微型电动机的结构及工作原理　同步微型电动机的结构如图 6-10 所示。当定子绕组没有通电时，极爪被转子的永久磁铁吸引。当定子绕组有交流电通过时，前壳与极爪上产生相反极性的磁极，在极爪间形成磁场。后壳极爪上装的裂相铜板，实质上就是部分极爪的短路环。因此，装有裂相铜板的极爪磁场相位滞后其他极爪一个电角度。这样，极爪间就形成旋转磁场。这个旋转磁场作用于转子，使转子转过一个极爪的空间位置。随着定子绕组中电流方向的不断变化，极爪上的磁极也在不断变化，所以转子也就不停地转动。

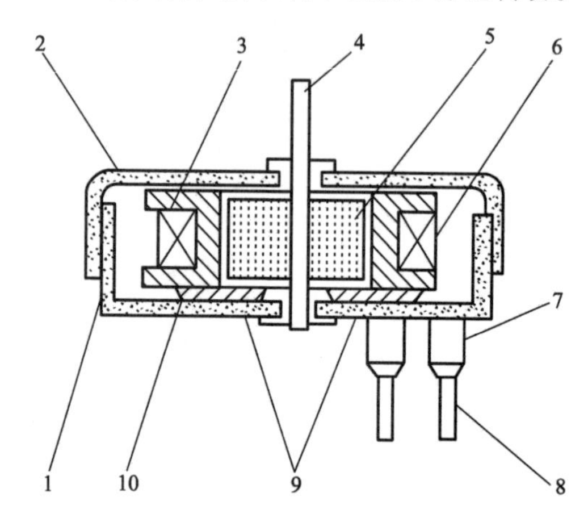

图 6-10 同步微型电动机

1—后壳；2—前壳；3—绕组框架；4—转轴；5—转子；6—定子绕组；7—尼龙套；8—引线杆；9—极爪；10—裂相铜板

2. 微电脑程控器的结构及工作原理

微电脑程控器的型号、种类很多，但它们的基本结构是相同的，都由单片机芯片、陶瓷振荡器、驱动电路、双向可控硅执行电路、蜂鸣电路、发光显示电路、电源电路、按键、接插件和印制电路板等组成，整个程控器用环氧树脂或硅橡胶封装，例如金鱼 XQB30-21 型微电脑程控器、松下 NA-710 或 NA-711 型微电脑程控器等。

金鱼 XQB30-21 型微电脑程控器是国产化比较成功的一种，可与松下 NA-710 或 NA-711 型微电脑程控器互换。金鱼 XQB30-21 型微电脑程控器由 4 个按键、7 个发光二极管、4 个双向可控硅组成操作、指示和主回路系统，如图 6-11 所示。主回路 TR1~TR4 受 IC 芯片 23~26 脚控制。6.6MHz 陶瓷振荡器供 IC 芯片使用，时间误差小于±2%。由 IC 芯片直接振荡输出并经 Q_4 驱动后的直流 20V 信号传输至蜂鸣器。MK、QK 为开关，按键 K1 ~ K4 输入及发光二极管输出等都为低电平。电源采用三端集成稳压器，Q_1、Q_2 用于瞬间断电保护。正常工作时，三极管处于导通状态，压敏电阻 Z 用作过压保护。

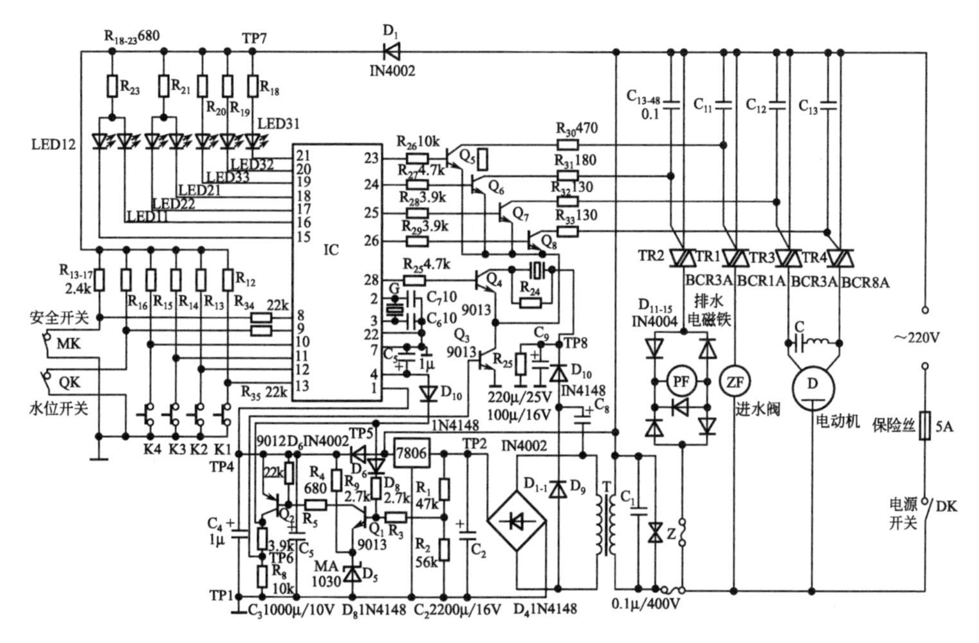

图 6-11　金鱼 XQB30-21 型微电脑程序控制器电路图

二、程控器的拆卸及常见故障的检修方法

1. 电动式程控器的拆卸

先用十字螺丝刀拧出洗衣机上盖后边的 2 个固定螺钉，取下上盖。再将程控器旋钮指针旋到停止位置，用螺丝刀拧松程控器旋钮后面的螺钉向外推出，并松开导线捆扎线，使导线处于自由松散状态。再用十字螺丝刀将程控器的 2 个安装螺钉松开，就可将其从操作盘上拆下。

如果需要更换程控器，应按照程控器上的编号重新将导线插入，在确保插线无误后，再将新程控器装好。

2. 电动式程控器常见故障的检修

① 电动式程控器常见故障与检修，见表 6-4。

表 6-4　电动式程控器常见故障与检修

常见故障	检修方法
在使用时程控器走走停停，时有摩擦异响	先检查程控器的润滑情况，再检查同步电动机的温升（用手触摸）。若程控器齿轮失油，可在齿轮减速机构及各凸轮组的活动部位抹上少许润滑油，以减少传动的摩擦力；若用手触摸同步电动机感到烫手（温升太高），应查明原因或调换新件

续表

常见故障		检修方法
程序指示错乱		对重新更换的程控器发现程序指示错乱，应先拆下指示针，重新调整位置后再装上
在正常供电情况下，拉出程控器操作轴时，程控器不工作		打开程控器外壳，拨动程控器的杠杆或触片的位置，使触点可靠接触。若发现触点烧毛发黑，可用什锦锉刀轻轻修锉，直至触点露出金属亮光为止，再加以调节至接触良好
同步微型电动机故障：常为操作程控器后面板上的指针没有步进指示，并听不到程控器“嘀嗒”的运行声	定子绕组故障	用万用表 R×1kΩ 挡测量同步微型电动机定子绕组两端的直流电阻。外壳直径为 41mm 的同步电动机，定子绕组的正常阻值为 20kΩ 左右；外壳直径为 38mm 的，正常阻值为 24kΩ 左右。若测量的电阻值远离正常值，则定子绕组有故障。若绕组已损坏，应更换新件。若绕组损坏而又无备件更换，可按下面方法手动修复 ①如图 6-12 所示，用小锤子将同步微型电动机前、后壳分离 ②取出保护罩和损坏的定子绕组，若同步微型电动机的电源引线为图 6-13 所示的连接方式，需用 25W 电烙铁加热绕组的引线杆，熔化引线杆并将其迅速拔出，然后取出损坏的定子绕组 ③拆除定子绕组框架上的导线后，再将绕组框架夹持在如图 6-13 所示的绕线机锥顶上 ④参照表 6-5 的数据绕制定子绕组 ⑤在绕好定子绕组装电动机之前，应先将各零部件用无水酒精清洗，待干后方可装配 ⑥装配结束应检查转子的轴向间隙，进行有关参数（额定电流、同步力矩、外壳温升）的测试及检查
	转子故障	用手顺时针转动同步微型电动机的转轴（或转轴上的小齿轮），观察转动是否顺畅。若不能转动或转动不顺畅，可能是转子的永久磁体碎裂与定子极爪相碰。检修时可按图 6-12 所示方法拆卸外壳，取出转子观察碎裂情况。若转子碎裂不超过 3 块，可拼好碎块，用 502 胶粘牢。在通常情况下，只要能将碎块正确复位而不与极爪相碰，就不会影响同步微型电动机性能。对带有防逆转装置的同步微型电动机，装配时应首先把转子和防逆转棘爪放入轴承凹槽内，用手转动试看是否有防逆转功能。如果电动机正、反向都能旋转，说明防逆棘爪装反了，应把棘爪翻转 180°再装上。各配件安装调整完毕，还要对同步微型电动机的额定电流、同步力矩和外壳温升等有关参数进行测试检查，正常后才可装入洗衣机使用

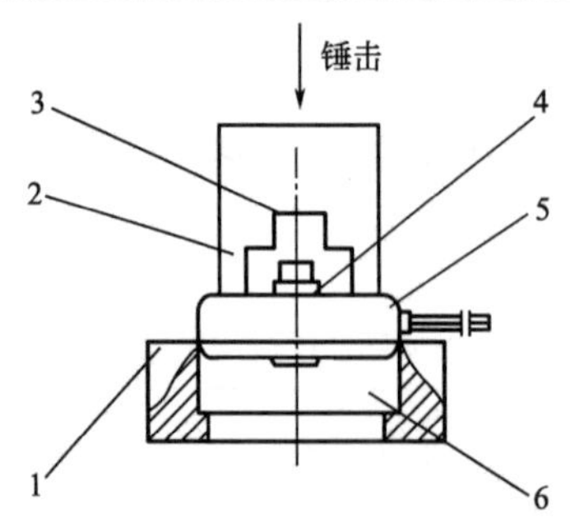

图 6-12　同步微型电动机前、后壳分离的方法

1—铁套；2—冲头；3—小齿轮；4—尼龙轴承；5—同步微型电动机前壳；6—同步微型电动机后壳

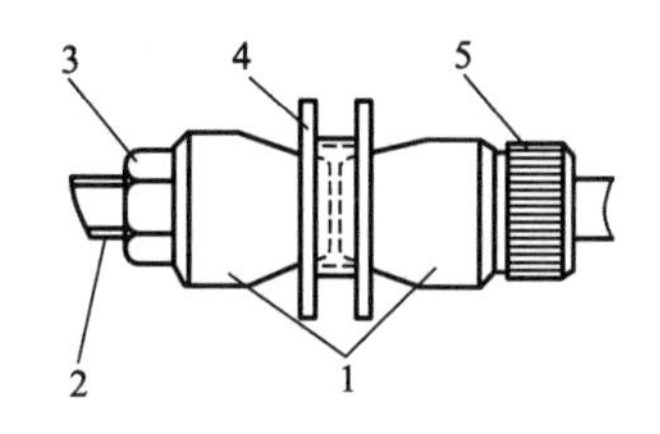

图 6-13　绕制定子绕组的方法

1—锥顶；2—绕线机轴；3—螺母；4—绕框架线；5—锁母

② 国产同步微型电动机定子绕组数据见表 6-5。

表 6-5　国产同步微型电动机定子绕组数据表

类别	线径/mm	匝数	线重/g	直流内阻/kΩ	说明
ϕ38	ϕ0.03	15400		24	
	ϕ0.04	15400	15	15	代用，需串接 2W、4.3kΩ 电阻
ϕ41	ϕ0.04	16400	18	17~20	
ϕ45	ϕ0.06	1600	38	7.5	

3. 微电脑程控器常见故障的检修

微电脑程控器常见故障与检修见表 6-6。

表 6-6　微电脑程控器常见故障与检修

常见故障	检修方法
工作时指示灯不亮	程控器在工作时，洗涤、漂洗、脱水等过程控制都正常而个别指示灯常亮或个别不亮，说明程控器没有故障，只是发光二极管损坏，可用形状、颜色相同的发光二极管进行更换。更换时先用小刀割开硅胶，焊上发光二极管后再用硅胶或石蜡进行密封
按钮失灵	当按压按钮指示灯无变化，也无输出信号时，可将微动开关上盖拆下，直接按压弹簧片，看每次按下时，上、下触片是否接通。如果没接通，用小起子校正触片位置，再检查焊点是否虚焊等，直到使开关触片通断自如为止
内部保险丝烧断	一般设在程控器的保险丝有 2 处，一处在电源输入端，另一处在电磁铁整流二极管输出端。修理时，用小刀撬开已被烧黑的硅胶，用酒精把已炭化的印制板清除干净，用电烙铁把直径为 0.15mm 的裸铜丝焊接在被损坏的印制板铜箔两端，然后再用硅胶或石蜡进行密封，最后，再检查各双向可控硅和执行部件是否损坏，进行相应的更换或修理
单片机损坏引起程序紊乱	指示灯指示紊乱，操作失控，程序执行不正常。先用小刀撬开单片机附近的硅胶，用电烙铁、吸锡枪或专用芯片起拔器拆出芯片，换上新的单片机。在更换过程中，应特别注意防静电。如果因电路严重短路引起程序紊乱，应更换新的程控器

第三节　开关、水位控制器和微延时器

一、开关、水位控制器和微延时器的结构及工作原理

1. 开关

（1）开关的结构　洗衣机上使用的开关常有电源开关、选择开关和安全开关三大类，其结构见表 6-7。

表 6-7　洗衣机上常用的开关

名称	示意图	说明
电源开关	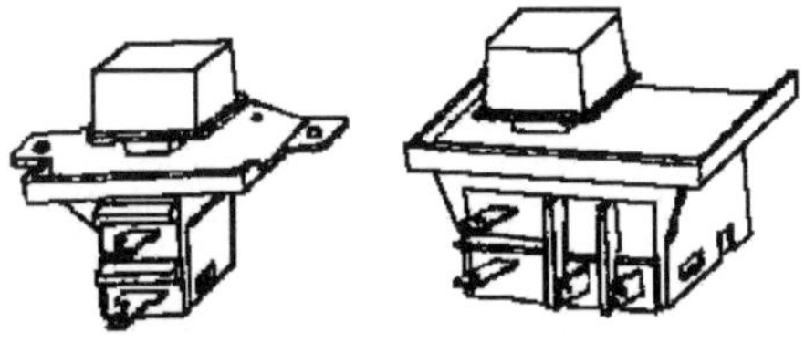 手动复位型　自动复位型	用来控制洗衣机电源的通断。通常安装在洗衣机的控制面板内
选择开关	 二挡按键开关　琴键式　拨动式	
安全开关（又称盖开关或门开关）	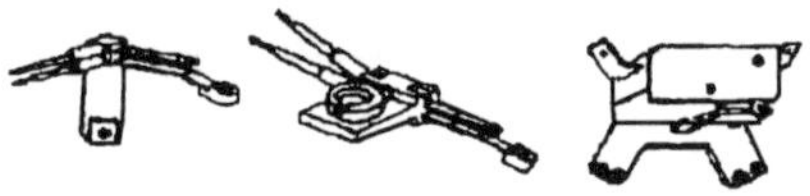 普通型　微动型 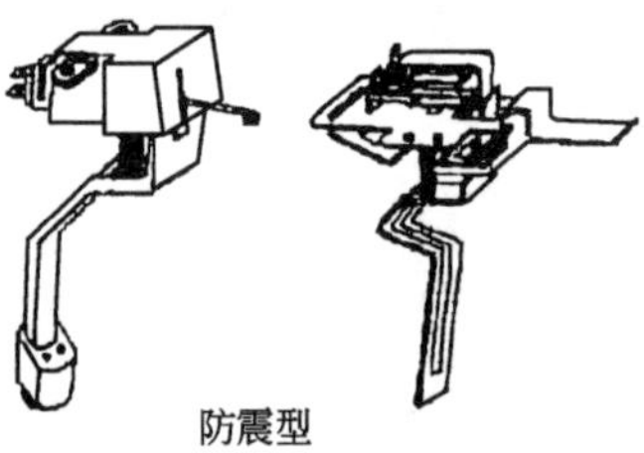　防震型	脱水时，在打开盖（门）后能自动断电停机，保护用户安全。套桶洗衣机中的安全开关也兼有震动传感器的功能。通常安装在洗衣机的控制面板内

（2）开关的工作原理　开关的工作原理很简单，它是通过动、静触点的分离或闭合实现电源的切断或接通。

2. 水位控制器

（1）水位控制器的结构　水位控制器又称选择开关，主要由水位调节柄、固定板、凸轮、水位调节压板、滴水孔和密封箱等组成，其结构与用途见表 6-8。

（2）水位控制器的工作原理　当洗衣桶内水位上升时，处于桶体底部的储气

室被压缩，使气压通过气管传到水位控制器气室。当达到所需水位时，气压使橡胶隔膜向上运动，这时弹簧片及动触点向下跳，从而使常闭触点断开，常开触点闭合；当开始排水时，气室内的气压逐渐下降，下降到复位水位时，橡胶隔膜下移，触点复位。

表 6-8　水位控制器的结构与用途

示意图	主要技术参数						用途
水位调节柄 固定板 凸轮 水位调节压板 滴水孔 密封箱	配用的程控器	额定电压/V	额定电流/mA	气密性	绝缘电阻/MΩ	电气强度（耐压试验）	全自动洗衣机上用于检测洗涤桶内水位高度，并通过程控器来控制进水阀和电动机的工作状态
	电动式程控器	250	1500	7.6kPa时1min	≥100	2500V时1min	
	微电脑式程控器	6	10				

3. 微延时器

（1）微延时器的结构　微延时器有一个微动电源开关安装在洗衣机观察窗开关处，其作用是洗衣机工作时机门自锁，以保证洗衣机洗涤和脱水时不至于伤人。微延时器主要由塑料销、双金属片、PTC 元件、动触片和静触片等组成，如图 6-14 所示。

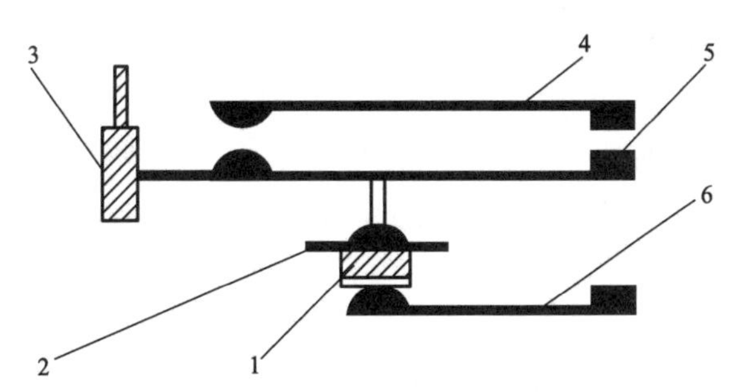

图 6-14　微延时器的结构示意图

1—PTC 元件；2—双金属片；3—塑料销；4，6—静触片；5—动触片

（2）微延时器的工作原理　当洗衣机关好机门（观察窗）后，电源通过 PTC 元件启动，PTC 元件自身发热，温度急剧升高，由低阻状态进入高阻状态，这个过程相当迅速。通过 PTC 元件的热量将双金属片顶起，变形后的双金属片使动触片和静触片接触，同时抬起塑料销，使活动板不能活动，洗衣机门（观察窗）关闭而不能打开，并通过静触片对洗衣机通电，洗衣机按设定程序运转。当切断电

源后，PTC 元件由高阻状态恢复到低阻状态，一般需要 2min，此时 PTC 元件发热少，温度降低，双金属片反弹，动触片与静触片 4 断开。同时塑料销也落回原位，使活动板能活动自如。由于 PTC 元件由高阻状态恢复到低阻状态需 2min，故洗衣机断电或程序结束 2min 后，待洗衣机完全停止工作才能打开机门（观察窗），从而达到延时的效果。

二、开关、水位控制器及微延时器的拆卸

1. 开关的拆卸

无论是电源开关、选择开关，还是安全开关，通常都安装在洗衣机的控制面板内。拆卸时先要卸下控制面板，拔下引线端子或用电烙铁焊下引出线，在电线上做好记号，以便重新装配，再拧下固定螺钉，即可取下开关。也有的开关安装在其他部位，如滚筒式洗衣机的安全开关是安装在盖（门）的内侧，拆卸时就比较复杂，需要打开洗衣机后盖进行操作。

2. 水位控制器的拆卸

水位控制器的拆卸与开关相同。拆卸时，先要卸下控制面板，拔下水位控制器引出线端子或用电烙铁焊下引出线，再在引出线上做好记号，以便重新装配，拧下固定螺钉，即可取下水位控制器。

3. 微延时器的拆卸

微延时器的拆卸可参考开关的拆卸方法，所不同的是微延时器安装在洗衣机机门（观察窗）外，拆卸时先要打开机门（观察窗），拔下微延时器的引线端子或用电烙铁焊下引出线，在引出线上做好记号，以便重新装配，再拧下固定螺钉，即可取下微延时器。

三、开关、水位控制器及微延时器的常见故障与检修

三者的常见故障与检修见表 6-9。

表 6-9　开关、水位控制器及微延时器的常见故障与检修

常见故障		故障原因与检修
开关	电源开关按下后锁不住	故障原因主要有铜压片松动、断裂、脱落和开关内导轨台阶被磨平。修理铜压片松动、断裂或脱落时，只要把铜压片调整到位或更换新的铜压片即可。若导轨台阶被磨平，磨损较轻可用锉刀修复，严重磨损时应更换新开关
	开关触点常通或常断	故障原因主要是电源开关压柱、小弹簧和触点有问题。修理时，可以通过更换压柱（或修理压柱毛疵）、小弹簧等来解决，也可用锉刀修理动触点（或更换）来解决

续表

<table>
<tr><th colspan="2">常见故障</th><th>故障原因与检修</th></tr>
<tr><td rowspan="2">开关</td><td>选择开关触点接触不良或烧蚀</td><td>故障原因主要是弹簧触片刚性不好或开关在断开瞬间产生的大电弧烧蚀触点。修理触点接触不良时，可用镊子顶住弹簧触片向下压，使两触点的距离在3mm内，并用万用表检查触点的接触情况。修理触点烧蚀时，轻微烧蚀可用水砂皮或小锉刀轻轻磨平便可重新使用，但严重烧蚀需更换新件</td></tr>
<tr><td>安全开关联锁高度过高</td><td>按洗衣机安全开关的联锁高度要求：开盖高度大于50mm时，洗衣机的电动机应断电，并使脱水桶开始制动。修理时，先打开控制座，用20~25mm的木块塞入脱水盖与桶体之间，如图6-15所示，用尖嘴钳调节静触片位置，使触点接通。再用40~45mm的木块塞入脱水盖与桶体之间，用尖嘴钳调节静触片，使触点断开。反复调节几次以满足使用要求</td></tr>
<tr><td rowspan="2">水位控制器</td><td>不能正常工作</td><td rowspan="2">故障主要有储气室与通气管间的接口漏气、过时弹簧断裂和橡胶隔膜破损，可重新用胶将储气室与通气管间的接口密封粘牢，更换断裂的过时弹簧和破损的橡胶隔膜</td></tr>
<tr><td>触点接触不良</td></tr>
<tr><td rowspan="2">微延时器</td><td>微延时器不起作用</td><td>故障主要有微延时器的引线端子或引出线脱落，PTC元件或双金属片损坏，动触片和静触片接触不良等。检修时，要先打开机门观察微延时器的引线端子、引出线是否脱落或损坏。如果微延时器的引线端子或引出线脱落，则需重新将脱落的引线端子或引出线接上；如果微延时器的引线端子或引出线损坏，则需更换新的引线端子或引出线。然后检查PTC元件或双金属片，其方法是用万用表电阻挡检查PTC元件或双金属片，PTC元件在正常温度时为低阻状态（仅十几欧），双金属片的阻值应为0（即万用表表针偏向零刻度线），否则说明PTC元件或双金属片已损坏，应更换</td></tr>
<tr><td>活动板不能活动</td><td>故障原因主要为塑料销磨损，引起活动板抬起、落回不灵活。更换磨损的塑料销后，对活动板的灵活度进行调整，反复几次，同时添加少量润滑油，以提高其灵活度</td></tr>
</table>

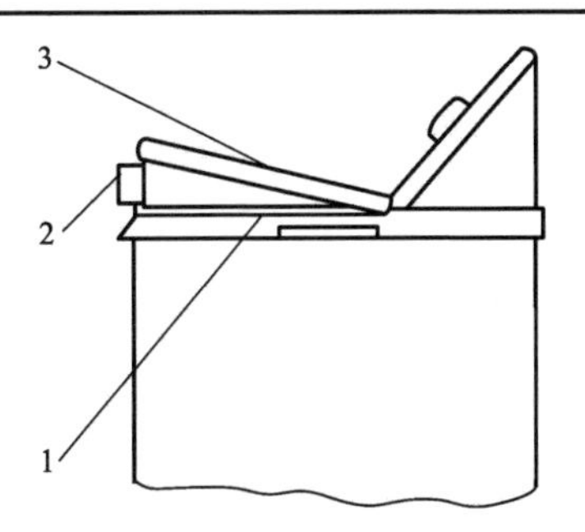

图6-15　安全开关联锁高度调整示意图

1—箱体；2—木块；3—脱水盖

第四节　电动机和电容器

一、电动机的结构及常见故障检修

1. 电动机的结构

电动机是将电能转换为机械能的装置，在洗衣机中作为洗涤、脱水的动力。根据洗衣机洗涤要求，电动机需频繁启动、换向，因此洗衣机都采用启动性能好的电容启动运行单相异步电动机。其主要由定子（定子铁芯、定子绕组）和转子（转子铁芯、转子轴和转子绕组）组成，如图 6-16 所示。

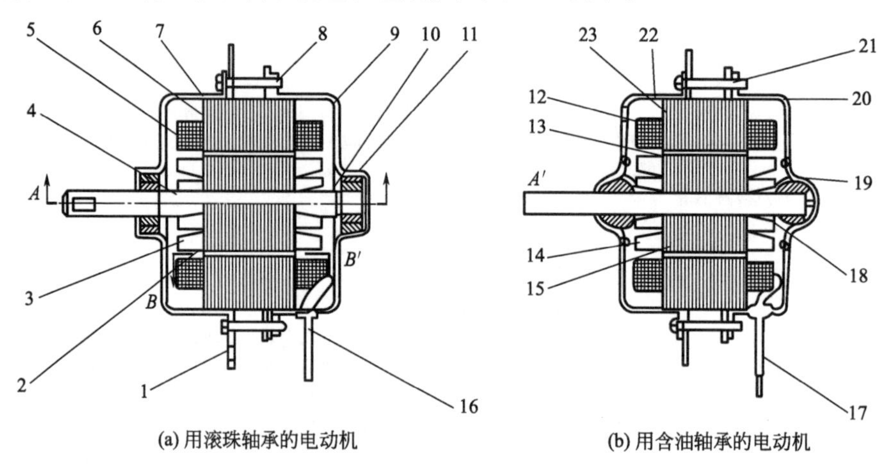

(a) 用滚珠轴承的电动机　　(b) 用含油轴承的电动机

图 6-16　洗衣机电动机的结构

1—安装孔；2，15—转子；3，14—风叶；4—电动机轴；5，12—绕组；6，23—定子；7，9，20，22—端盖；8，21—螺钉；10—挡圈；11—球轴承；13—气隙；16，17—电源线；18—油毡；19—含油轴承

双桶洗衣机是使用 2 台电动机分别进行洗涤、脱水工作的，而滚筒式洗衣机是采用双极变速电动机（它有 2 个运行绕组和 2 个启动绕组）进行工作的。接通一极绕组时，电动机低速运转完成洗涤、漂洗功能；接通二极绕组时，电动机高速运转完成脱水功能。双极变速电动机运行控制如图 6-17 所示。

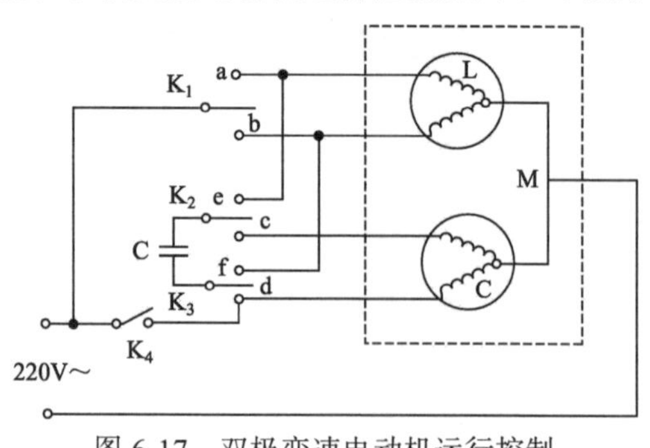

图 6-17　双极变速电动机运行控制

2. 电动机的常见故障及检修

电动机的常见故障及检修详见表 6-10。

表 6-10　电动机的常见故障及检修

常见故障	检修方法
电动机不启动	电动机不启动故障可按图 6-18 所示的检修程序查找故障部位
电动机轴承磨损	轴承是电动机中机械磨损最严重的部件。轴承磨损（损坏）会导致洗衣机产生噪声或不启动 ①滚珠轴承的拆卸。滚珠轴承的拆卸方法如图 6-19 所示 ②滚珠轴承的检查。滚珠轴承的检查方法：一是观察轴承的滚动体，夹持器及内、外钢圈部分是否有破裂、锈蚀、疤痕等；二是用手捏持轴承内圈观察轴承转动的平稳情况，如图 6-20（a）所示；三是一只手捏住轴承外钢圈，另一只手捏住内钢圈，用力向两方向推动，检查轴承径向间隙是否符合要求（与新轴承比较），如图 6-20（b）所示。若轴承存在破裂、疤痕、径向间隙过大等严重磨损现象，应更换滚珠轴承
电动机漏电	判断电动机是否漏电，可用兆欧表测量电动机绕组对地的绝缘，测量方法见第八章的表 8-3。若兆欧表读数在 2MΩ 以下，说明电动机绝缘性能已严重下降 除电动机绝缘老化外，一般作干燥处理可恢复电动机的绝缘性能。业余条件下的干燥处理方法为 ①循环热风烘焙法，如图 6-21（a）所示。拆开电动机，将定子绕组放入干燥室内，利用电热丝产生的热量，经鼓风机对定子绕组进行烘焙，如此反复烘焙即可 ②灯泡烘焙法，如图 6-21（b）所示。拆开电动机，将定子水平放置，把体积小、功率大的灯泡安装在定子两侧（对准定子中心），烘焙 1 ~ 2 昼夜即可 ③煤炉烘焙法，如图 6-21（c）所示。拆开电动机，将定子水平放置在可调节的铁支架上，盖上不透气的物品以保温，在下面适当的距离用盖上铁板的煤炉文火烘焙，使电动机均匀受热。烘焙一段时间可翻转另一面，如此反复烘焙即可 ④电流烘焙法，如图 6-21（d）所示。将电动机接入低压电源（额定电压的 20% ~ 40%），电流维持在额定电流的 50%左右，通电 1h，依靠定子绕组发热自行烘焙
电动机绕组损坏	①电动机绕组断路常表现为电动机不转。判别电动机绕组是否断路时选择万用表欧姆挡，一支表笔接在绕组公共端上，另一支表笔依次触及电动机运行、启动绕组的引出端。若测得阻值为无穷大，即说明该绕组断路。恢复电动机绕组断路故障，轻者只要将 2 个断头刮净、焊接牢固后套上绝缘套管即可；重者应更换电动机或重新绕制，参见下面电动机定子绕组大修内容 ②电动机绕组局部短路常表现为电动机严重发热，转速下降，噪声增大，甚至冒烟、有味、不能启动等。判别电动机绕组是否短路可用以下方法：观察法，拆开电动机观察定子绕组的颜色，若绕组端部有黑点、绝缘发焦变脆，甚至炭化碎裂，则说明短路；手摸法，接通电源，让电动机运转几分钟后，立即拆开电动机，用手触摸定子绕组各处，若某处温度明显偏高，则表示此处短路；电阻法，用万用表欧姆挡或电桥分别测量电动机启动、运行绕组的直流电阻，若两绕组的阻值不符合电动机的技术参数，则阻值变小的绕组发生短路，若短路只是在某绕组端部，只要小心拨开短路点，垫上绝缘纸并涂上绝缘漆即可，否则应更换电动机或重新绕制 ③电动机定子绕组大修。电动机定子绕组大修时需了解的一些基本概念见表 6-11。大修的操作步骤见表 6-12

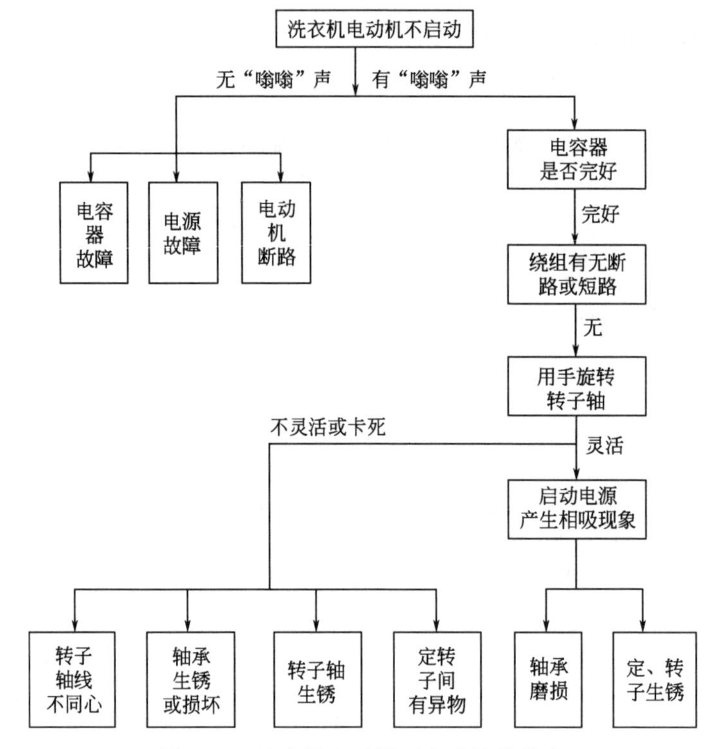

图 6-18　洗衣机电动机不启动检修程序

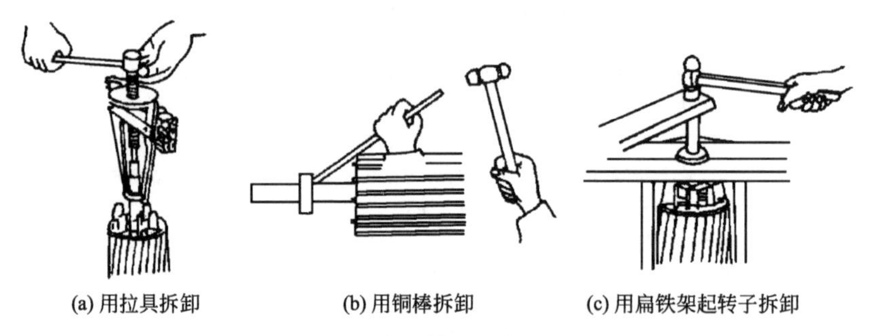

图 6-19　滚珠轴承的拆卸方法

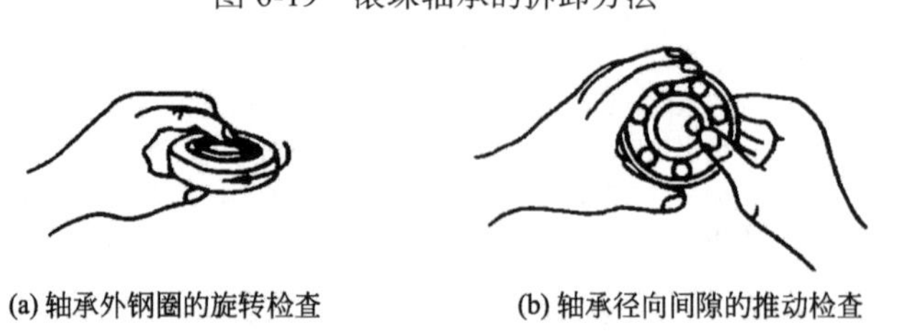

图 6-20　滚珠轴承的检查方法

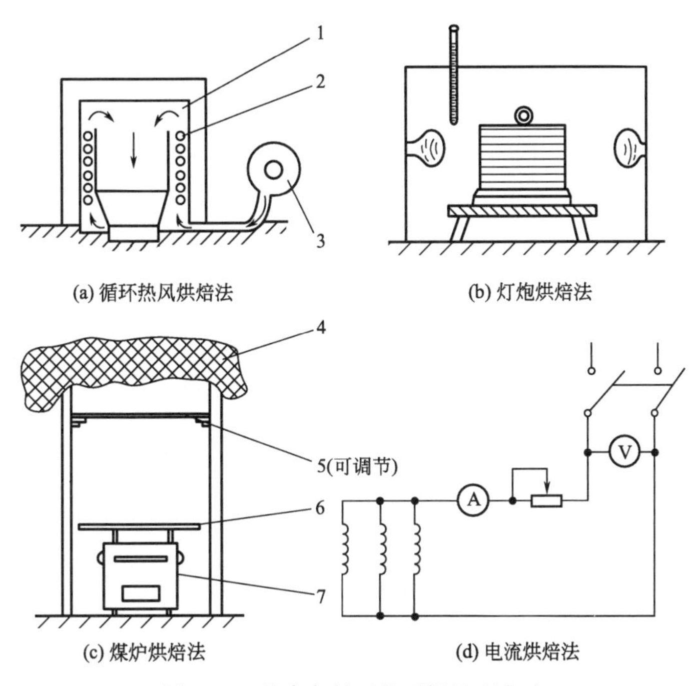

图 6-21　业余条件下的干燥处理方法

1—干燥室；2—电热线；3—鼓风机；4—麻袋；5—支架；6—铁板；7—烘炉

3. 定子绕组的基本概念

定子绕组的基本概念见表 6-11。

表 6-11　定子绕组的基本概念

名称	概念	示意图
单元绕组	电动机定子绕组由若干个小绕组组成，每个小绕组称为单元绕组。单元绕组是以漆包线按一定形状绕制而成	端部 有效部分(边) 端部 尾端　尾端　尾端 首端　首端　首端 (a) 单匝线圈　(b) 多匝线圈　(c) 多匝线圈简化图
极距和节距	极距（r）指沿定子铁芯圆周每个磁极所占的距离。节距（y）指同一个单元绕组 2 个有效边之间的距离，也就是一个单元绕组 2 个有效边所跨的槽数	N 极距 节距 1 2 3 4 5 6 7 8 9 0

续表

名称	概念	示意图
合成节距	合成节距（y_2）指第一单元绕组与之紧密相连的第二个单元绕组的两首边或两尾边之间的距离，即 $y_2=y_1-y$	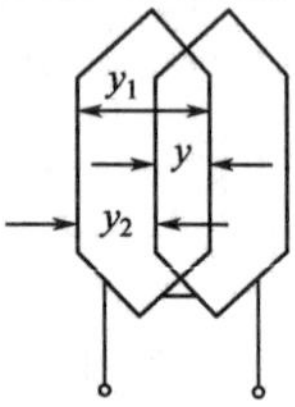 y_1 y y_2
绕组展开图	绕组展开图（即绕组的平面展开图）指假想将铁芯沿轴向剖开拉平画出的绕组分布图	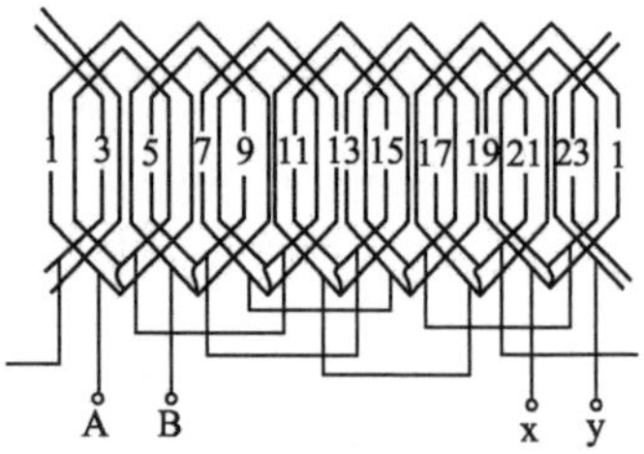 1 3 5 7 9 11 13 15 17 19 21 23 1 A B x y

4. 电动机定子绕组大修操作步骤

电动机定子绕组大修见表 6-12。

表 6-12 电动机定子绕组大修操作步骤

步骤	简要说明
记录原始资料	原始资料记录内容有导线规格、牌号、线圈几何形状、每组匝数、槽数、节距、绝缘材料规格、绕组接线图等
拆除旧绕组	拆除旧绕组方法有热拆和冷拆法 2 种。热拆法优点是保护旧绕组的漆包线，冷拆法优点是拆除速度快。拆除旧绕组时要注意 ①不要损坏定子铁芯 ②要保留一组完好的正弦绕组线圈，即一个大线圈、一个小线圈，以便测量其尺寸和加工绕组线模
准备材料	应根据电动机的绝缘等级准备绝缘材料。槽内绝缘纸应比定子槽长 15mm，放入时每端各留 7.5mm 长，层间绝缘纸比槽长 30mm。端部绝缘纸在嵌线时另行放入。绕组选用的漆包线规格、匝数不能任意增减。槽楔应选用干燥且不易变形的竹木料制作
绕线	绕线时，起始端应在绕线机上留出足够的长度并放入引出线槽中，绕线要排列整齐，线端要留在线圈两端，不可在直线部分接头。从线模中取下绕组时，要标出引线的首、尾端
嵌线	嵌线时不能损伤漆包线、槽、层的绝缘。要把漆包线直线部分（导线的有效部分）全部嵌入槽中。每嵌完一边，要顺着槽方向轻轻拉动整把线，利用嵌线辅助工具将线排列整齐，铁芯两端伸出的长度应相等。嵌线完毕，先在线圈上垫一层绝缘纸，再插入槽楔。槽楔插入的松紧程度以用手能将槽楔推入 1/2 长度为宜。外露部分可用手锤轻轻打入，槽楔伸出两边的长度也应相等，约为几毫米
接线	先把各线圈中的中间接头接好，再按运行、启动绕组的分布把各单元绕组接好，各绕组的末端和末端连接或始端和始端连接，另一端引出机外与引线连接
检查试验	先检查绕组间有无短路，绕组阻值是否正常，再进行空载试验（如空载电流、温升、噪声、振动等）。若发现某项不良，应立即停机检查

续表

步骤	简要说明
浸烘	浸烘工序一般分预烘、浸漆和烘干三步。预烘要求在110℃左右烘4~6h；浸漆应在预烘后铁芯温度降至60~75℃时进行，浸漆时最好将整个定子绕组浸泡在绝缘漆中，浸泡15~20min或至没有气泡冒出；烘焙时先低温（温度80℃左右）烘焙3~4h，再高温（温度120℃左右）烘焙6~10h

二、电容器的结构及常见故障检查

1. 电容器的结构

电容器是洗衣机电动机电路中的重要元件，没有电容器的匹配，电动机是不能正常工作的。用于洗衣机电动机电路中的电容器，目前有纸介质电容器、油介质电容器和金属化膜聚丙烯电容器等，如图6-22所示。

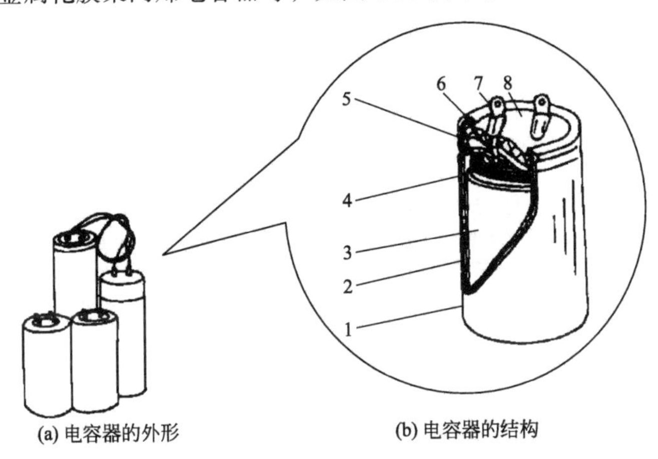

图6-22　洗衣机电动机用电容器

1—绝缘套；2—铝壳；3—侧衬套；4—芯子；5—上衬垫；6—内引线；7—焊片；8—上盖

2. 电容器的选用

在选用或更换洗衣机用电容器时，应正确选用其电容量和耐压，并特别注意其额定电压值，以防击穿。在选用时，应选额定电压大于实际工作电压的电容器［约（1.1~1.2）U_{max}］。

3. 电容器的故障

洗衣机因电容器的质量问题引起的电气系统故障时有发生。电容器的故障见表6-13。

表 6-13 电容器的故障

故障	故障表现
电容器击穿	使用的电压过高会使电容器的绝缘介质击穿而发生短路，从而造成洗衣机的电动机绕组烧毁
电容器开路	电容器长期处于潮湿环境中会发生腐蚀，从而造成其引线霉烂而接触不良，甚至断路，使洗衣机的电动机不能启动运转
电容器容量下降	随着洗衣机使用时间的延长，加之长期处于不良的工作环境，在电容器的绝缘性能下降的同时其容量也随之下降，使电动机启动或运行特性都受到影响

4. 电容器故障检查方法

电容器故障检查方法见表 6-14。

表 6-14 电容器故障检查方法

方法	具体步骤
目测法	用眼睛观测电容器有无机械损伤或变形，如外壳突出、内部介质外溢等
更换比较法	将可能存在问题的电容器换到好的洗衣机上，检测电容器是否能使电动机正常启动
万用表检查法	利用电容器的充放电特性进行检查，其检查方法是：先用螺丝刀将电容器 2 个接线端短接，使之放电，如图 6-23 所示，然后用万用表（1kΩ 或 10kΩ 挡）的两支表笔分别触接电容器两接线端子，查看万用表指针摆动情况。当万用表指针有大幅度摆动，摆向电阻“零”的方向，然后指针慢慢返回到起始点，大约指示在几百千欧姆以上，表示电容器是完好的；若万用表摆动幅度比原来的小（与好电容器作比较），说明电容器容量减小；若万用表指针摆到某一刻度后停下来不返回，说明电容器漏电很严重，此时万用表的读数就是电容器漏电的电阻值；若万用表不摆动，即一点反应也没有，说明电容器断路；若万用表指针大幅度摆到电阻“0”位置后指针不返回，说明电容器短路；若将万用表拨到 R×100 挡，一支表笔接电容器的一个接线端，另一支表笔接电容器外壳（要刮掉一点外壳上油漆），如果指针指向“0”，说明电容器对壳短路。另外，要注意不能用手捏住两支表笔的金属部位，因为人体有 600 ~ 2000Ω 电阻，相当于在电容器两端并接一个电阻，会造成读数不准
电流表和电压表检查法	电流表和电压表检查法是一种较为实用的定量测量方法。将交流电流表（0 ~ 10A）和交流电压表分别与电容器串联和并联，如图 6-24 所示，先记录电流表和电压表读数，再计算出电容量

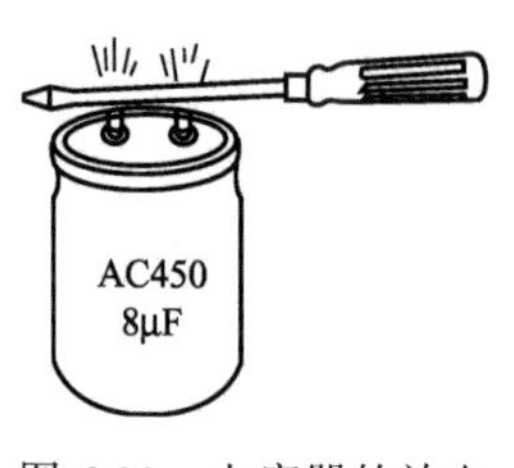

图 6-23 电容器的放电

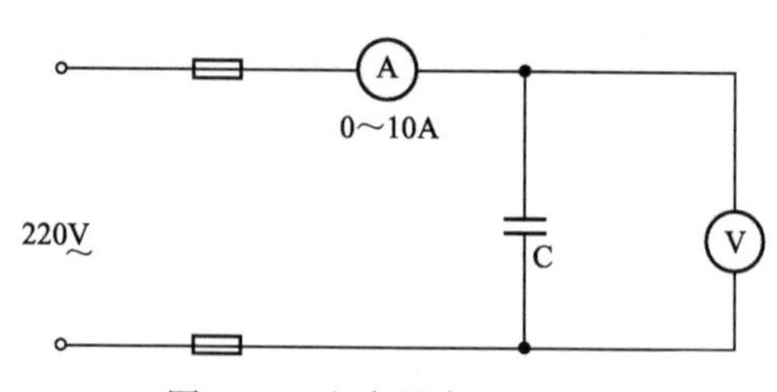

图 6-24 电容器容量的检查

第五节　电热元件和温控器

一、电热元件的结构及常见故障检修

1. 电热元件的结构

洗衣机的电热元件主要用来加热洗涤水或空气，以提高洗涤效果和对衣服进行干燥处理。常用的有管状电热元件和 PTC 电热元件。其结构见表 6-15。

表 6-15　洗衣机的电热元件

名称	结构图	特征
管状电热元件	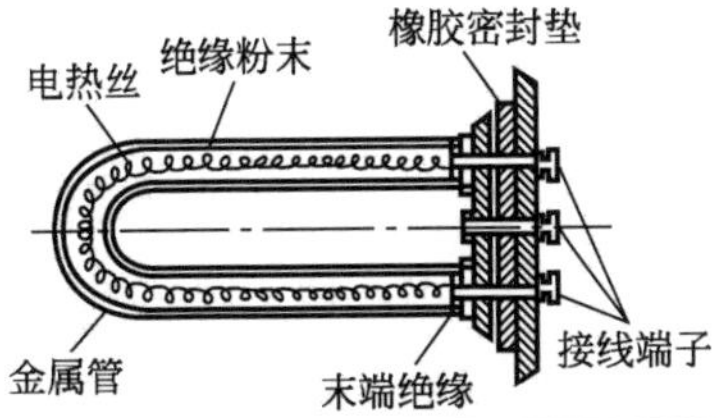	管状电热元件是在一个金属管内放入电热丝，并在其间隙中灌入结晶氧化镁或石英砂绝缘填料，经外管压缩成形、表面处理和加装引出端等工艺加工而成。它具有结构简单、热效率高、机械强度好、寿命长和安全可靠等优点
PTC 电热元件	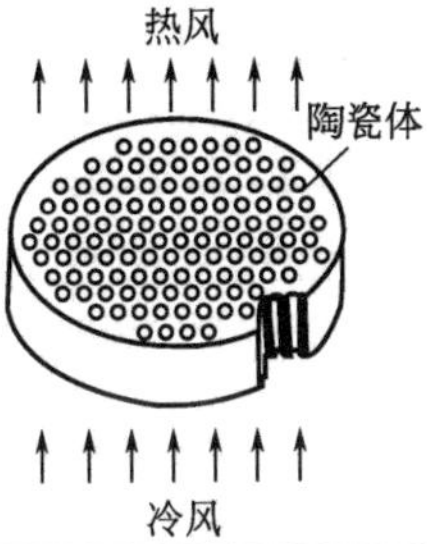	PTC 电热元件是近几十年发展起来的新型低温电热器件，是将钛酸钡系列的有机化合物经模压、高温烧结制成各种形状、规格的电热元件。PTC 电热元件经过金属化处理后，两面接上交（直）流电源，就可以获得额定的发热温度。它具有通电后无明火、使用方便、安全可靠、功率可调节等优点

2. 电热元件常见故障的检修

电热元件常见故障的检修见表 6-16。

表 6-16　电热元件常见故障的检修

电热元件	故障	产生原因	检修
管状电热元件	断路	制造时内部电热材料受外伤或局部短路，或使用过程中某种原因引起管状电热元件空烧过热而断路	更换新的管状电热元件
	漏电	元件的封口因受潮或受热老化引起引出端与外管导通	先将洗衣机储水桶内的水排尽，再卸下管状电热元件。可目测其外部是否有明显的损坏处，再从引线端取出绝缘子，清除封口材料，进行耐压试验。若管状电热元件绝缘符合要求，说明是封口材料失效，可以用 704 高温硅橡胶重新进行封口。若管状电热元件被击穿，则应更换新件

续表

电热元件	故障	产生原因	检修
PTC电热元件	陶瓷体（器）内部打火	由于PTC电热元件厚度只有10mm左右，内部又有上千只小孔，陶瓷体的两面为了能安装电极，往往喷有金属膜。在干燥的冷风经过PTC电热元件的微孔时，就会被加热成热风。而当吹入的冷风湿度很大，特别是在通电开机时，就会在两极间出现微孔放电现象	使用PTC电热元件的洗衣机最好不要放在潮湿的地方，以避免出现故障

二、温控器及其简易判别

1. 温控器的结构

洗衣机的温控器用来控制水温以及对电动机、电磁铁等零部件进行异常过热保护，以确保安全。常用的温控器有双金属片型温控器、热敏电阻型温控器和热断型温控器3种，其结构见表6-17。

表6-17 洗衣机的温控器种类

种类		说明
双金属片型温控器	盘型温控器，如图6-25（a）所示 纽扣型温控器，如图6-25（b）所示	双金属片型温控器主要利用不同膨胀系数的两层或几层金属合金，彼此牢固黏合在一起，在一定的温度下，使热能转变成机械能来控制电路的通与断。盘型温控器用于控制洗衣机的水温和干衣机的干衣温度。使用时，应把温控器的金属帽直接贴在被控制的介质上，使接触面保持良好的传热性能。纽扣型温控器用于对电动机的过热保护，使用时，应把温控器捆扎在电动机的线圈上，并做好温控器与线圈之间的绝缘
热敏电阻型温控器，如图6-25（c）所示		热敏电阻型温控器是利用热敏电阻的温度特性控制二次回路的通与断，间接地保护主回路。用作保护器的热敏电阻有正温度系数热敏电阻（PTC）和负温度系数热敏电阻（NTC）2种。在实际使用中，它常与双向可控硅配合起来使用
热断型温控器，如图6-25（d）所示		热断型温控器（如RH系列）是一种低熔点合金型热熔断器。当它受热到设定温度时，低熔点合金会熔化收缩，断开电路

2. 温控器的简易判别

温控器的性能检查方法很多，这里仅提供一套简易判别方法供读者或修理人员参考。温控器的简易判别见表6-18。

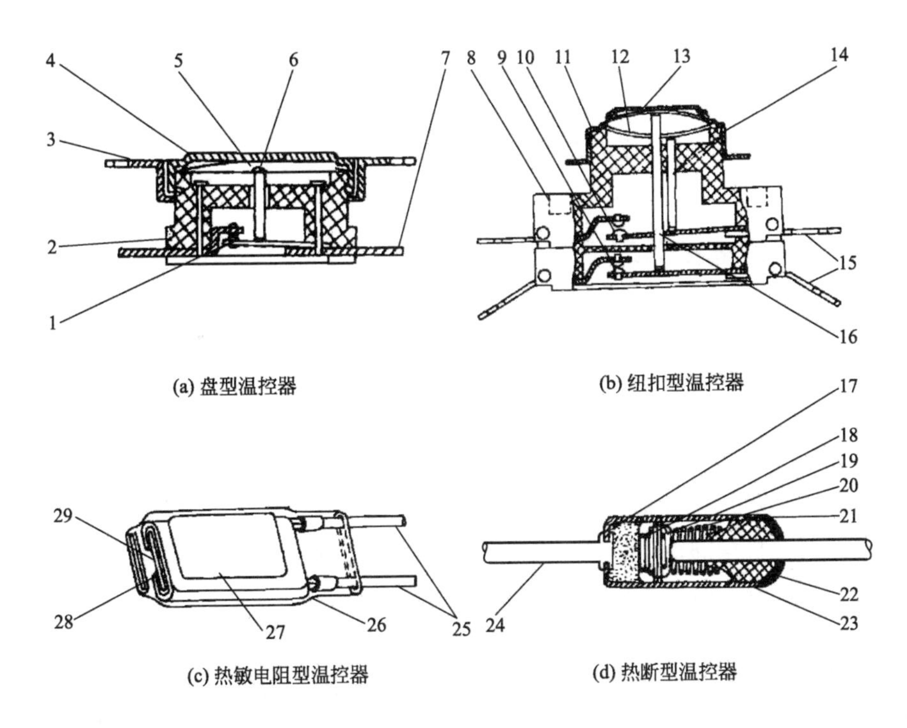

图 6-25　各种温控器的结构

1，9—常闭触点；2，8—壳体；3—安装架；4，11—金属帽；5—双金属片；6，14，16—瓷柱；7，15—引出片；10—常开触点；12，13—双金属片；17—感温剂；18—大弹簧；19—触点；20—小弹簧；21—瓷套；22—环氧树脂；23—外壳；24，25—引出线；26—外绝缘层；27—金属外壳；28—绝缘层；29—内触片

表 6-18　温控器的简易判别方法

种类	简易判别方法
盘型温控器	用打火机或火柴烘烤盘型温控器的金属帽，侧耳仔细听温控器的声响。若几秒钟后听到“啪”的一声，说明双金属片已翻转动作，移开火源数秒钟后，同样又可听到“啪”的一声（又翻转复位），则说明温控器是好的。用万用表电阻挡测温控器引出片的电阻值，正常时（即不对它烘烤加热），电阻应很小，趋近于零。当用火柴烘烤至听到“啪”的声响时，再用万用表电阻挡测温控器引出片的电阻，若为无穷大，则表示温控器性能完好
纽扣型温控器	用一块 50mm×100mm 铜片或铝片贴在温控器上，用打火机或火柴对铜片或铝片的另一端烘烤。再用万用表测两引出线，看温控器是否动作。移开火源数秒钟后，能否自动复位
热敏电阻型温控器	判别方法请参照纽扣型温控器
热断型温控器	热断型温控器是一种只有一次动作的控制元件，即一旦动作后就无法复原。一般用万用表电阻挡测其通断，就可以判别其是否有效

第六节　减速离合器

一、减速离合器的结构及工作原理

1. 结构

减速离合器简称离合器，它的作用是实现波轮在洗涤时的低速运转和在脱水时脱水桶高速运转功能。为了适应这种工作要求，离合器采用行星减速器结构，如图 6-26 所示。其总成分解如图 6-27 所示。

减速离合器的洗涤轴分成 2 根，即洗涤传动轴和脱水轴。洗涤传动轴一端用花键插入行星机构的传动盖里，另一端固定波轮。带齿轮的洗涤传动轴一端是行星齿轮，另一端与离合器套用圆锥销连接为一体。

脱水轴为 2 根短轴，分别为固定刹车盘用的短轴和洗涤传动用的短轴。刹车盘固定用的短轴与刹车盘内的行星减速机构合成一体；洗涤传动用的短轴（包括齿轮）与脱水轴是同心结构。

2. 工作原理

洗涤时，电磁铁断电，排水阀关闭，排水连接板上的定位套与制动杆分离，制动杆在制动弹簧作用下复位，制动带将脱水轴上的制动轮抱紧，使脱水轴不能转动。同时，棘轮拨叉上的棘爪在拨叉的作用下将棘轮拨过一个角度，使安装在棘轮内的方丝离合器弹簧拨松。这样，洗涤主动轴与脱水轴分离，通过行星齿轮减速器带动洗涤被动轴及波轮低速运转，进行洗涤。

脱水时，排水阀电磁铁通电，铁芯被吸合，连接在铁芯上的连接板将排水阀打开。连接板上的定位套在拨动制动杆时，通过调节螺钉顶开棘爪，棘轮和方丝离合器都恢复自由状态。脱水时皮带轮只朝一个方向运转，即正向旋转，正好是离合器扭簧被旋紧的方向。洗涤主动轴通过方孔离合器套将方丝离合器弹簧旋紧，并借助方丝离合器弹簧旋紧后的摩擦力，直接带动脱水轴上的脱水桶旋转。此时整个传动不经过行星减速齿轮。

二、减速离合器常见故障的检修

减速离合器常见故障与检修见表 6-19。

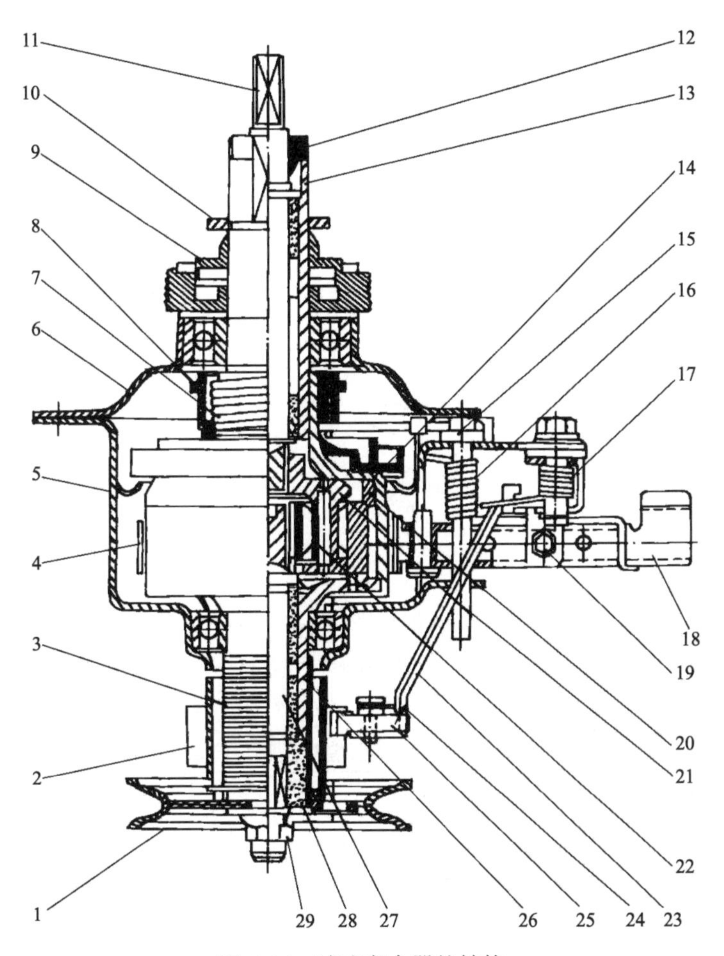

图 6-26 减速离合器的结构

1—带轮；2—棘轮；3,28—方丝离合器；4—制动带；5—壳体；6—壳体盖；7—扭簧；8—橡胶套；9,12—外密封圈；10—挡套；11—洗涤被动轴；13—上半轴；14—中半轴；15—含油轴承；16—制动弹簧；17—拨叉弹簧；18—制动杆；19—调节螺钉；20—内齿轮；21—传动架；22—行星齿轮；23—棘爪拨叉；24—棘爪弹簧；25—棘爪；26—下半轴；27—洗涤主动轴；29—带轮螺母

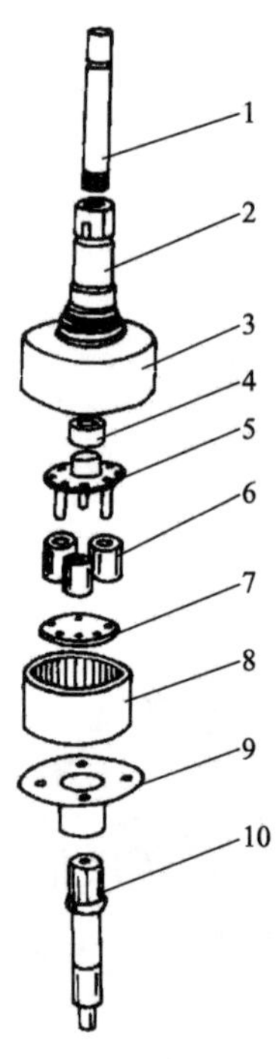

图 6-27 减速离合器总成分解

1—洗涤被动轴；2—上半轴；3—中半轴；4—含油轴承；5—行星齿轮固定座；6—行星齿轮；7—传动架底座；8—内齿轮；9—下半轴；10—洗涤主动轴

表 6-19 减速离合器常见故障与检修

常见故障	故障检修
波轮轴旋转时，脱水轴跟着转	根据减速离合器的结构原理分析，若脱水轴逆时针跟着转，该故障通常为脱水轴抱簧磨损或脱水轴本身磨损，遇到这种情况只有更换磨损的配件。脱水轴是不可拆卸的，若已磨损，只有更换整个行星减速器。若脱水轴顺时针跟着转，则侧重检查刹车带、制动杆是否到位。制动杆紧靠挡套使制动失灵时，则需调整挡套的位置。调整方法：旋松挡套螺栓移动位置，使挡套与制动杆之间有 1 ~ 3mm 的间隙，然后再旋紧挡套螺栓。若刹车带磨损严重，应更换刹车带。刹车盘表面沾有污垢，应擦拭干净
波轮轴不转	先检查大皮带轮紧固螺母是否松脱，由此造成方丝离合器弹簧嵌入离合器套和外套轴之间，使其间隙损坏，导致波轮轴不转。若是这种情况，应更换方丝离合器弹簧，重新装好螺母垫片并确认安装到位后上紧紧固螺母。若大皮带轮紧固螺母没有松脱，再检查行星减速器。用手拨动大皮带轮，齿轮轴转动而波轮轴不动，可认定为行星减速器不良（即行星齿轮或行星齿轮轴固定架损坏），只能更换整个行星减速器
脱水轴不转	该故障一般为挡套上移使棘爪不能贴合棘轮所致。遇到这类故障，只能重新调整调节螺钉，使上移的棘爪与棘轮脱离即可
减速离合器旋转有杂音	主要检查大、小水封是否漏水。若发现大皮带轮处漏水，为小水封不良；若发现刹车盘表面生锈，并有水迹或油污，则为大水封不良。漏水发现得及时，只要更换小水封或大水封即可。漏水时间一长，将引起滚珠轴承和行星减速器生锈，造成波轮轴和脱水轴噪声运转。若噪声发生在脱水轴旋转时，应更换大、小水封和滚珠轴承；若噪声发生在波轮轴旋转时，则更换行星减速器

第七节　其他电气部件

一、定时器

1. 定时器的结构

洗衣机的定时器主要用于普通洗衣机，常用来控制电动机运行的总时间和对电动机作正、反和停止运转的控制，其种类见表 6-20。全电脑洗衣机都采用程控器。

表 6-20　洗衣机定时器的种类

名称		外形图
机械式定时器	洗涤定时器	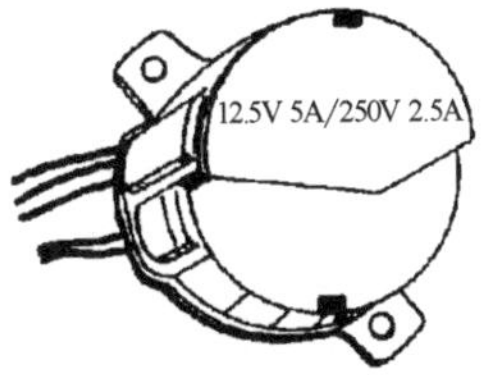
	脱水定时器	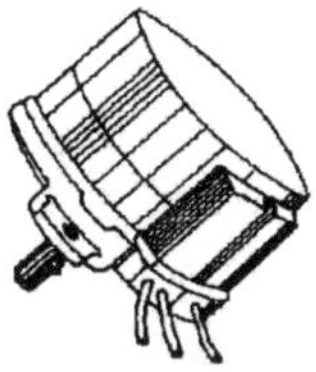
电动式定时器	单轴洗涤定时器	
	双轴洗涤定时器	

2. 定时器常见故障的检修

定时器一般安装在洗衣机的控制座内，操作轴伸出控制面板与旋钮连在一起。拆卸时，应先拔出旋钮，打开控制座。在定时器引出线上作好记号，然后用螺丝刀取下定时器固定螺钉，即可拆下定时器。见表 6-21。

表 6-21　定时器常见故障与检修

常见故障	检修
定时器外壳的耳环断裂	定时器外壳都是塑料注塑而成，使用不当，加之扭矩过大，底座耳环很容易断裂。如果内部电气性能尚好，修理一下便可继续使用，否则更换新件。修理定时器外壳耳环断裂时，应先找一块 2mm 厚的玻璃纤维板，按图 6-28 所示尺寸加工后放在定时器底座上，使板上的安装孔对准原耳环位置，再用螺钉紧固
定时器单向接通	拆开定时器外壳，调整控制触点组件的中间簧片，使其与两静触点对称；对于烧蚀的触点进行修理或更换；若引线脱焊断路，需用电烙铁重新焊接
定时器罩内积水造成接触片间短路打火	先清除罩内的积水，找出积水原因（如主轴密封不良、滴水口被堵等），然后根据情况修理（如对主轴进行密封，清除罩壳滴水口的污物，保证滴水口的通畅）
机械式定时器发条不能上紧和电动式定时器的同步电动机不转	一般情况下需更换定时器发条、同步电动机，或者更换新的定时器

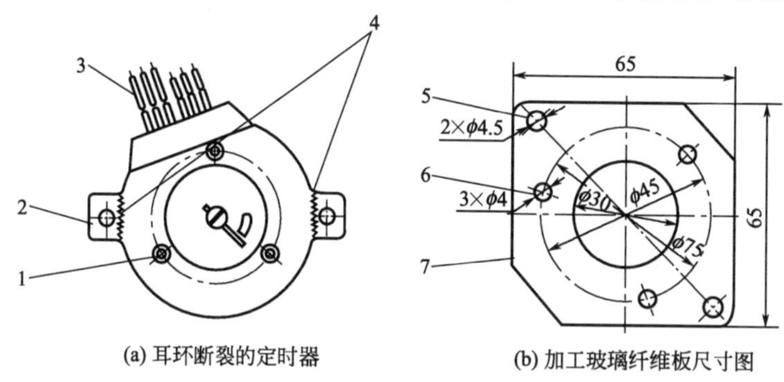

(a) 耳环断裂的定时器　(b) 加工玻璃纤维板尺寸图

图 6-28　定时器外壳的耳环断裂

1，6—固定孔；2—耳环；3—引出线；4—断裂处；5—安装孔；7—玻璃纤维板

二、保险丝盒和管状保险丝

1. 保险丝盒和管状保险丝的结构

保险丝盒用来安装各种规格的管状保险丝。管状保险丝的作用是在洗衣机内部发生电路过载和短路故障时能自动切断电源，避免故障继续发生。它们的外形结构见表 6-22。

表 6-22　保险丝盒和管状保险丝的结构

名称	示意图	说明
保险丝盒	250V 5A	保险丝盒一般由触片、壳体、引出线、保险丝管组成。也有用透明塑料管封装（称管状保险丝），引出线直接焊接在保险丝管两边，再用超声波粘接密封组成，这类保险丝在进口洗衣机上比较多见，为一次性使用元件
管状保险丝		

2. 保险丝盒和管状保险丝的拆卸

拆卸洗衣机的保险丝应在断电（即拔去洗衣机电源插头）情况下进行。用螺丝刀取下固定洗衣机后盖板的螺钉，卸开洗衣机后盖板，拆开电源接线包，即可检查或更换管状保险丝。在保险丝熔断又无同类保险丝情况下，可用小刀割开透明塑料管的一端，取出保险丝换上同规格保险丝，用电烙铁焊接密封后再使用。

三、蜂鸣器

1. 蜂鸣器的种类与结构

洗衣机蜂鸣器有电磁式和压电式 2 种，其结构见表 6-23。

2. 蜂鸣器的拆卸

蜂鸣器一般安装在洗衣机控制座内部。拆卸时先用螺丝刀打开控制座，用电烙铁焊下引线，然后拆下蜂鸣器。

表 6-23 蜂鸣器的结构

名称	示意图	说明
电磁式蜂鸣器	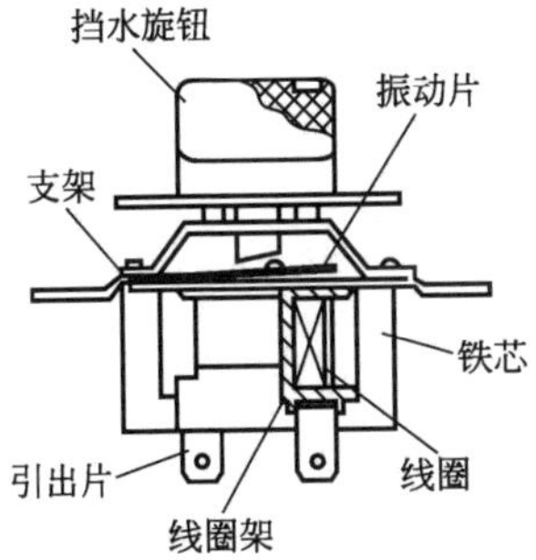 挡水旋钮；振动片；支架；铁芯；引出片；线圈；线圈架	由铁芯、振动片、挡水旋钮、支架、引出片、线圈架和线圈组成。电磁式蜂鸣器具有结构简单、使用方便等特点，是目前洗衣机上应用量较大的一种蜂鸣器
压电式蜂鸣器	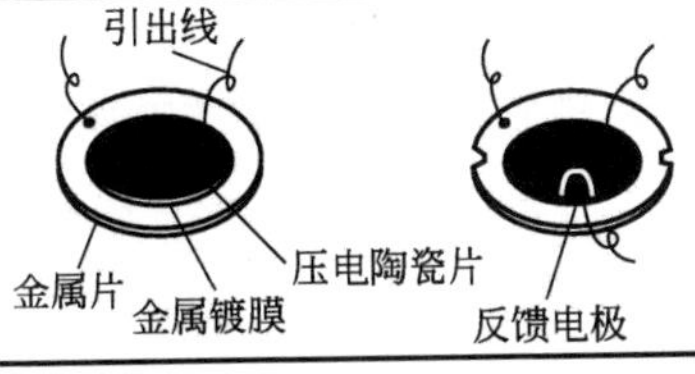 引出线；金属片；金属镀膜；压电陶瓷片；反馈电极	由助声腔、压电陶瓷片、电子元件、底板、外壳和引出线等组成。压电式蜂鸣器具有体积小、重量轻、声音洪亮柔和等优点

四、接插件和控制连线（又称电线束）

1. 接插件和控制连线的结构

洗衣机用的接插件品种、规格繁多，控制连线由于采用“认色连线”的方法，所以对连线的颜色有比较严格的要求，其结构如图 6-29 所示。

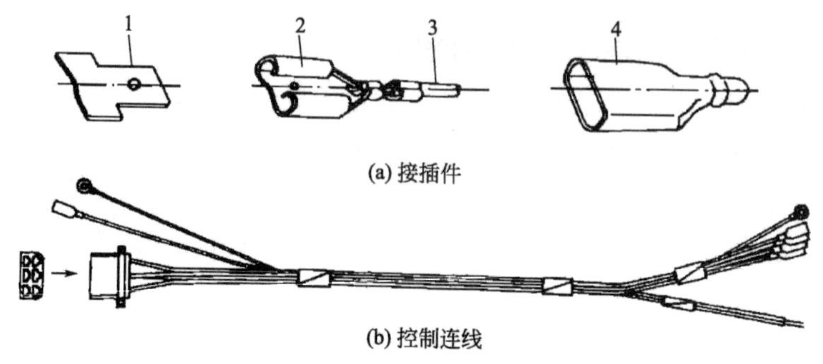

图 6-29 洗衣机用的接插件和控制连线

1—插片；2—端子；3—导线；4—绝缘套

接插件如图 6-29（a）所示。平行接插件用于整机内电器零部件之间的连接；条形接插件用于洗衣机内部印制电路与控制电路之间的连接；组合接插件用于活动连接和固定连接。其形状和孔数与使用场合或要求的不同而不同。

控制连线如图 6-29（b）所示。它由各种接插件、电线和扎线等组成，起连接控制板与各种开关、传感器的作用，从而实现对电动机、进水阀、电磁阀等各种执行部件进行控制。它具有安装方便、快捷和可靠等优点。

2. 接插件和控制连线的拆卸

① 拆卸接插件和控制连线要用工具把电线连同接插件一起拔下，不能用手直接拉拔电线，以免使电线与接插件脱开。

② 在拆卸控制连线过程中，必要时要对电线进行编号，以免在修复后接错线造成新的故障。

③ 发现控制连线头与接插件端子有松动时，可用尖嘴钳把其间的接触间隙压小些，使控制连线头能与接插件的端子紧紧吻合。若发现控制连线的接插件端子脱落或损坏，应用新的端子进行压接，也可用电烙铁把端子与电线直接焊起来。要注意端子与电线的焊接时间不能太长，焊点也不能太大。若焊接时间过长，容易使电线的塑料熔化；若焊点过大，容易使端子无法插入基座。

五、指示灯

1. 指示灯的结构

洗衣机用的指示灯一般有氖气泡指示灯、发光二极管指示灯和半导体数码管 3 种。

（1）氖气泡指示灯　目前使用较多的氖气泡指示灯是 NHO 1 型，其结构如图 6-30（a）所示。氖气泡指示灯的电压范围在 70～160V 之间，使用寿命在 1000h 以上。它由灯座、电极和玻璃外壳（在玻璃壳内充以氖气为主的混合气体）等组成。在实际使用时，只要串联一只 0.25W 的大电阻就可直接接到 220V 电源上，如图 6-30（b）所示。

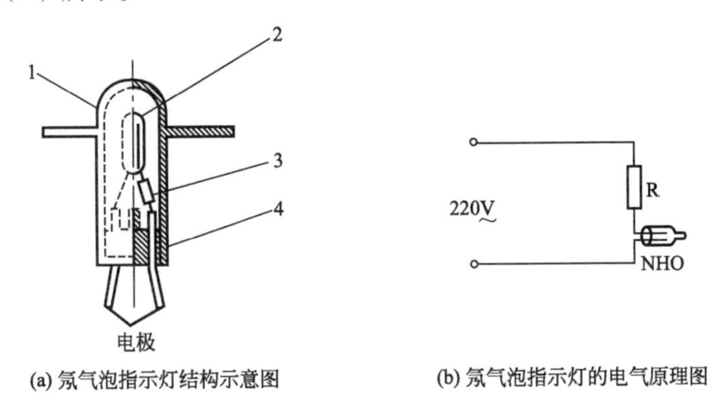

(a) 氖气泡指示灯结构示意图　(b) 氖气泡指示灯的电气原理图

图 6-30　氖气泡指示灯结构示意图和电气原理图

1—玻璃外壳；2—氖气泡；3—限流电阻；4—灯座

（2）发光二极管指示灯　发光二极管指示灯和普通二极管一样，是一个单向导电的 PN 结，所不同的是发光二极管在正向电流通过时能发光。常用的发光二极管指示灯多为红色和绿色。目前，在一些微电脑程控器上，还使用半导体数码管来显示时间，其结构如图 6-31 所示。

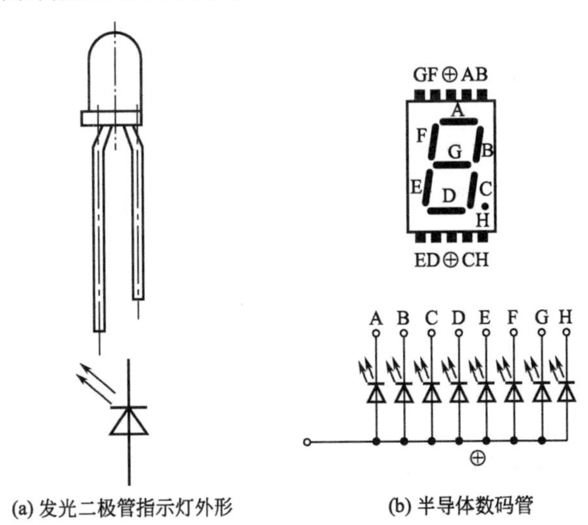

(a) 发光二极管指示灯外形　(b) 半导体数码管

图 6-31　发光二极管指示灯和半导体数码管

2. 指示灯的拆卸

拆卸指示灯时，先卸下洗衣机控制面板，拧下氖气泡指示灯，或用电烙铁焊下发光二极管指示灯或半导体数码管的引出线即可取下。

第七章 洗衣机电路及其解读

第一节 洗衣机电路概述

一、电路的组成

要正确地找出洗衣机故障和排除故障，前提是要看懂洗衣机电路，了解洗衣机中各种电气元件的结构。我们知道在洗衣机使用说明书或杂志、资料中都有电路的介绍。图中除用规定的电路符号表示电气元件和用一定形状的轮廓线（点划线或细实线）画出某个电气元件内部的电路范围外，还有以粗实线代表导线表示各电气元件的内部电路及电气元件之间的连接关系。因此，需要从两方面着手了解电气元件的结构和洗衣机电路的组成。

洗衣机电路中的电气元件有电气控制件和电气工作件两大类。一个完整的电路是从电源相线开始，串联一个或数个电气控制件，再串联一个电气工作件，然后与电源零线相接，构成一个从相线到零线、中间接有电气工作件（电路的负载）的电路。洗衣机的整个电路就是由几个接有负载的串联电路组成的并联电路。需要指出的是，洗衣机电动控制器中的动力源 TM 微电动机实质上也是电路的负载，工作时也必须构成从相线到零线、中间串有 TM 微电动机的电路。

二、洗衣机电路的解读

洗衣机电路的解读就是读电路图。一般应首先看清有几个电气工作件；各电气工作件与两根电源线之间都串联有什么电气控制件；各电气控制件内部又构成了什么样的电路，即有哪些相互配合工作的触点组，触点的动作与电路通断、电气控制件的关系。经过这些识读步骤，一般就可分析出洗衣机的工作过程，也就是读懂了电路图。但是，要读懂电路图中的某部件的详细动作过程。例如，了解某部件的动作方式及顺序，它们所能达到的控制功能等，就必须了解该电气控制件的结构。

另外，还应该说明的是：

① 读图时，需要注意的是导线与触点间连接关系，不必考虑电气元件所画的位置、电气元件电路的轮廓形状、导线粗实线的长短及有否相互交错的画法等。

② 对于有具体型号的洗衣机电路都标有导线的颜色，一般说同色线接在一起。由于出自不同的电气元件，即使有的同色线不是接在一起，在接线时也易于分辨。

③ 识读电脑控制洗衣机电路需具备一定的电子线路知识，对入门者（初学者）可将洗衣机的电脑程控器看成一个电气元件来对待，这样读图和接线就简单了。

下面以实例来介绍洗衣机电路的识读。

图 7-1 所示为东芝 AW-8310B 型全自动型洗衣机电路。表 7-1 为该洗衣机的逻辑电路表。

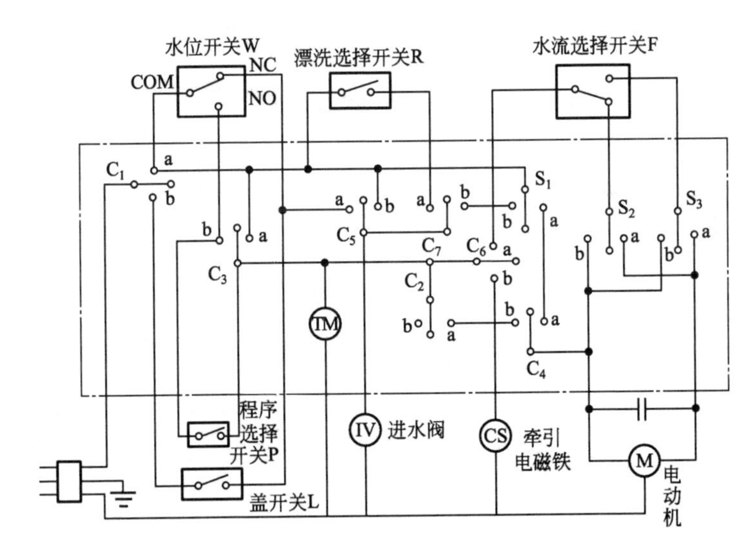

图 7-1　东芝 AW-8310B 型全自动洗衣机电路

从图 7-1 中的程控器内部电路可以看出，程控器内共有 2 个触点开关组（C_1~C_7 和 S_1~S_3），其中 C_1~C_7 为低速凸轮控制的触点组，S_1~S_3 为高速凸轮控制的触点组。

表 7-1　东芝 AW-8310B 型洗衣机逻辑电路表

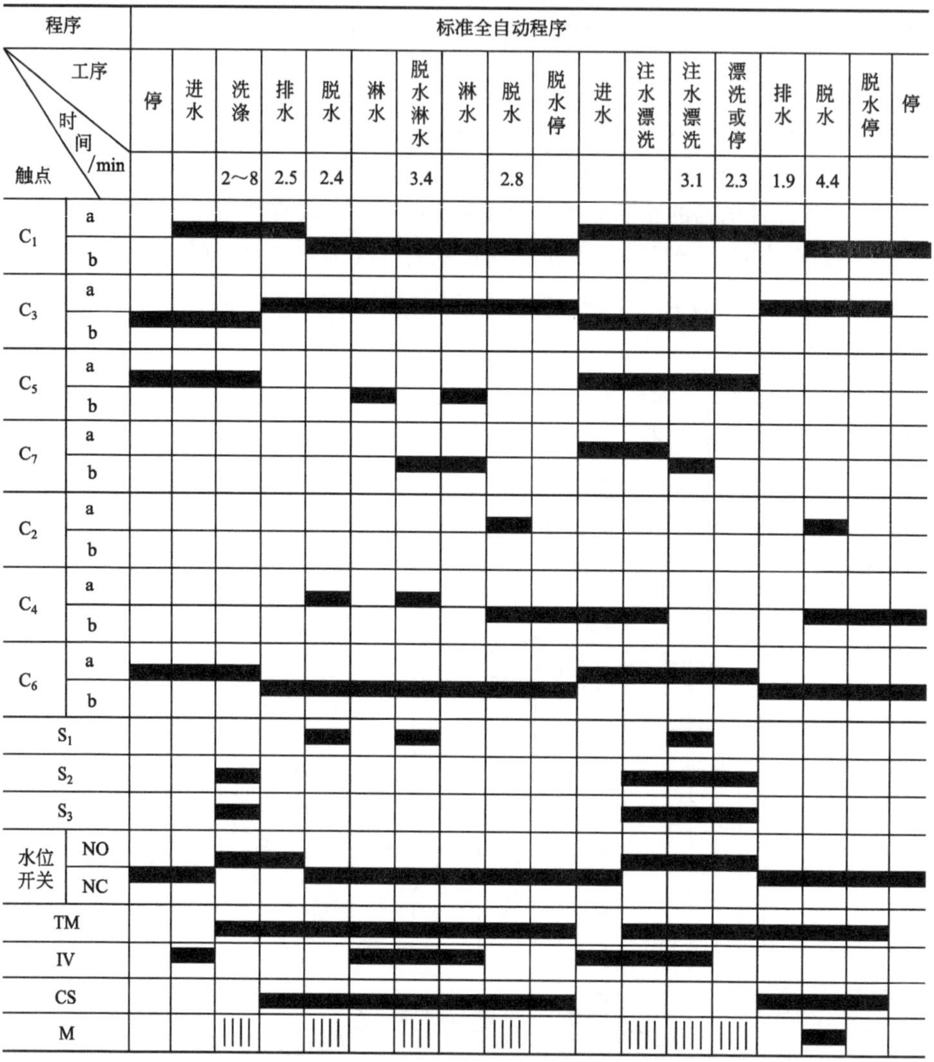

程序		标准全自动程序																	
工序		停	进水	洗涤	排水	脱水	淋水	脱水淋水	淋水	脱水	脱水停	进水	注水漂洗	注水漂洗	漂洗或停	排水	脱水	脱水停	停
触点 时间/min				2～8	2.5	2.4		3.4		2.8				3.1	2.3	1.9	4.4		
C_1	a		■	■	■							■	■	■	■	■			
	b					■	■	■	■	■	■						■	■	■
C_3	a				■	■	■	■	■	■	■					■	■	■	
	b	■	■	■								■	■	■					
C_5	a	■	■	■								■	■	■	■				
	b						■		■										
C_7	a											■	■						
	b							■	■					■					
C_2	a									■							■		
	b																		
C_4	a					■		■											
	b									■	■	■	■				■	■	■
C_6	a	■	■	■								■	■	■	■				
	b				■	■	■	■	■	■	■					■	■	■	■
S_1						■		■						■					
S_2				■									■	■	■				
S_3				■									■	■	■				
水位开关	NO			■	■								■	■	■				
	NC	■	■			■	■	■	■	■	■	■				■	■	■	■
TM				■	■	■	■	■	■	■	■		■	■	■	■	■	■	
IV			■				■	■	■			■	■	■					
CS					■	■	■	■	■	■	■					■	■	■	
M				||||		||||		||||		||||			||||	||||	||||		■		

下面结合表 7-1 的逻辑电路表介绍各工序的电路流程。详见表 7-2。

表 7-2　表 7-1 的逻辑电路表的各工序的电路流程

工序流程	电路流程
进水工序	将程控器旋钮转到标准程序的洗涤位置，向外拉出旋钮，C_1 由 0 位变为 a 位后开始进水。电路流程为 $C_1a \rightarrow COM-NC \rightarrow C_5a \rightarrow IV$
洗涤工序	进水到达设定水位，水位开关由 NC 转接到 NO 后开始洗涤。电路流程为 $C_1a \rightarrow COM-NO \rightarrow C_3b \rightarrow C_6a$ └→ $TM \rightarrow F \rightarrow$ { S_2（标准洗）/ S_3（轻柔洗）

续表

工序流程	电路流程
排水工序	排水时间由TM微电动机控制为2.5min，一定要走完2.5min后才能转入脱水。排水电路流程为 $C_1a \to C_3a \to C_6b \to CS$ └→TM
脱水工序	只有当水位开关的COM和NC接通时电路才能接通。若排水发生故障，如果在2.5min未排完水，COM和NC仍接通，则洗衣机将停机，排水阀也关闭。S_1触点组由高速凸轮控制，频繁通断，故脱水为单方向间歇脱水。脱水电路流程为 $C_1b \to L \to NC-COM \to S_1a \to C_4a \to M$ └→$C_3a \to TM$ └→$C_6b \to CS$
淋水工序	间歇脱水后，断开，电动机M断电；接通，使进水阀得电开启。其电路流程为 $C_1b \to L \to NC-COM \to C_3a \to C_6b \to CS$ └→TM └→$C_5b \to IV$ 电动机断电后内桶转速下降，进水阀进水，水喷淋到洗涤物上
脱水淋水工序	淋水一定时间后，洗衣机逻辑电路的C_4a和CS接通。其电路流程为 $C_1b \to NC-COM \to S_1\begin{cases}a \to C_4a \to M \\ b \to C_7b \to IV\end{cases}$ └→$C_3a \to C_6b \to CS$ └→TM 在电磁铁吸引的同时，电动机M和进水阀通过触点组交替地接通，实现了一会儿电动机M运转脱水，一会儿进水阀喷淋浸泡洗涤物
脱水工序	脱水工序的电路流程为 $C_1b \to L \to COM-NC \to C_2a \to C_4b \to M$ └→$C_6b \to CS$ └→TM 电动机连续通电，进行正常脱水。当脱水时间走完后，C_2转到0位，电动机断电，而CS和TM仍通电，内桶做惯性运转至停止
注水漂洗工序（Ⅰ）	第二次漂洗为注水漂洗，首先形成的电路为储水漂洗的电路（与洗涤电路相同）。其电路流程为 $C_1a \to COM-NO \to C_3b \to C_6a \to F \to S_2(S_3) \to M$ └→TM 若选为注水漂洗，则将漂洗选择开关接通。其电路流程为：$C_1a \to R \to C_7b \to$Ⅳ，实现人工选择的注水漂洗
注水漂洗工序（Ⅱ）	注水漂洗工序（Ⅱ）与注水漂洗工序（Ⅰ）不同的是C_7b接通。其电路流程为：$C_1a \to S_1b \to C_7b \to$Ⅳ。由于经过$S_1b$，故为断续注水，在注水同时，电动机照样漂洗运转
漂洗或停止工序	这时C_3转至0位，电动机是否得电取决于程序选择开关P，若P断开，则电动机断电，运转停止，漂洗水留在洗衣桶内。若P接通，电路流程为 $C_1a \to COM-NO \to P \to C_6a \to F \to S_2$ └→TM $(S_3) \to M$，电动机继续运转，进行漂洗，接着是排水、脱水

第二节　典型洗衣机电路

一、波轮式洗衣机电路

1. 普通双桶洗衣机电路

（1）具有单向洗涤和标准洗涤的小波轮洗衣机电路　图 7-2 所示为我国 20 世纪 80 年代生产的一种小波轮双桶洗衣机电路。其电气工作件（洗涤电动机与脱水电动机）分别与各自的电气控制件串联后再并联。电动机采用电容运转式电动机。

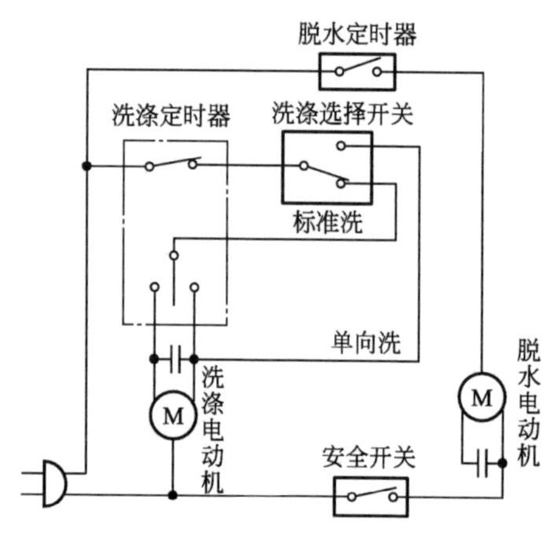

图 7-2　具有单向洗涤和标准洗涤的小波轮洗衣机电路

（2）具有 3 种指示的洗衣机电路　图 7-3 所示电路实际是在图 7-2 的基础上，增加了电源指示、洗涤指示、脱水指示和蜂鸣器 4 条支路。其中电源指示灯必须和电源并联，用来指示电源部分是否正常接通，判断电源故障，为使用及检修提供方

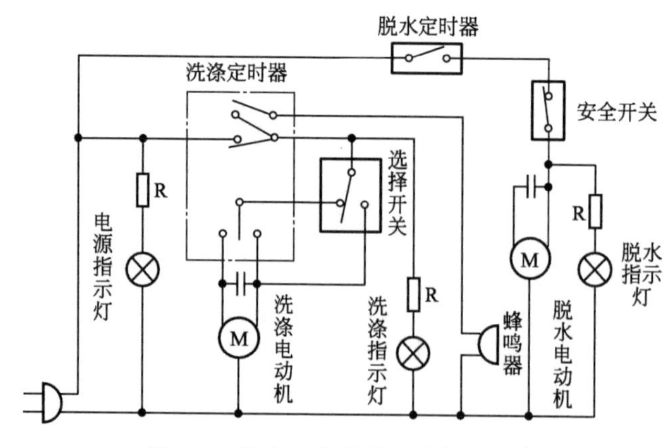

图 7-3　具有 3 种指示的洗衣机电路

便。在洗涤定时器的触点中增加了一组控制洗涤指示灯和蜂鸣器的触点组，分别用作洗涤指示和洗涤结束的蜂鸣。脱水指示灯用作脱水指示。

（3）春蕾牌 XPB20-4S 型洗衣机电路　图 7-4 所示为春蕾牌 XPB20-4S 型洗衣机电路，其特点是采用一个定时器控制洗涤和脱水，用一个四按键选择开关操作，既可同时洗涤和脱水，也可分别洗涤和脱水。

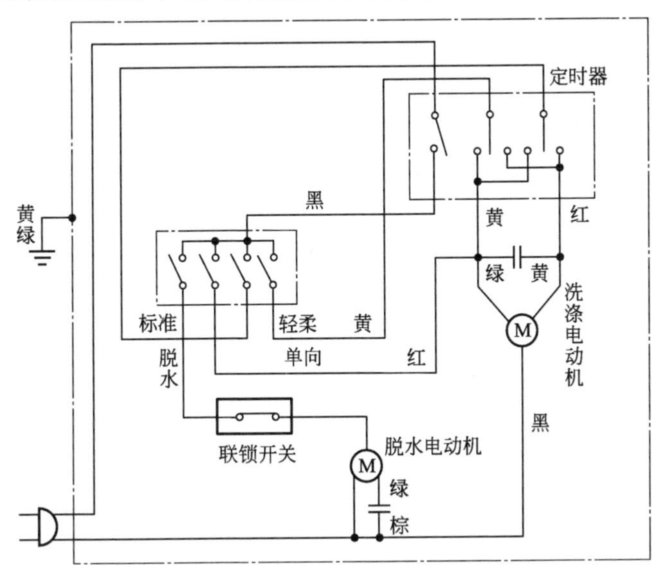

图 7-4　春蕾牌 XPB20-4S 型洗衣机电路

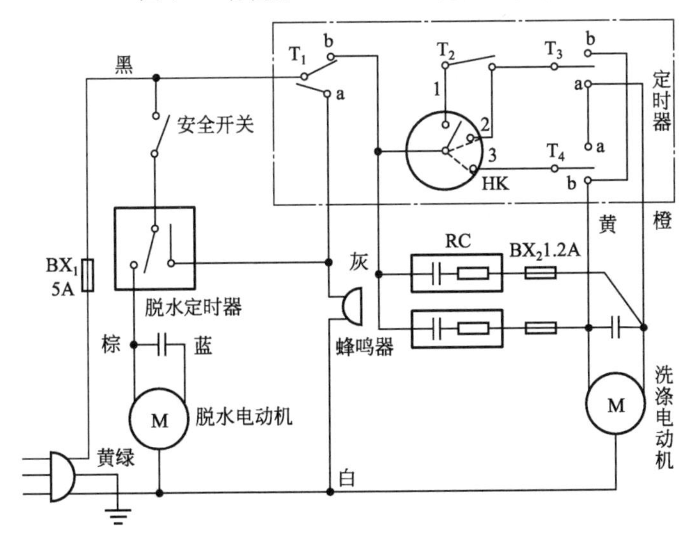

图 7-5　荣事达 XPB50-18S 型洗衣机电路

（4）荣事达 XPB50-18S 型洗衣机电路　图 7-5 所示为荣事达 XPB50-18S 型洗衣机电路。它采用新结构的长方形洗涤发条定时器，T_1 为主触点，T_2~T_4 为控制触点，HK 为定时器内部的水流转换开关，用旋钮控制。当 HK 与 1 相接时，T_2 和 T_3 共同工作，为轻柔洗；HK 与 2 相接时，T_3 工作，为标准洗；HK 与 3 相接时，T_4 工作，为毛毯洗。控制凸轮装在同一轴上，其上的等分轮廓不同，触点的通断周期也不同。电路上的脱水定时器带蜂鸣触点。

（5）采用双轴电动定时器的洗衣机电路　图 7-6 所示电路是采用双轴电动定时器的洗衣机电路（带蜂鸣器）。双轴电动定时器在新水流双桶洗衣机中采用较多，近年来的新型大容量洗衣机也多采用这种定时器，它有带蜂鸣器和不带蜂鸣器 2 种。

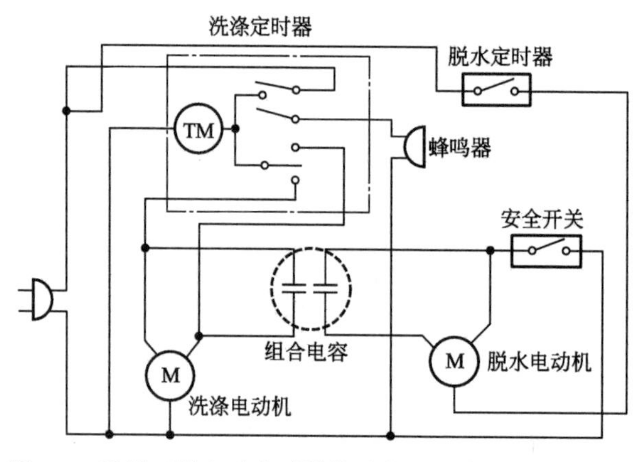

图 7-6　采用双轴电动定时器的洗衣机电路（带蜂鸣器）

（6）申花牌 XPB30-12S 型普通多功能新水流洗衣机电路　图 7-7 所示为申花牌 XPB30-12S 型普通多功能新水流洗衣机电路，它以单轴电动定时器控制洗涤运转，经水流选择开关可以有标准和轻柔 2 种水流。脱水定时器可以在脱水桶内进行喷淋漂洗和脱水。排水选择开关可选择上排水或下排水，上排水就是接通上排水电动机，由排水泵排水，下排水是断开上排水电动机，依靠水位差自然排水。

2. 半自动洗衣机电路

（1）电动控制半自动双桶洗衣机通用电路　图 7-8 所示为电动控制半自动双桶洗衣机通用电路。除去程控器外，洗涤各工作应接通的电气元件是：进水时，水位开关 COM-NC→进水阀 IV；洗涤时，水位开关 COM-NC→水流选择开关→洗涤电动机 M；中间排水时，排水电磁铁 CS 动作；最后脱水时，排水选择开关→排水电磁铁 CS。

（2）金鱼牌 XBB20-7S 型洗衣机电路　图 7-9 所示为金鱼牌 XBB20-7S 型洗

衣机电路。电气控制部件有程序选择开关、定时器、洗涤选择开关、门开关和干衣开关等。在漂洗过程中，如果要切换“强洗”或“弱洗”程序，只要更换洗涤选择开关的位置即可。

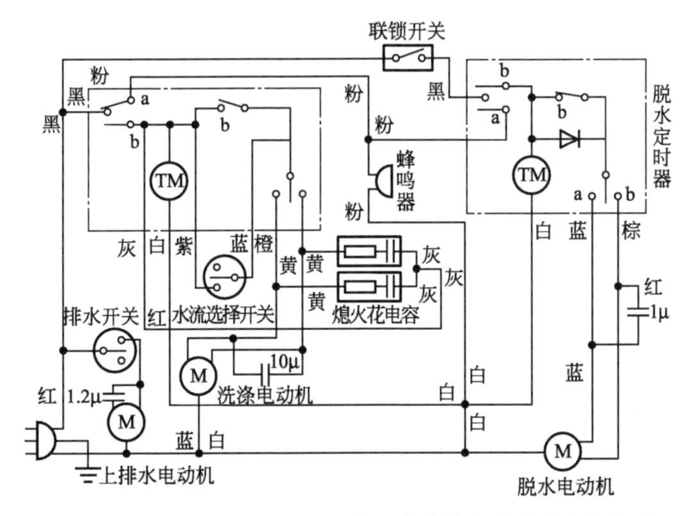

图 7-7　申花牌 XPB30-12S 型普通多功能新水流洗衣机电路

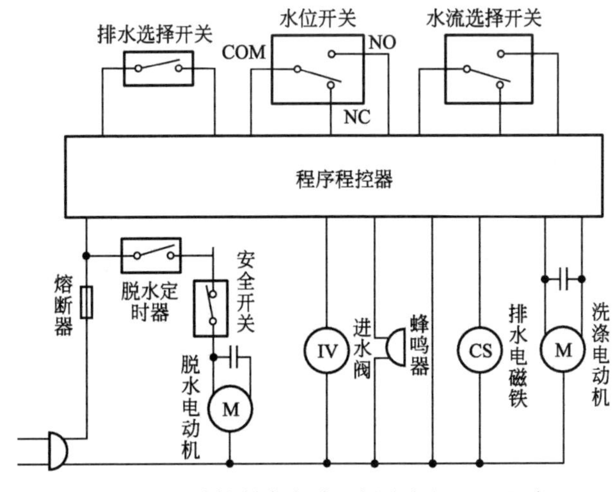

图 7-8　电动控制半自动双桶洗衣机通用电路

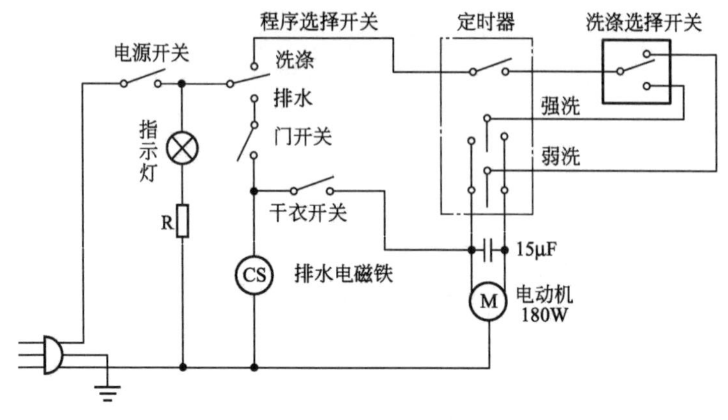

图 7-9 金鱼牌 XBB20-7S 型洗衣机电路

（3）水仙牌 XBB30-22S 型洗衣机电路　图 7-10 所示为水仙牌 XBB30-22S 型洗衣机电路。该洗衣机的定时器为单轴电动定时器，电路上设有的阻容元件可吸收触点频繁正、反换向时的火花，以消除对其他家用电器的干扰和延长触点工作寿命。向洗衣桶内注水是通过接通微动开关来实现。在脱水桶内可自动进行喷淋漂洗和脱水。喷淋漂洗时，将微动开关断开，转动漂脱定时器到漂洗位置即可。

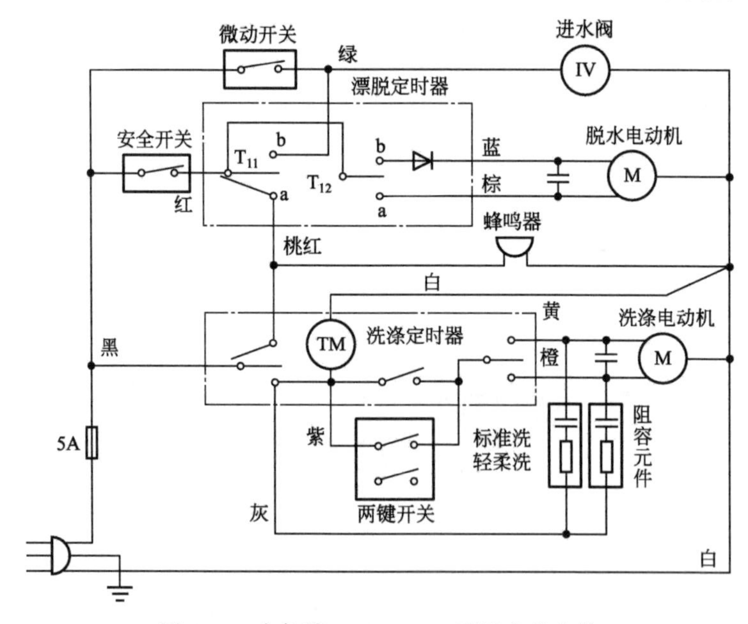

图 7-10 水仙牌 XBB30-22S 型洗衣机电路

该洗衣机的脱水制动是电动机能耗制动在洗衣机上应用的一个实例。所谓能耗制动是指在脱水电动机脱离交流电源后，在定子绕组上通入直流电源，利用转子上的感应电流与静止磁场的作用达到制动的一种方法。在图 7-10 的漂脱定时器内部电路中，当安全开关接通时，T_{12} 与 a 接通，脱水电动机通以交流电，电动机顺时针方向旋转；当 T_{12} 与 a 断开，与 b 接通时，由于硅整流二极管的整流作用，通过电动机定子绕组的是一直流电流，从而产生一个静止磁场。此时，电动机转子由于惯性作用，仍按原来的方向旋转，电动机转子电路中的感应电流方向与电动机正常运行时的感应电流方向相反，转子中载流导体与静止磁场的作用所产生的转矩方向与转子惯性旋转的方向相反，从而起到制动作用。

（4）小天鹅牌 XBB20-2 型洗衣机电路　图 7-11 所示为小天鹅牌 XBB20-2 型洗衣机电路。该洗衣机是半自动套桶式小波轮洗衣机，无注水功能，通过定时器可实现洗涤、排水、脱水运转。操作时，需通过按钮事先选好运转程序。其各工序的电路流程见表 7-3。

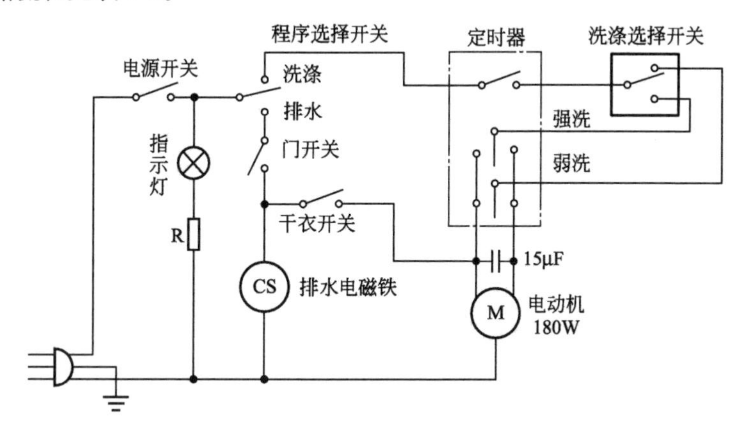

图 7-11　小天鹅牌 XBB20-2 型洗衣机电路

表 7-3　XBB20-2 型洗衣机各工序的电路流程

工序流程	电路流程
洗涤	电源开关→洗涤触点→定时器→洗涤选择开关→定时器→电动机 M
排水	电源开关→排水触点→门开关→排水电磁铁 CS
脱水	电源开关→排水触点→门开关→干衣开关→电动机 M

（5）小天鹅牌 XBB20-3 型洗衣机电路　图 7-12 所示为小天鹅牌 XBB20-3 型洗衣机电路。该洗衣机与小天鹅牌 XBB20-2 型洗衣机一样，需事先选好运转程序。其各工序的电路流程见表 7-4。

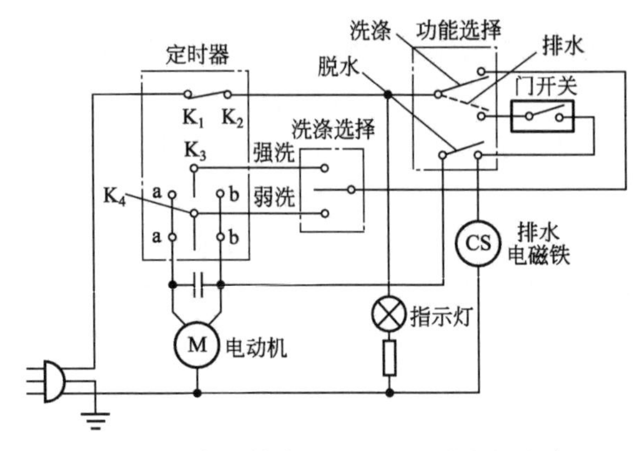

图 7-12　小天鹅牌 XBB20-3 型洗衣机电路

表 7-4　XBB20-3 型洗衣机各工序的电路流程

工序流程	电路流程
洗涤	按下洗涤、强洗（或弱洗）钮，K_1、K_2→洗涤触点→强洗触点→K_3a 和 K_3b→电动机 M
排水	按下排水钮，盖上桶盖，K_1、K_2→排水触点→门开关→排水电磁铁 CS
脱水	按下脱水钮，盖上桶盖，K_1、K_2门开关 →排水电磁铁 CS →脱水触点→电动机 M

3. 全自动洗衣机电路

（1）电动程控器控制的全自动洗衣机电路　图 7-13 所示为电动程控器控制的全自动洗衣机电路。该洗衣机的核心电气控制件是程控器。其各工序的电路流程见表 7-5。

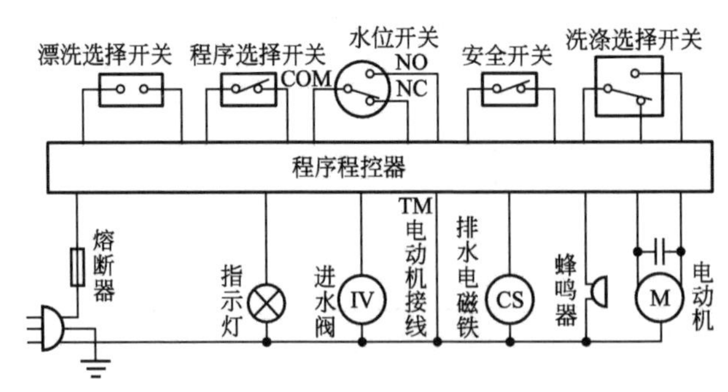

图 7-13　电动程控器控制的全自动洗衣机电路

表 7-5　电动程控器控制的全自动洗衣机工序与电路流程

工序流程	电路流程
进水	COM–NC、IV
洗涤（漂洗）	COM–NO、TM、洗涤选择开关和 M
溢流漂洗	COM–NO、TM、IV、洗涤选择开关和 M
排水	COM–NO、CS、安全开关
中间脱水	COM–NC、安全开关、TM、CS、M
最后脱水	程序选择开关、COM–NC、安全开关、TM、CS、M
蜂鸣	蜂鸣器，其余同最后脱水工序，但 M 断电

（2）金羚牌 XQB30-11 型超静型洗衣机电路　图 7-14 所示为金羚牌 XQB30-11 型超静型洗衣机电路。该洗衣机采用牵引微电动机作为开启排水阀和转换减速离合器工作状态的牵引器。由于微电动机从得电到牵引完成需要 5s 左右的时间，电动机需延时启动，因此设有一个延时的脱水开关。其各工序的电路流程见表 7-6。

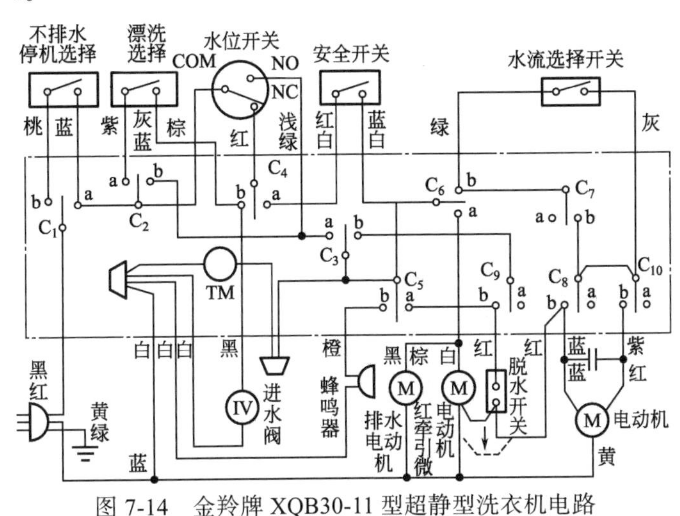

图 7-14　金羚牌 XQB30-11 型超静型洗衣机电路

表 7-6　金羚牌 XQB30-11 型超静型洗衣机工序与电路流程

工序流程	电路流程
进水	C_1a→COM–NC→C_4b→IV
洗涤	C_1a→COM–NO→C_3a→C_6b→水流选择开关→C_8b、C_{10}b→M(标准洗) C_1a→COM–NO→C_3a→C_6b→C_7b→C_8b、C_{10}b→M(轻柔洗) C_1a→COM–NO→C_3a→TM
排水	C_1a→COM–NO→C_3a→TM C_1a→COM–NO→C_3a→C_6a→牵引微电动机和排水泵电动机 C_1a→COM–NC→C_4a→安全开关→TM C_1a→COM–NC→C_4a→安全开关→C_6a→牵引微电动机和排水泵电动机

续表

工序流程	电路流程
脱水	C_1b→不排水停机选择开关→COM−NC→ C_4a→ ┬→TM ├→C_6a→牵引微电动机和排水泵电动机 └→C_5a→脱水开关→洗衣机电动机 M

（3）三乐牌 XQB25-7 型洗衣机电路　图 7-15 所示为三乐牌 XQB25-7 型洗衣机电路。在电动控制器的凸轮所控制的触片组中，C_9 未画出且 C_2、C_5 都没有接入电路。其各工序的电路流程见表 7-7。

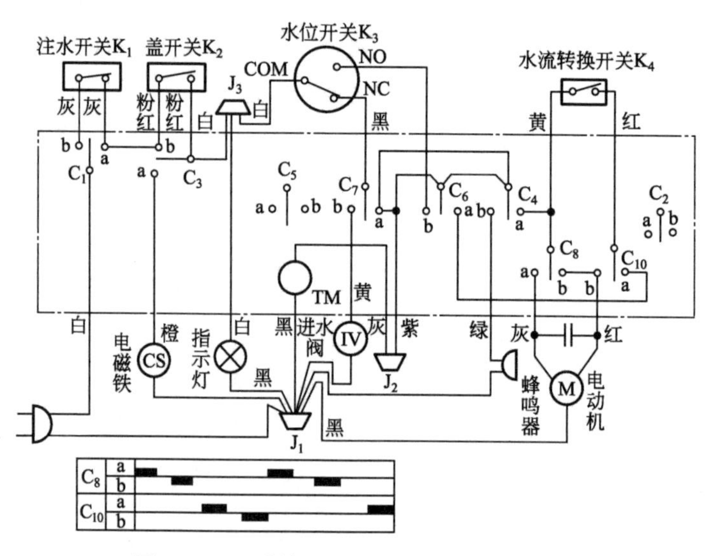

图 7-15　三乐牌 XQB25-7 型洗衣机电路图

表 7-7　三乐牌 XQB25-7 型洗衣机工序与电路流程

工序流程	电路流程
进水	C_1a→C_3b→COM−NC→C_7b→IV
洗涤	C_4a→C_1a→C_3b→COM−NO→C_6b→ ┬→C_8a→M，弱洗（仅 C_8 工作） └→K_4→C_{10}a→M，强洗（C_8a 和 C_{10}a 共同工作）
排水	C_1a→K_2→C_3a→CS
中间脱水和最后脱水	C_1a（或 C_1b→K_1）→K_2→ ┬→C_3a—CS └→COM−NC→C_7a→C_6a→M └→TM
蜂鸣	C_1b→K_1→K_2→ ┬→C_3a—CS └→COM−NC→C_7a→C_4b→蜂鸣器 └→TM

（4）五羊牌 XQB25-11 型洗衣机电路　图 7-16 所示为五羊牌 XQB25-11 型洗衣机电路，它的各工序电路流程见表 7-8。

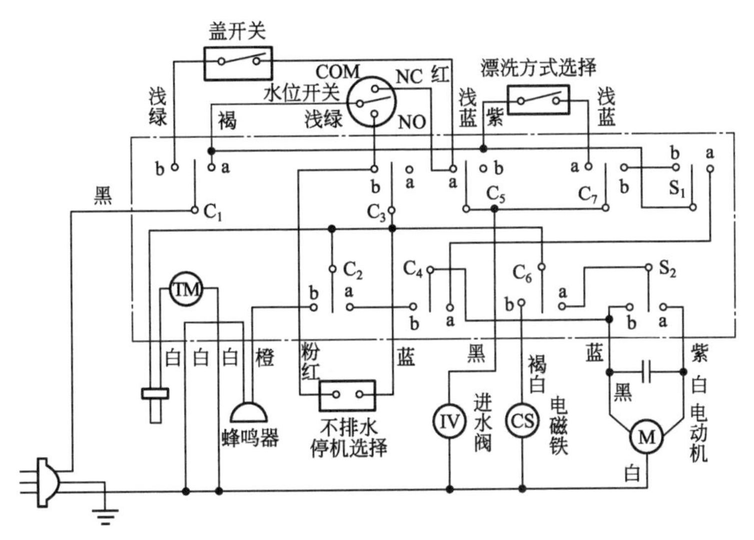

图 7-16 五羊牌 XQB25-11 型洗衣机电路

表 7-8 五羊牌 XQB25-11 型洗衣机工序与电路流程

工序流程	电路流程
进水	C_1a→COM−NC→C_5a→IV
洗涤	C_1a→COM→NO→C_3b→ →TM →C_6a→S_2→M
排水	C_1a→C_3a→ →TM →C_6b→CS
内桶单方向反复启动	C_1a→ →C_3a→ →TM →C_6b→CS →C_4a→M
脱水	C_1b→盖开关→COM−NC→C_3a→ →TM →C_6b→CS →C_2a→C_4a→M
喷淋注水	C_1b→盖开关→COM−NC→S_1→ →a→C_4a→M →b→C_7b→IV
注水漂洗	C_1a→ →漂洗方式选择开关→C_7a→IV →COM−NO→C_3b→ →TM →C_6b→S_2→M

（5）日立 T-908 型棒式洗衣机电路 图 7-17 所示为日立 T-908 型棒式洗衣机电路。其各工序的电路流程见表 7-9。

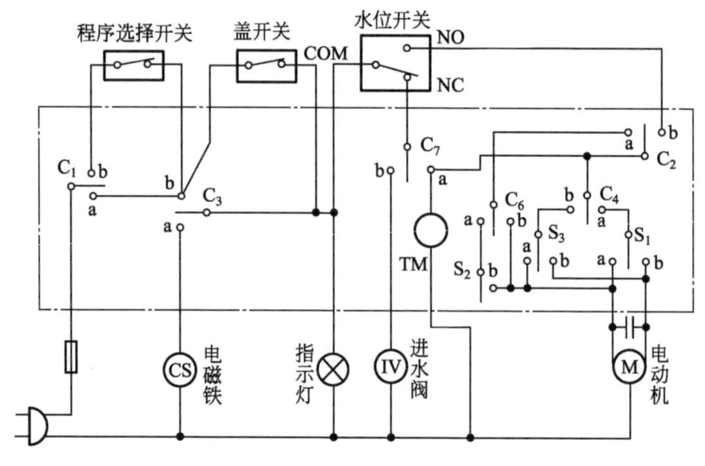

图 7-17　日立 T-908 型棒式洗衣机电路

表 7-9　日立 T-908 型棒式洗衣机工序与电路流程

工序流程	电路流程
进水	$C_1a \to C_3b \to$ COM−NC $\to C_7b \to$ IV
洗涤	$C_1a \to C_3b \to$ COM−NO $\to C_2b \to$ → TM → $C_4a \to S_1 \to$ M（强洗） → 或 $C_4b \to S_2 \to$ M（弱洗）
排水	$C_1a \to$ 盖开关 $\to C_3a \to$ CS
间歇脱水	$C_1a \to$ 盖开关 → → $C_3a \to$ CS → COM−NC → 　→ $C_7a \to C_2a \to C_6a \to S_2b \to$ M 　→ TM
脱水	间歇脱水约 2min 后，C_6 由 a 转换于 b 至电动机 M

（6）新乐牌 XQB40-1Q 型洗衣机电路　图 7-18 所示为新乐牌 XQB40-1Q 型洗衣机电路。其各工序的电路流程见表 7-10。

表 7-10　新乐牌 XQB40-1Q 型洗衣机工序与电路流程

工序流程	电路流程
进水	$C_1a \to C_5a \to$ COM−NC $\to C_6b \to$ IV
洗涤	$C_1a \to$ COM−NO $\to C_3a \to$ → TM → $C_3a \to S_4$（轻柔水流） → $C_7a \to S_2$（标准水流）
排水	$C_1a \to$ 盖开关 $\to C_5b \to$ CS
间歇脱水	$C_1a \to$ 盖开关 → → $C_5b \to$ CS → COM−NC → 　→ $C_6a \to$ TM 　→ $C_4a \to S_3b \to$ M
脱水	$C_1b \to$ 程序选择开关 → 盖开关 → → $C_5b \to$ CS → COM−NC $\to C_6a \to$ 　→ TM 　→ $C_3b \to$ M

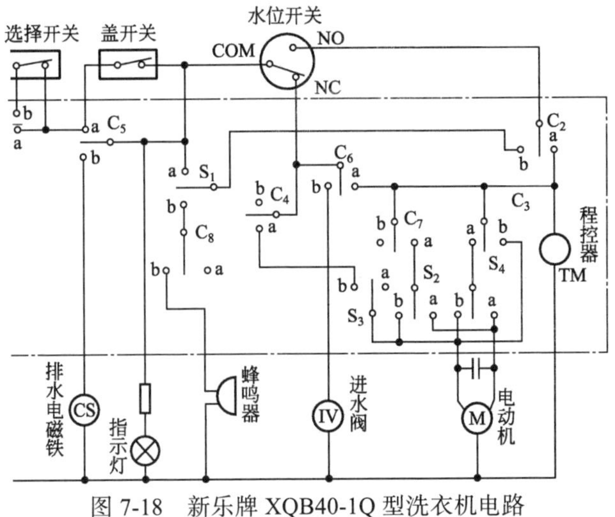

图 7-18　新乐牌 XQB40-1Q 型洗衣机电路

二、滚筒式洗衣机电路

（1）小鸭 TEMA831 型全自动滚筒式洗衣机电路　图 7-19 所示为小鸭 TEMA831 型全自动滚筒式洗衣机电路。由于这种洗衣机工作时的洗涤液温度在 40~60℃之间，所以又叫热洗衣机。该洗衣机由程控器、水位开关（L_1 和 L_2）、温控器 TH_1、节能按钮开关 PG、门开关 IP 和按钮开关 PI 等电气控制件，分别控制进水阀 EV、排水泵 PS、加热器 RR、双速电动机 M 与电源的通断，从而构成进水、加热、洗涤、排水和脱水电路。整个电路由程控器按预定程序进行控制，完成进水直至排水、脱水全部洗涤过程。

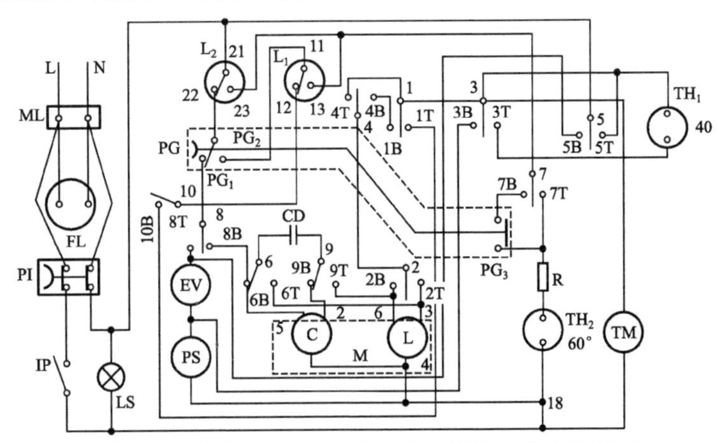

图 7-19　小鸭 TEMA831 型全自动滚筒式洗衣机电路

ML—接线板；FL—噪声滤除器；PI—按钮开关；IP—门开关；LS—指示灯；EV—进水阀；L_2—高水位开关；L_1—低水位开关；PS—排水泵；CD—电容器；M—双速电动机；RR—加热器；TH_1—40℃温控器；TH_2—60℃温控器；TM—程控器同步微电机；PG—节能按钮开关

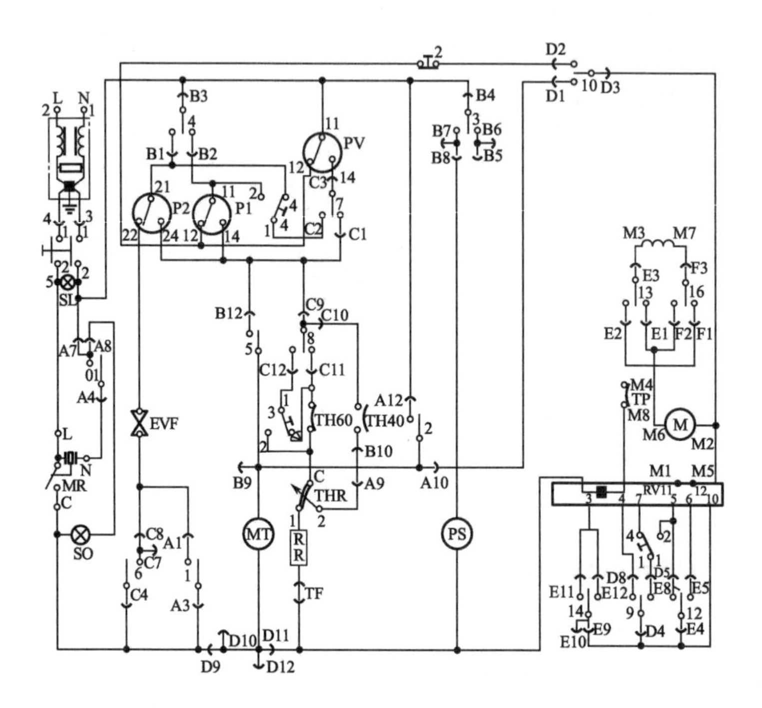

图 7-20 “克林” XQG50-2 型全自动滚筒式洗衣机电路

L—相线；N—零线；1—转速转换开关；2—排水甩干开关；3—900℃加热洗涤开关；

4—经济洗涤开关；5—电源开关；THR—水温调节温控器；RR—水加热器；

TF—水加热管保险丝；SL—电源指示灯；MT—程控器电机；SO—门开关指示灯；

PS—排水泵；MR—门微延时开关；RV—电子调速模块；EVF—洗涤进水电磁阀；

M—电动机；PV—单水位压力开关；P1，P2—双水位压力开关；

TH40—40℃水加热恒温器；TH60—60℃水加热恒温器；TP—电动机过热保护

（2）“克林” XQG50-2 型全自动滚筒式洗衣机电路　图 7-20 所示为“克林” XQG50-2 型全自动滚筒式洗衣机电路。该洗衣机以无级调速电动机为动力源，并用电子调速模块来控制电动机的运转。

（3）“玛格丽特” XQG50-1 型全自动滚筒式洗衣机电路　图 7-21 所示为“玛格丽特” XQG50-1 型全自动滚筒式洗衣机电路。该洗衣机与“克林” XQG50-2 型全自动滚筒式洗衣机区别是：在“克林” XQG50-2 型全自动滚筒式洗衣机的基础上，增设了 2 种烘干控制线路及采用带微动开关的门微延时开关。

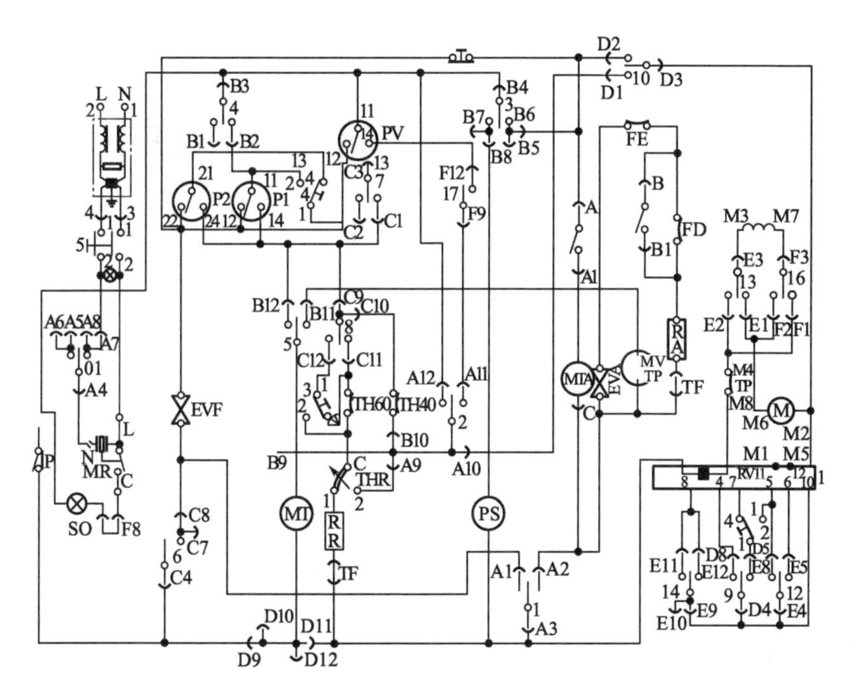

图 7-21 “玛格丽特”XQG50-1 型全自动滚筒式洗衣机电路

L—相线；N—零线；1—转速转换开关；2—排水甩干开关；3—900℃加热洗涤开关；
4—经济洗涤开关；5—电源开关；TH40—40℃水加热恒温器；TH60—60℃水加热恒温器；
THR—水温调节温控器；RR—水加热管；TF—水加热管保险丝；SL—电源指示灯；MT—程控器电动机；
SO—门开关指示灯；PS—排水泵；MR—门微延时开关；RV—电子调速模块；IP—微动开关；M—电动机；
PV—单水位压力开关；MTA—烘干定时器；P1，P2—双水位压力开关；EVA—烘干电磁铁；
MV—烘干电动机；RA—烘干加热管；FE—高温烘干恒温器；FD—低温烘干恒温器；TP—电动机过热保护

第八章 洗衣机的检修工具与检修方法

检修一台有故障的洗衣机，需要一套完备的工具和仪表。有了一套得心应手的检修器具，加上不断积累的检修经验，就能对付任何有故障的洗衣机。

第一节 检修工具和仪表

一、常用检修工具

常用的检修工具见表 8-1。

表 8-1 常用的检修工具

名称	示意图	说明
电烙铁	烙铁头 大功率电烙铁 小功率电烙铁	用于焊接电气元件及线路接点。使用时应注意 ①根据检修洗衣机的电气控制部分大小，选用不同功率的电烙铁 ②焊接不同元件时，应掌握好不同的焊接时间（温度） ③注意及时清除电烙铁头上的氧化物
钢丝钳		用来钳夹、剪切导线等。使用时应注意 ①钢丝钳不能当作敲打工具 ②注意保护好钳柄的绝缘管，以免破损而造成触电事故
尖嘴钳		用来剪切导线、夹持小螺钉及代替人手去伸不到的地方进行各种作业。使用时注意事项与钢丝钳相仿
斜口钳		用来整修焊点、剪切导线和过长的元件引脚 使用时注意选用合适规格的斜口钳
扁嘴钳		用来旋螺母和夹持元件引线等。使用时应注意在夹持导线、元件引线时用力要均匀

续表

名称	示意图	说明
剥线钳		用来剥、削小直径导线线头的绝缘层，使用时注意根据不同的线径来选择剥线钳不同的刃口
活络扳手		用来拧紧或拆卸六角螺母。使用时注意 ①不能当锤子用 ②要根据螺母大小选择不同规格的活络扳手
螺丝刀	一字口 绝缘层 一字槽型 十字口 绝缘层 十字槽型	用来旋紧或拆卸各种螺钉。使用时注意 ①根据螺钉大小、规格选用相应螺丝刀，否则容易损坏螺钉与螺丝刀 ②不能使用穿芯螺丝刀 ③螺丝刀不能当凿子用
镊子		用来夹持小零件、元器件等物，在焊接中，还可用来夹持被焊元件的引线，以利于散热而避免烧毁元件 使用时注意：在焊接过程中，镊子夹持点与焊点距离不能太近
小刀		用来裁切绝缘纸或剥、削导线绝缘层，刮去线头绝缘漆 使用时注意刀口朝外进行操作。使用后要及时把刀身折入刀柄内，以免刀刃受损或危及人身安全
剪刀		用来剪切细导线、绝缘带、尼龙拉线或剥削导线绝缘层。使用时注意力量不能过猛，以免伤人
锤子		供拆装电动机轴承等作锤击用。使用时注意右手应握在木柄的尾部，才能施出较大的力量
锉刀		用来锉削各类金属部件或小配件等。使用时注意锉削不同加工件应使用不同的锉刀（锉刀有板锉、圆锉、什锦锉等）
毛刷		用来清洁洗衣机内的灰尘、杂质等。使用时注意 ①保持毛刷的清洁 ②清洗毛刷后，要捋平毛头，让其自干
试电笔	钢笔式试电笔 旋凿式试电笔	用来检测设备是否通电、漏电等。使用时注意手应触及笔身金属体（尾部），试电笔的小窗口朝向自己
绕线机	绕线模 圈数盘（计数盘） 锥形螺母（有螺纹） 手柄 底座	用来绕制电动机绕组或电气线圈。使用时注意 ①绕线机底座应固定在工作台上，机座的外侧边缘与工作台或桌边的距离以 10~12mm 为宜 ②若绕线机转动时齿轮摩擦声大，可以注入少许润滑油。同时，要注意保持清洁，及时清除灰尘

续表

名称	示意图	说明
嵌线工具（刮板、压线板）	刮板 压线板	用来嵌制电动机定子绕组。使用时注意 ①刮板刮线部分要光滑，厚度 a 要适当，以刮板的头部能深入槽内 2/ 3 为宜，宽度 b 则以 15~30mm 为宜 ②压线板压线部分的宽度 t 按槽形顶部尺寸缩小 0.6~0.7mm，长度 L 以 30~60mm 为宜。压线板表面要光滑，以免划伤导线绝缘
拉模（又称拉机、拉马）		用来拆皮带轮、联轴器和滚动轴承等。使用时注意拉模的丝杆要对准转动轴的中心，摆正拉模，均匀地转动拉模的手柄

二、常用检修仪表

常用检修仪表有万用表、兆欧表、电压表、电流表、耐压试验器等。

1. 万用表

万用表是测量电压、电流和电阻等参数的仪表，其外形及具体使用方法分别见图 8-1 和表 8-2。

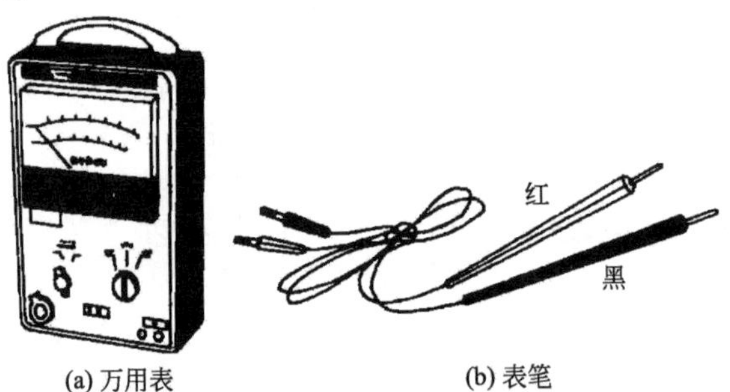

(a) 万用表　　(b) 表笔

图 8-1　万用表的外形

表 8-2　万用表的使用

项目	示意图	说明
使用前	机械零位调整	①万用表应水平放置 ②若万用表指针不在零位，可以调整机械零位调整旋钮，使指针指在零位

续表

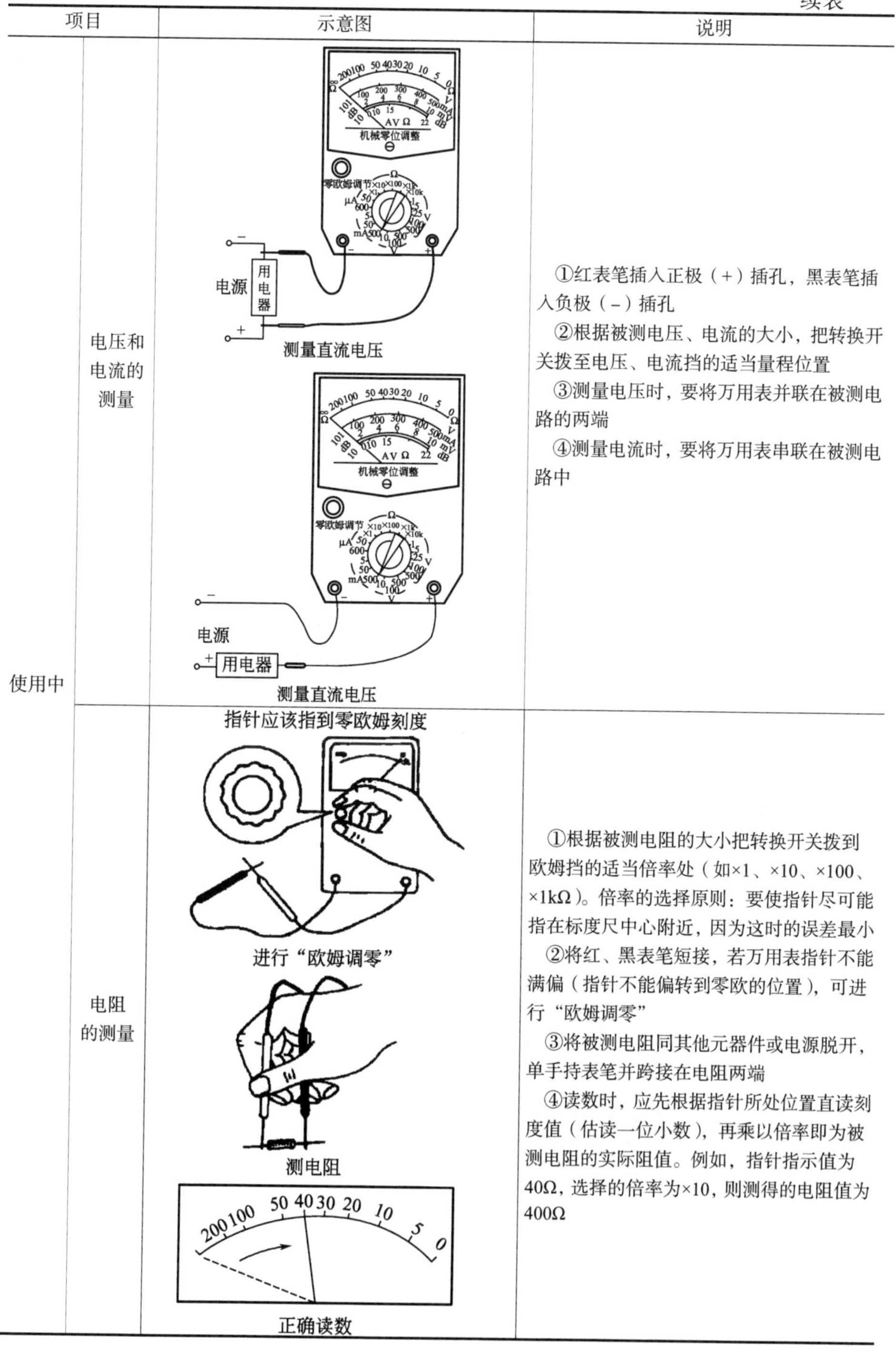

项目		示意图	说明
使用中	电压和电流的测量	测量直流电压 测量直流电压	①红表笔插入正极（+）插孔，黑表笔插入负极（-）插孔 ②根据被测电压、电流的大小，把转换开关拨至电压、电流挡的适当量程位置 ③测量电压时，要将万用表并联在被测电路的两端 ④测量电流时，要将万用表串联在被测电路中
	电阻的测量	指针应该指到零欧姆刻度 进行“欧姆调零” 测电阻 正确读数	①根据被测电阻的大小把转换开关拨到欧姆挡的适当倍率处（如×1、×10、×100、×1kΩ）。倍率的选择原则：要使指针尽可能指在标度尺中心附近，因为这时的误差最小 ②将红、黑表笔短接，若万用表指针不能满偏（指针不能偏转到零欧的位置），可进行“欧姆调零” ③将被测电阻同其他元器件或电源脱开，单手持表笔并跨接在电阻两端 ④读数时，应先根据指针所处位置直读刻度值（估读一位小数），再乘以倍率即为被测电阻的实际阻值。例如，指针指示值为40Ω，选择的倍率为×10，则测得的电阻值为400Ω

续表

项目	示意图	说明
使用后	干电池 万用表　万用表干电池盒盖 取出干电池	①将选择开关拨到 OFF 或最高电压挡，防止下次测量时不慎烧坏万用表 ②长期搁置不用时，应将万用表中的干电池取出 ③平时万用表要保持干燥、清洁，严禁振动和机械冲击

2. 兆欧表

兆欧表是测量绝缘电阻的仪表，其外形图及具体使用方法分别见图 8-2 和表 8-3。

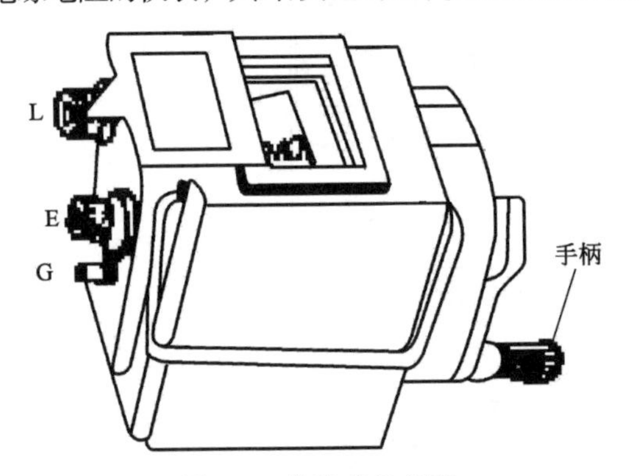

图 8-2　兆欧表的外形

表 8-3　兆欧表的使用方法

项目		示意图	说明
使用前	水平放置		应放置在平稳的地方，以免在摇动手柄时因表身抖动和倾斜产生测量误差
	开路试验	120r/min	先将兆欧表的两接线端分开，再摇动手柄。正常时，兆欧表指针应指“∞”
	短路试验	120r/min	先将兆欧表的两接线端（“L”“E”）接触，再摇动手柄。正常时，兆欧表指针应指“0”

续表

项目		示意图	说明
使用中	设备对外壳的绝缘性能测试		用单股导线将“L”端和设备（如电动机）的待测部位连接，“E”端接设备外壳
	设备绕组间的绝缘性能测试		用单股导线将“L”端和“E”端分别接在电动机两绕组的接线端
使用后			使用后，将“L”“E”两导线短接，对兆欧表作放电处理，以免发生触电事故

3. 电压表与电流表

电压表与电流表是分别测量电路电压和电流的仪表，其外形图及具体使用方法见表 8-4。

表 8-4　电压表与电流表的外形图及具体使用

名称	示意图	说明
电压表		①注意被测电量的性质（是直流还是交流） ②选择适当量程，不能过大或过小 ③与被测电压并联
电流表		①注意被测电量的性质（是直流还是交流） ②选择适当量程，不能过大或过小 ③与被测电路串联

4. 钳形电流表

钳形电流表是用来测量交流电流的一种常用仪表，其外形及结构如图 8-3 所示，使用步骤见表 8-5。

表 8-5　钳形电流表的使用步骤

步骤	使用要领
机械调零	使用前，检查钳形电流表的指针是否指在零位。若没指在零位，可用小螺丝刀轻轻旋动机械调零旋钮，使指针回到零位上
清洁钳口	测量前，要检查卡钳口的开合情况以及卡钳口面上有无污物。若卡钳口面上有污物，可用溶剂洗净，并擦干；若有锈斑，应轻轻擦去
选择量程	测量时，应将量程选择旋钮置于合适位置，测量时使指针偏转在标度尺的后 1/4 段上，以减少测量误差
测量电流	紧握钳形电流表把手和扳手，按动扳手打开钳口，将被测线路的一根载流导线置于钳口内中心位置，再松开扳手使两钳口表面紧密贴合，端平仪表，然后读数，即可测得线路电流值
高量程挡存放	测量完毕，退出被测导线。将量程选择旋钮置于高量程挡上，以免下次使用时不慎损伤仪表

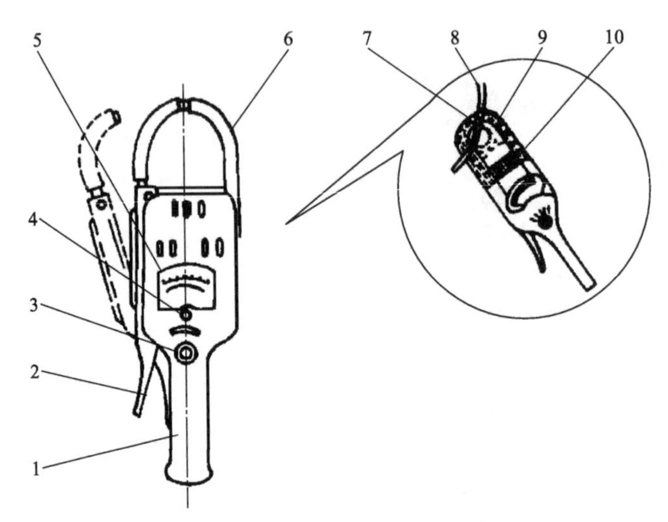

图 8-3　钳形电流表的外形及结构

1—把手；2—扳手；3—量程选择旋钮；4—机械调零旋钮；5—电流表；

6—卡钳；7—磁通；8—被测电线；9—铁芯；10—线圈

5. 耐压试验器

耐压试验器是检测各种仪器设备、家用电器、电气元件抗电强度的仪器。表 8-6 为 NY-8502 型耐压试验器的操作说明，其面板布置如图 8-4 所示。该仪器主要由定时控制电路、手动和自动电路、调压器、高压变压器、电流取样检测放大电路和报警系统组成。输出电压 0~5000V（交流）可调，输出功率 1kW，试验电流设定有 0.5~30mA 共 8 挡，试验时间 10~180s 可调，电源电压 220 V±10%、50Hz。

表 8-6　NY-8502 型耐压试验器的操作说明

操作方法	注意事项
①在电源开关（K_1）处于关闭位置时，将电压调节旋钮（W_1）置于最小位置，设定限流控制的最大电流 K_5 ②把测试棒与高压输出端相连，接地端与大地相连，电源插头插入电源插座内，并打开电源开关（K_1），电源指示灯（T_1）亮	①在开机前，应检查测试棒和引线绝缘层是否损坏、断裂 ②仪器在使用时，操作人员必须站在绝缘垫上
③置自动-手动开关（K_2）于手动位置	③接地端（机壳）应可靠接地。当接地不良时，仪器可能处于高电位状态，人体触及外壳时会发生触电、麻电现象
④按手动试验按钮(K_{14}),并调节电压调节旋钮(W_1),设定试验电压	④在没有切断电源开关时，切忌触摸高压输出端。仪器在不使用时，应把输出电压旋钮旋到最小位置

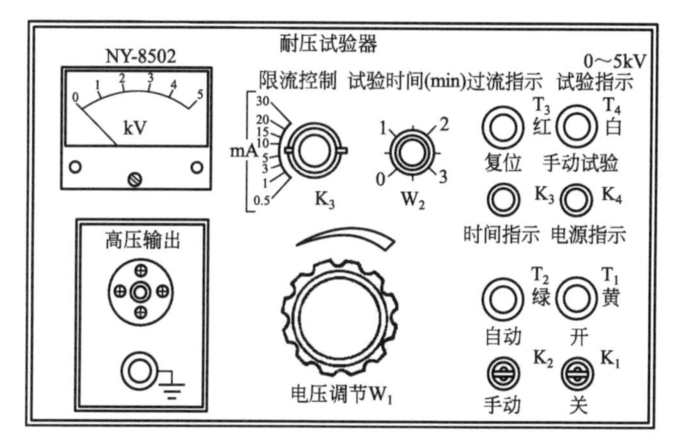

图 8-4 NY-8502 型耐压试验器的面板布置图

三、自制工具

对于上门检修或业余修理洗衣机的维修人员，还可配备一些自制工具，如 T 形套筒扳手、测试用配电板等，见表 8-7。

表 8-7 自制工具

名称	说明
自制测试用配电板（箱）	自制测试用配电板（箱）是用于测试洗衣机电动机电气性能的，如图 8-5 所示。 选用器材 ①调压变压器 TV：1kW、0~250V 可调 ②电压表 V：44L1-V、0~250V ③电流表 A：44L1-A、0~5A ④防漏开关 K：10A ⑤保险丝 FU_1、FU_2：5A ⑥二芯、三芯插座 S_1、S_2：6A 安装时，可以把元件都安装在一块电工配电板上，也可把元件安装在仪器箱内，方便携带
自制专用 T 形套筒扳手	用来拧动各种规格的扁平螺母，如图 8-6 所示

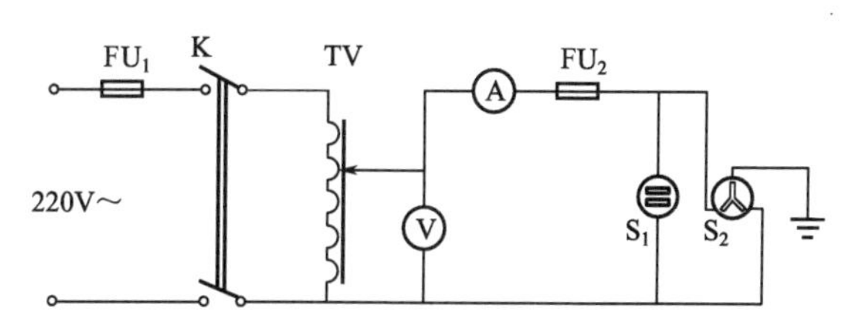

图 8-5 测试用配电板电气原理图

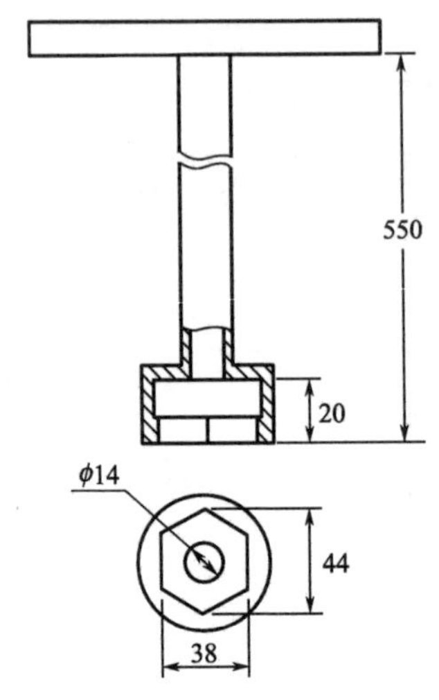

图 8-6　自制专用 T 形套筒扳手尺寸图

第二节　检修的常用材料

一、润滑剂

1. 对润滑剂的要求

洗衣机需要添加润滑剂的部位是电动机的转动轴。由于它处于潮湿环境中，又在高速滚动或活动摩擦下运动，因此为保持运动机构的正常润滑，应选用抗水性好、摩擦系数小的润滑剂。

2. 润滑剂的种类

在修理洗衣机过程中，常用到的润滑剂有润滑油和润滑脂 2 类，如 20 号机械油和 2 号、3 号润滑脂等。

3. 润滑剂的选用

在选用润滑剂（油或脂）时应注意：

① 选用润滑油时，应注意油的黏度（黏度是指油的内摩擦系数，它是润滑油的一个重要指标）。油的黏度大小，意味着摩擦阻力的大小。洗衣机通常用的润滑油是 20 号机械油，市场上容易买到，比较经济。

② 选用润滑脂。选用润滑脂应注意润滑脂的耐水性和针入度（针入度是表示润滑脂软硬度的指标）。由于洗衣机在潮湿的环境下工作，必须选用耐水性好的润滑脂。对于滚动轴承来说，通常选用 2 号或 3 号润滑脂比较合适。润滑脂牌号与

针入度的关系见表 8-8。

表 8-8　润滑脂牌号与针入度的关系

牌号	1 号	2 号	3 号	4 号	5 号
针入度	310~340	265~295	220~250	175~205	130~160
软硬度	很软	软	中软	硬	很硬

③ 润滑剂的添加量。轴承内润滑剂的作用是在两摩擦面之间形成一层隔离的油膜，以减少摩擦和发热量，降低噪声，延长轴承的使用寿命。润滑剂的用量以填入轴承空间的 1/3 为宜。有人认为润滑剂填入越多越好，甚至把轴承空间全部填满，其实这样往往适得其反。

二、胶黏剂

1. 胶黏剂的种类

在洗衣机的零部件中，除金属和部分橡胶制品外，多数部件都采用聚丙烯、ABS、聚氯乙烯等塑料。它们的物理特性见表 8-9。

表 8-9　塑料的物理特性

名称	主要物理特性
聚丙烯塑料	表面硬度高，一般为乳白色半透明体，没有油腻感。放在水中能浮于水面，在沸水中不软化。密度小、成型性能好，有较高的抗弯曲疲劳强度和良好的耐热性
ABS 塑料	外表坚硬平滑，颜色鲜艳，耐热性较好，一般在 113℃左右才变形。有较高的冲击韧性和机械强度，耐化学性和电绝缘性良好。易于注塑成型和进行机械加工，制品尺寸稳定
聚氯乙烯塑料	外表坚硬平滑，敲击时声音发闷，颜色鲜艳，受热变软（在 60℃热水中易软化变形），放入水中下沉
聚苯乙烯塑料	透明度高（88%~92%）、着色性能好，易于热注塑成型，具有一定的机械强度，化学稳定性和电气绝缘性能都较良好
聚乙烯塑料	具有良好的柔韧性，弹性好，具有优越的电性能，介质损耗小
聚碳酸酯塑料	具有良好的耐冲击性，耐温度变化性能好，既耐热又耐寒，制品尺寸稳定
聚甲醛塑料	抗压、抗拉强度高，具有突出的耐疲劳及耐冲击性能
尼龙	具有良好的电性能、热性能和机械综合性能

塑料可分热固性塑料和热塑性塑料，而洗衣机常用的塑料是热塑性塑料。对于热塑性塑料来说，一般可用溶剂、热焊或胶黏剂粘接。洗衣机常用塑料的溶剂、胶黏剂见表 8-10。

表 8-10 洗衣机常用塑料的溶剂、胶黏剂

塑料名称	溶剂	胶黏剂	
聚丙烯	四氢萘 十氢萘	环氧+多元酐胶 环氧-沥青胶 丁腈橡胶黏剂	环氧+多胺胶 环氧-聚硫胶 环氧+聚酰胺胶
ABS	丙酮 苯 甲苯 乙酸乙酯	聚丙烯酸酯类胶 环氧+聚酰胺胶 环氧+多元酐胶 环氧-聚硫胶	聚氨酯胶 环氧+多胺胶 环氧-沥青胶
聚氯乙烯	四氢呋喃 二甲基酰胺	聚丙烯酸酯类胶 环氧+聚酰胺胶	聚氨酯胶 环氧-聚硫胶

2. 粘接的处理

塑料的表面往往沾有一些脱模剂、油污、增塑剂及其他污物，必须用相应的溶剂先去除污物，然后进行机械处理和化学处理。

（1）粘接前表面的除污

① 处理聚丙烯和聚氯乙烯塑料表面。

氧气焰处理（方法一）：先用砂布打磨，置于可燃气体燃烧产生的氧气焰上3~5s，连续3次，以得到含碳的极性表面。放入65~70℃的氢氧化钠溶液（30%）中浸泡3~5min，用水漂洗，再在65~70℃的溶液（三氧化铬10g，浓硫酸40mL）中浸洗2~10min，取出后用70~75℃热水冲洗5~7min后，再用水漂净，放在65~70℃处晾干。

处理液处理（方法二）：先经喷砂或砂布打磨，清洗后放入20℃的处理液（重铬酸钠10g，浓硫酸55mL，水8mL）中，浸泡90min后，用水漂净，在室温下晾干。

② 处理ABS塑料的表面。将粘接物表面喷砂或以砂布打磨，用丙酮或无水乙醇脱脂后放入60℃铬酸溶液中，浸泡20min后取出水洗、干燥。

（2）表面的粘接　在已清洁处理好的粘接物表面用毛笔均匀地涂上一层底胶，等干燥3~5min后再涂第二层胶，再干燥3~5min即可黏合。黏合件最好在约0.05MPa的压力下放置24h后再用。

第三节　检修方法和程序

一、检修方法

洗衣机的检修方法和步骤见表8-11。

表 8-11　洗衣机的检修方法和步骤

检修方法		说明
感官检查法	用“眼”看	洗衣机的外观有无碰撞划痕或变形；看电源引线是否破伤；看旋钮、按键是否短缺损坏；看洗衣机内部接线是否良好，有无虚焊、脱焊情况；看电动机、电容器等元器件有无烧焦发黑痕迹等。一旦发现某处不良，便从该处深入进行查看和分析
	用“耳”听	听洗衣机在洗涤、排水或脱水工作时有无碰撞、摩擦等异常声响。通过耳听，可以发现电动机转子扫膛、轴承磨损、电动机风叶松动、电动机内有杂物、离合器棘爪不到位、紧固件松动或抱簧失效等故障
	用“鼻”闻	闻洗衣机中有无油漆等烧焦的异常气味。用鼻闻可判断洗衣机电磁铁、电动机及电容器的损坏程度
	用“手”摸	触摸洗衣机机身或将洗衣机横倒触摸电动机电磁铁及传动皮带等，判断洗衣机各部位紧固件的松动程度以及传动皮带的松弛状况
万用表检查法	电压法	用万用表交流电压挡测量洗衣机各种工作状态下的电压是否正常，以此来判断洗衣机发生故障的部位。比如，当洗衣机插头插上电源，启动电源开关后，洗衣机不能工作，电源指示灯也不亮。此时可利用万用表交流挡（交流 250V 挡）测量插座是否有电（220V 交流）
	电阻法	用万用表的欧姆挡测量洗衣机各电气部件的直流电阻是否符合产品设计的数值。比如用万用表电阻挡测电磁铁线圈是否有接地或断路现象；测电动机主、副绕组直流电阻是否正常等。在测量中如果发现电磁铁线圈接地、断路或电动机主、副绕组直流电阻与正常值相差较多，应给予重点检查和修理
	短路电流比较法	用电桥或采用变压器、交流电流表对电气部件进行测量比较，如图 8-7 所示。用电桥就可很快检测出绕组轻微短路。另外，也可用安全变压器（有 0~250V 的调压器更好），按图 8-7 所示的接法将电动机绕组的连接点分开，在测量回路中串联一只 0~10A 的交流电流表，对每个绕组的短路电流进行测量比较。有短路故障的绕组要比正常绕组的短路电流大得多，即使只有几匝短路，其短路电流也有极其明显的区别。此法简便、迅速。但测量时要注意电路电压的波动因素，应尽可能缩短测量时间，以免电流过大烧坏电动机及变压器绕组
模拟操作检查法		模拟操作检查法是指重新模拟洗衣机工作的操作，观察洗衣机的工作状态。比如，在洗衣机通电前，检查各种按钮、开关是否在正常位置，其联动机构、触点是否良好等；通电后，观察按钮、开关是否到位，工作状态有何变化，使洗衣机的故障现象重现（暴露）

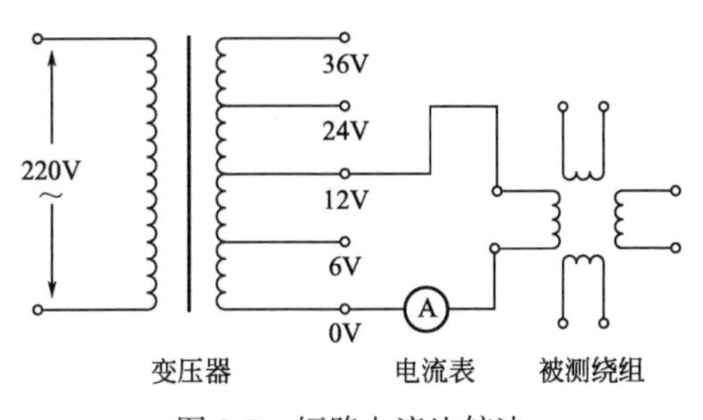

图 8-7　短路电流比较法

二、检修步骤

洗衣机在使用中，出现有异常声响等故障后，应首先切断电源，查明或判断产生故障的原因，才能进行修理，切不可乱拆乱卸。

检修洗衣机一般可分为问察故障、分析判断、检查分析、维修操作 4 个步骤，见表 8-12。

表 8-12　检修步骤

检修步骤	说明
问察故障	①询问。询问发生故障时的现象和状态等 ②观察。观察洗衣机外观 ③感观。凭感观察觉洗衣机的异常现象 ④操作。模拟操作（演示）故障发生时的状态
分析判断	根据故障现象分析判断故障原因
检查分析	根据分析得出意见，再对分析结果进行验证，可通过拆卸部分零部件来检查
维修操作	找到故障元器件后，对其修理或替代

表 8-12 所示的 4 个步骤不是固定模式，维修人员在现场可随机掌握、交叉采用，通过相互配合确保维修操作的准确、快捷、彻底。

三、检修细则

1. 用户自检

用户在请求修理洗衣机前的自检项目见表 8-13。

表 8-13　自检项目

故障现象	故障原因
洗衣机的电动机不转	①停电 ②保险丝烧断 ③电源插头未插上 ④电源插头与插座接触不良 ⑤电源按钮未按下（全自动）
洗衣机工作时有异常声音	①有硬币、发卡等金属物带入洗涤桶 ②安装位置倾斜
洗衣机不能排水	①排水管出口太高 ②排水管堵塞 ③排水延长管太长 ④旋钮未处在排水位置 ⑤排水管被冻住了（冬天） ⑥洗衣机的控制排水开关设置在“全自动”位置上
洗衣机不脱水或脱水速度减慢	①脱水桶盖未关 ②脱水桶轴被衣物缠住 ③洗衣机的控制排水开关设置在“全自动”位置

续表

故障现象	故障原因
洗衣机脱水时有异常声音，振动剧烈	①脱水桶内洗涤物装得太满 ②压盖未平整压入 ③洗衣机不平稳
脱水桶不停	刹车控制带太长

2. 维修流程

① 波轮式洗衣机的维修流程如图 8-8 ~ 图 8-13 所示。

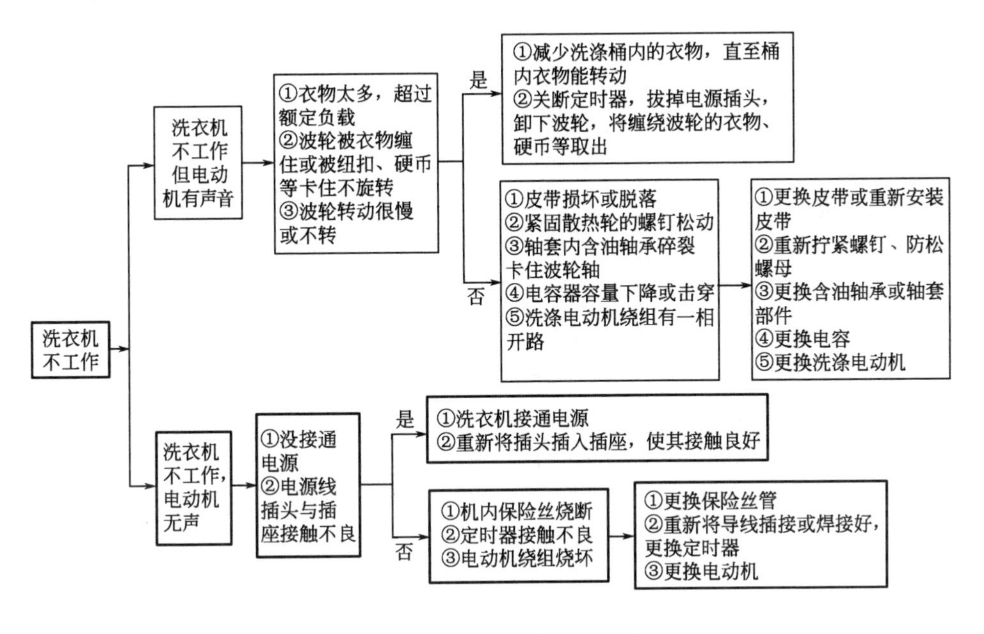

图 8-8 洗衣机不工作的维修流程

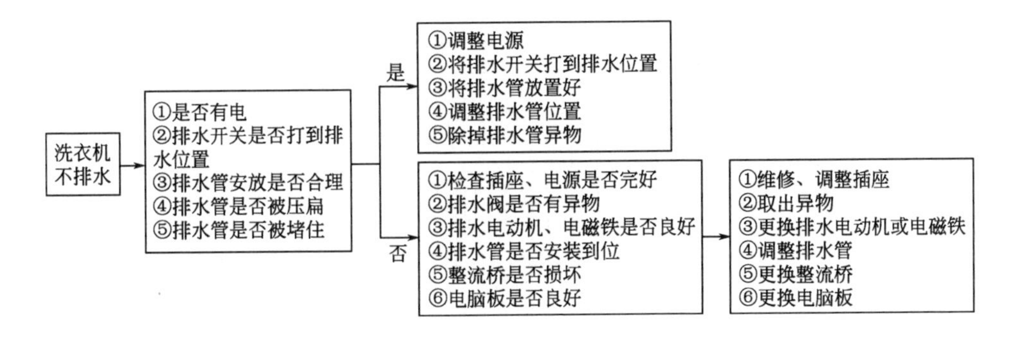

图 8-9 洗衣机不排水的维修流程

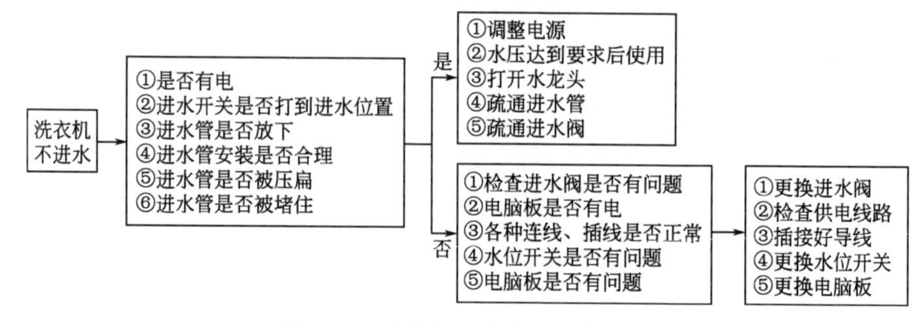

图 8-10 洗衣机不进水的维修流程

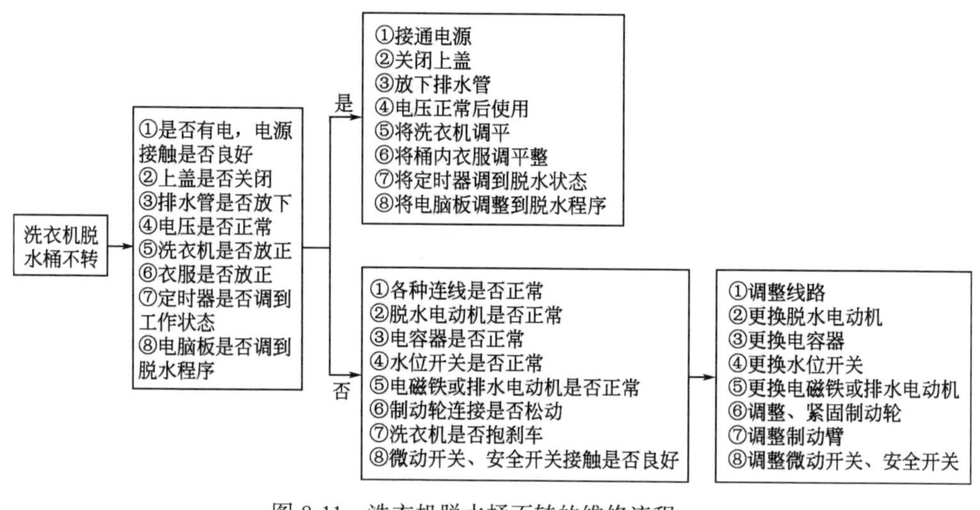

图 8-11 洗衣机脱水桶不转的维修流程

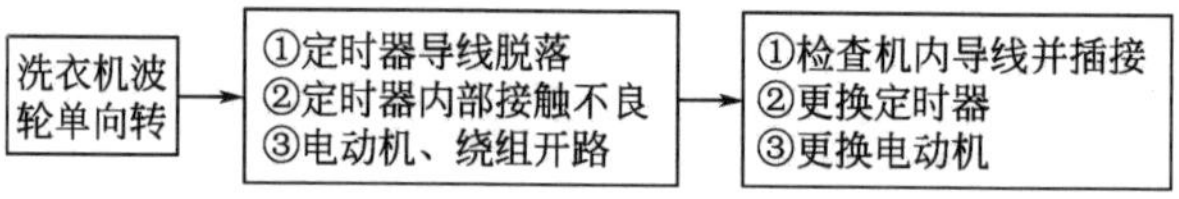

洗衣机波轮单向转

①定时器导线脱落
②定时器内部接触不良
③电动机、绕组开路

①检查机内导线并插接
②更换定时器
③更换电动机

图 8-12 洗衣机波轮单向转的维修流程

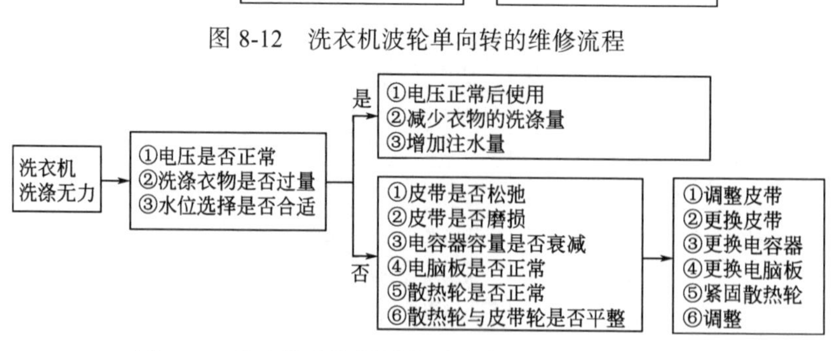

图 8-13 洗衣机洗涤效果差（洗涤无力）的维修流程

② 滚筒式洗衣机的维修流程如图 8-14 ~ 图 8-21 所示。

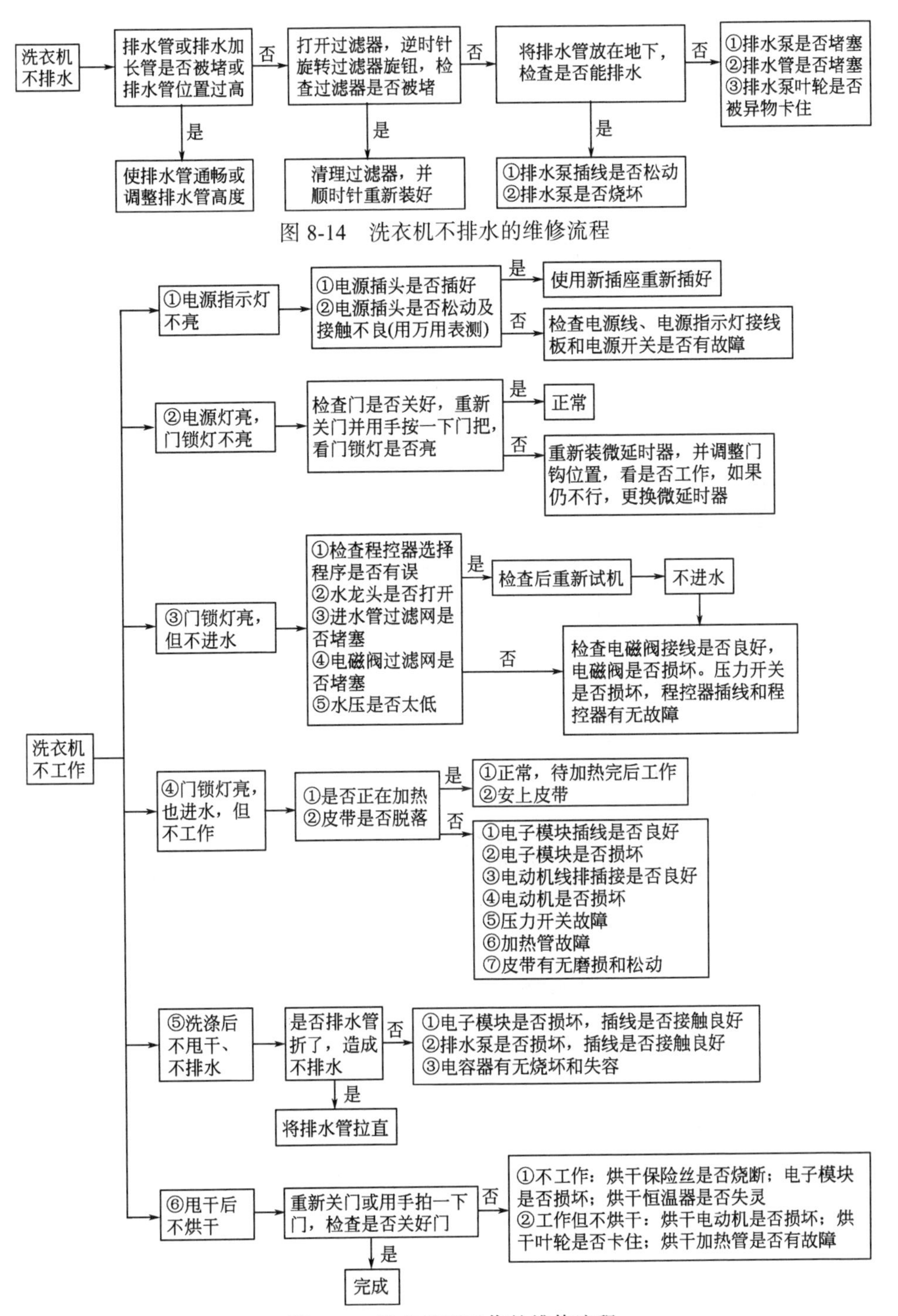

图 8-14　洗衣机不排水的维修流程

图 8-15　洗衣机不工作的维修流程

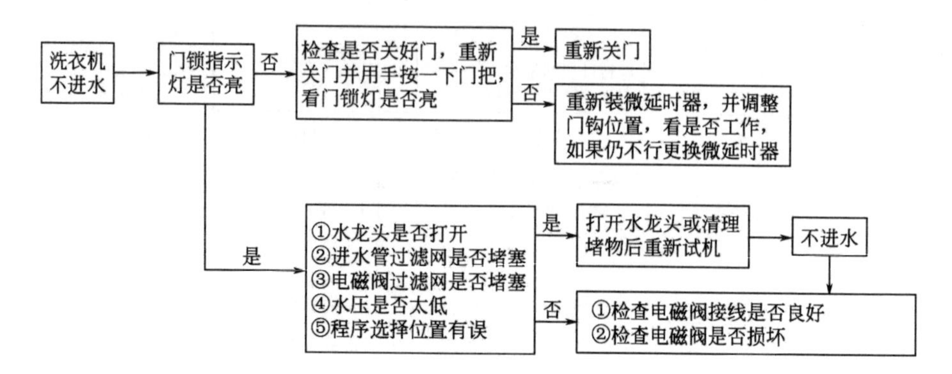

图 8-16　洗衣机不进水的维修流程

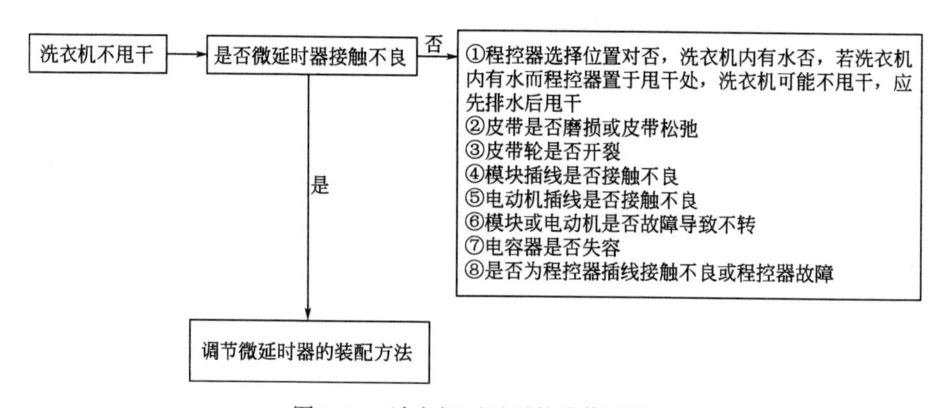

图 8-17　洗衣机不甩干的维修流程

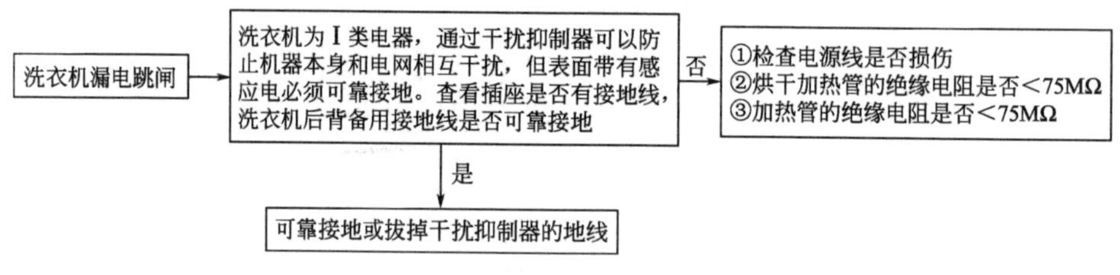

图 8-18　洗衣机漏电跳闸的维修流程

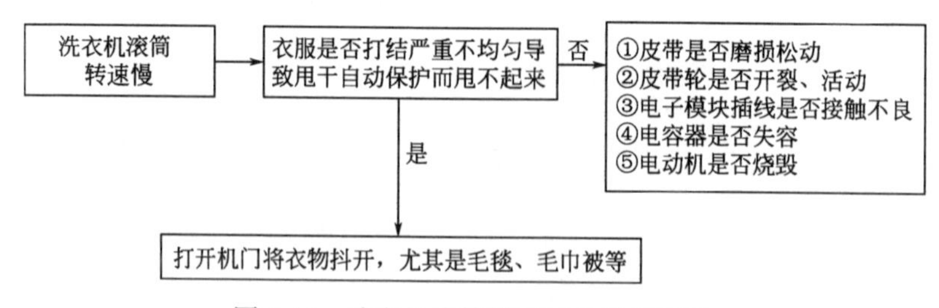

图 8-19　洗衣机滚筒转速慢的维修流程

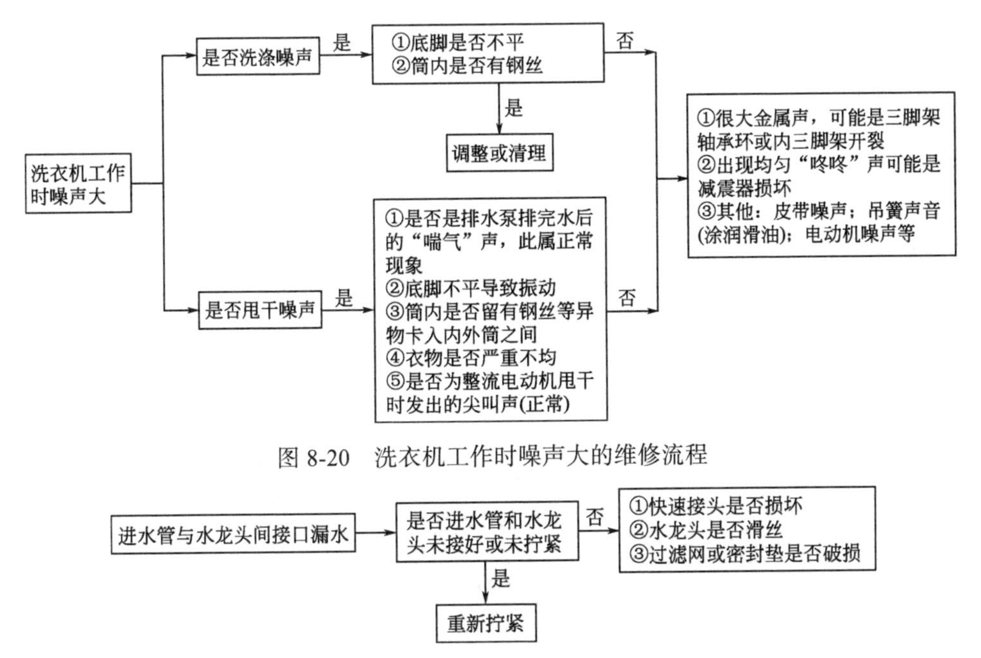

图 8-20　洗衣机工作时噪声大的维修流程

图 8-21　洗衣机进水接口漏水的维修流程

四、检修注意事项

① 在检修中，要充分注意安全用电，尽可能避免带电操作，且应排尽洗衣机内的积水。

② 安装、拆卸时，应妥善保管好零部件，尤其是专用的小元器件，以免丢失。

③ 洗衣机需倾倒时，应先在工作地面上垫一层软材料（如纸片、布等），以保护洗衣机外壳完好。倾倒洗衣机时动作要慢，注意不要碰撞。

④ 维修电路时，应先对有关电器（如电容器）充分放电，避免触电。

第九章

洗衣机常见故障及处理方法

第一节　洗衣机常见故障分析流程

一、波轮式洗衣机常见故障分析流程

波轮式洗衣机常见故障分析流程如图 9-1~图 9-10 所示。

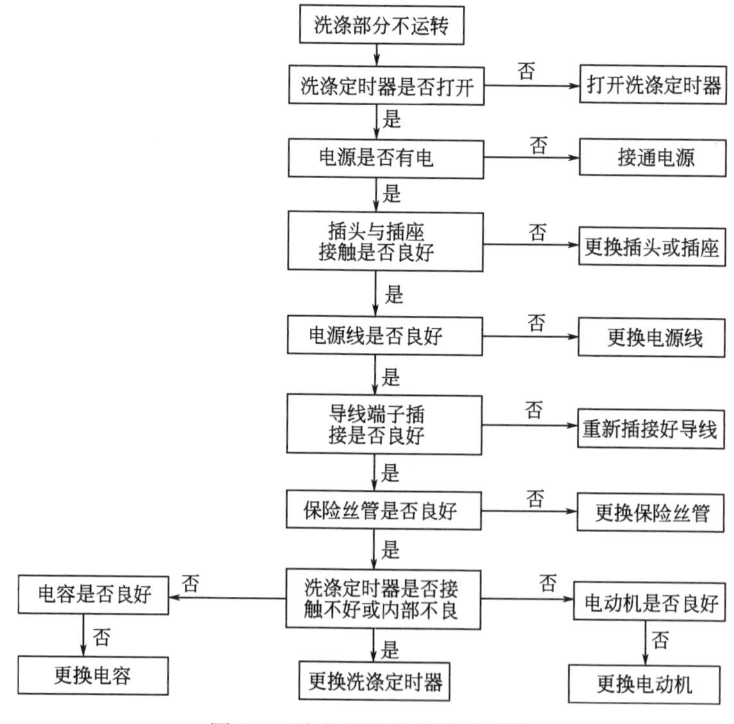

图 9-1　洗衣机洗涤部分不运转

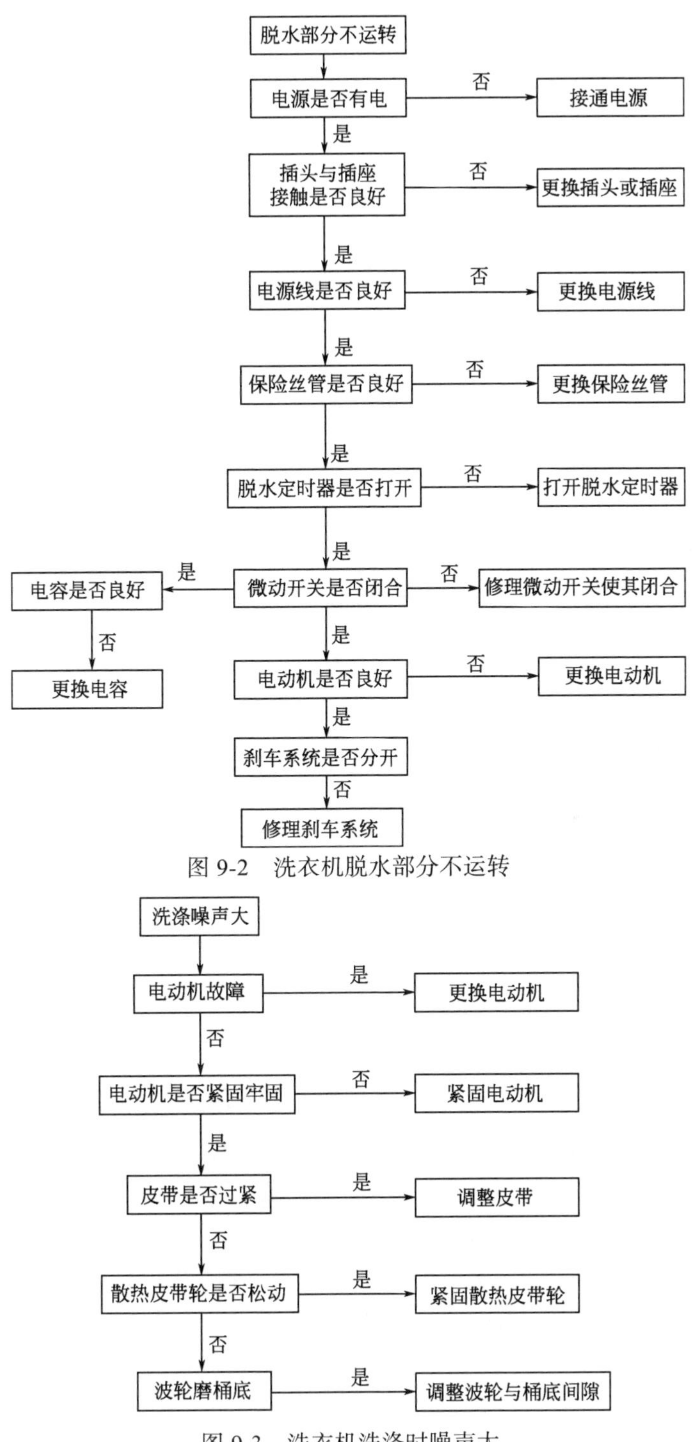

图 9-2　洗衣机脱水部分不运转

图 9-3　洗衣机洗涤时噪声大

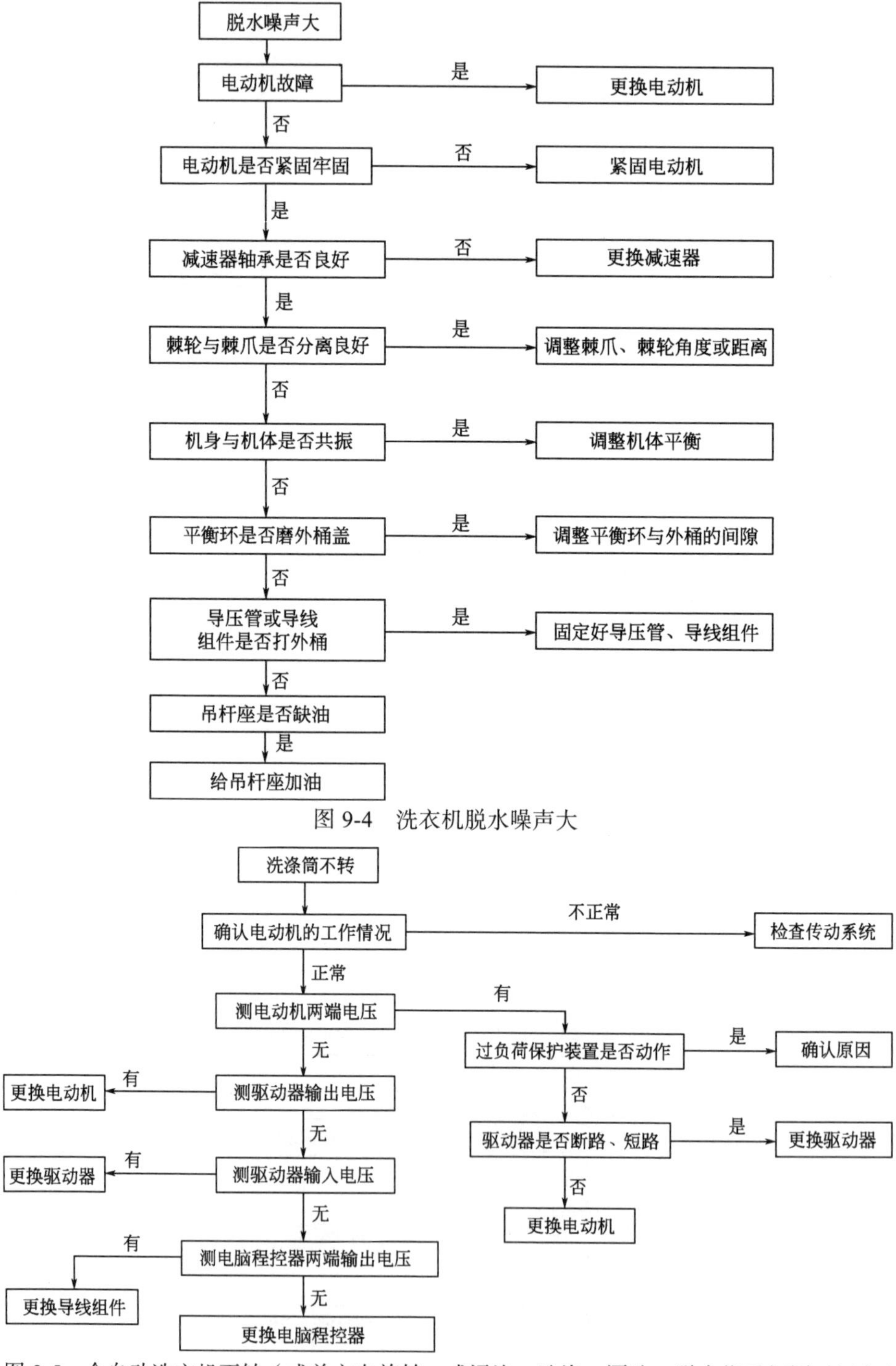

图 9-4　洗衣机脱水噪声大

图 9-5　全自动洗衣机不转（或单方向旋转，或浸泡、洗涤、漂洗、脱水指示灯同时闪亮）

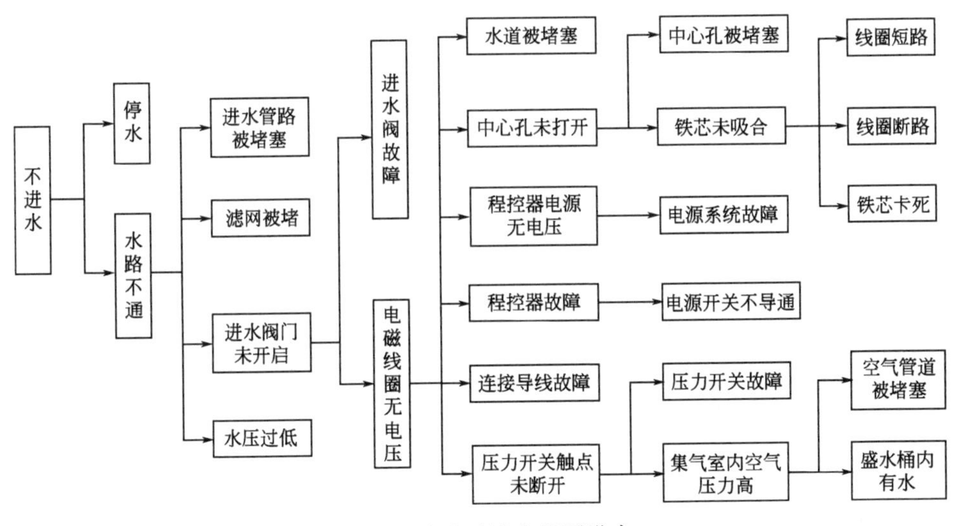

图 9-6　全自动洗衣机不进水

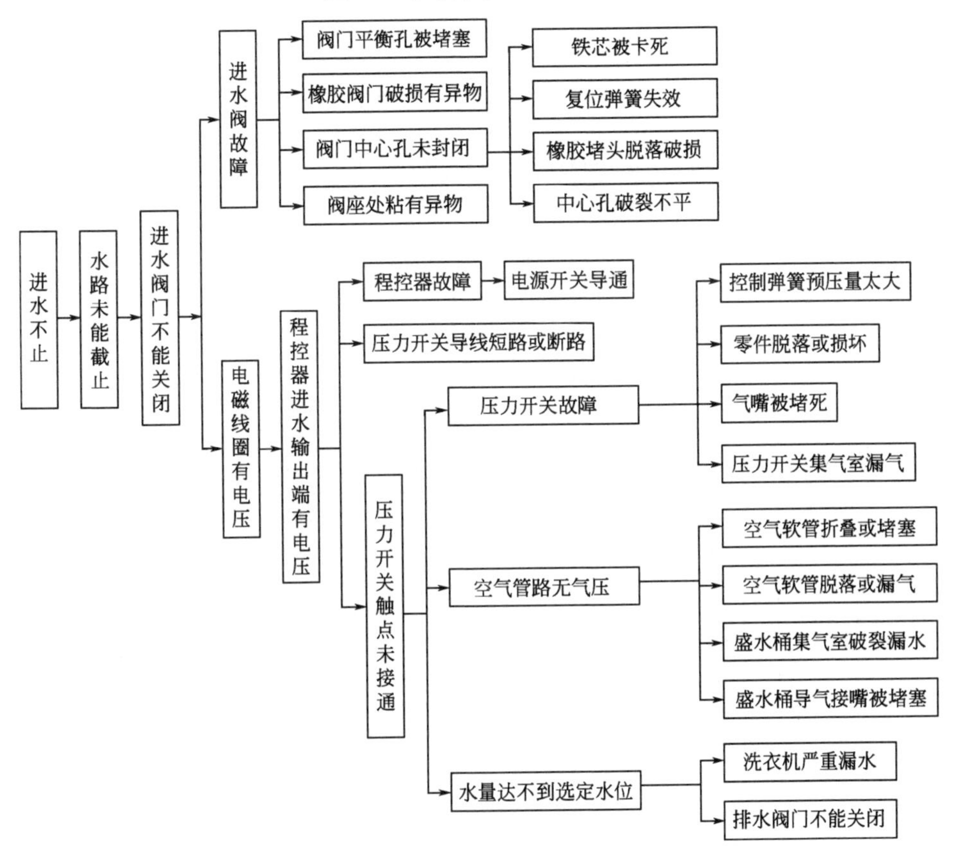

图 9-7　全自动洗衣机进水不止、波轮不转动

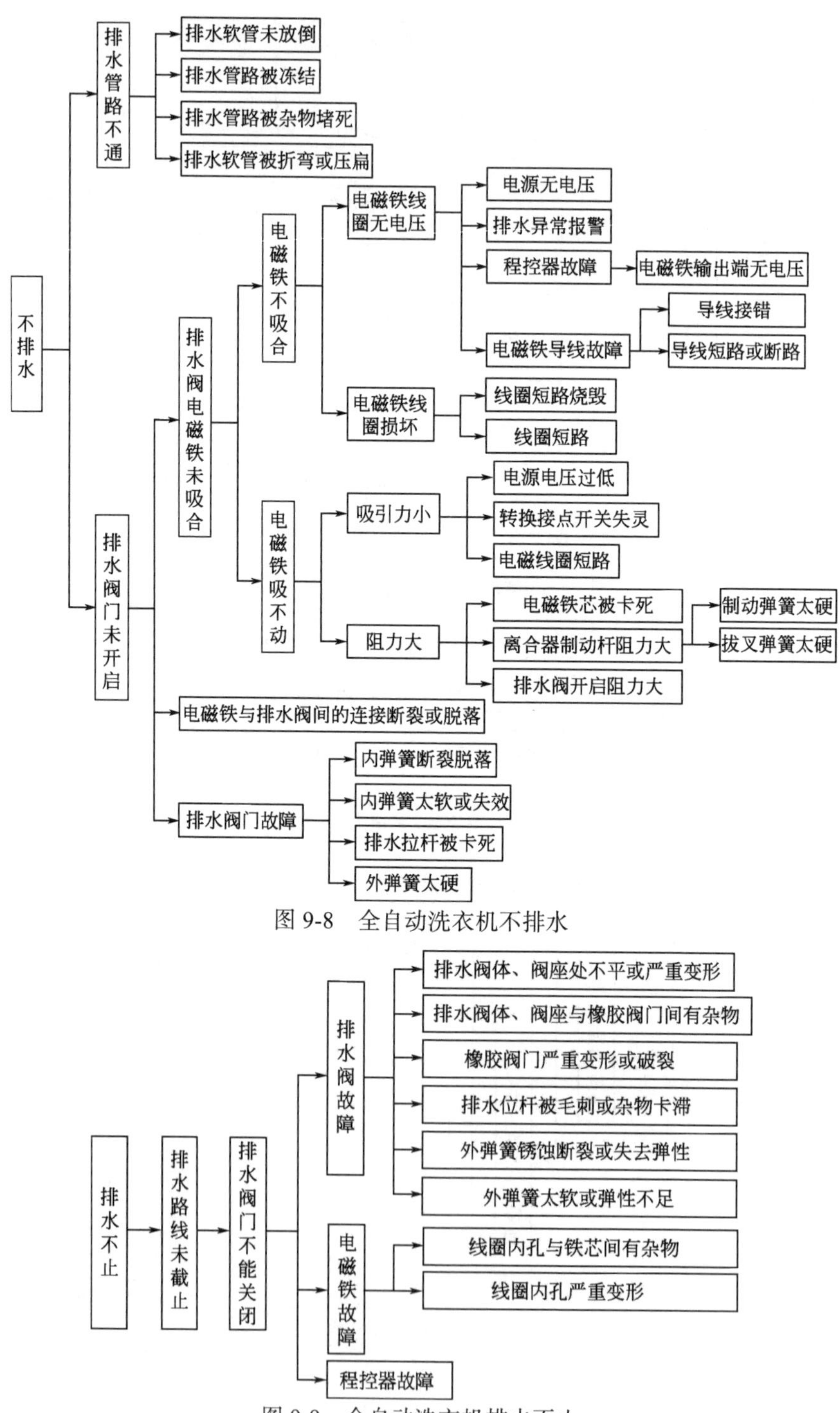

图 9-8　全自动洗衣机不排水

图 9-9　全自动洗衣机排水不止

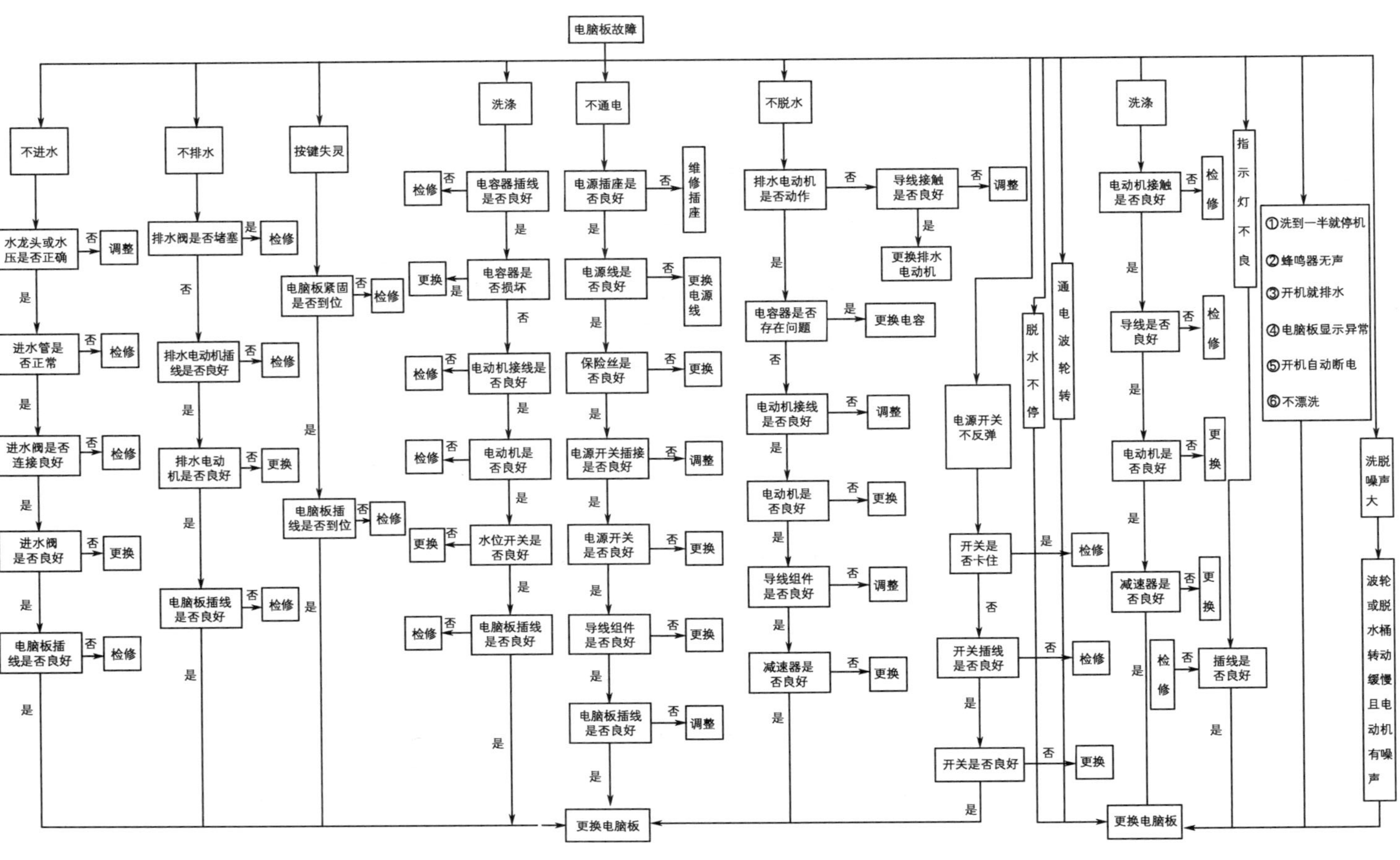

图 9-10 洗衣机电脑板故障分析流程

二、滚筒式洗衣机常见故障分析流程

滚筒式洗衣机常见故障分析流程如图 9-11 ~ 图 9-16 所示。

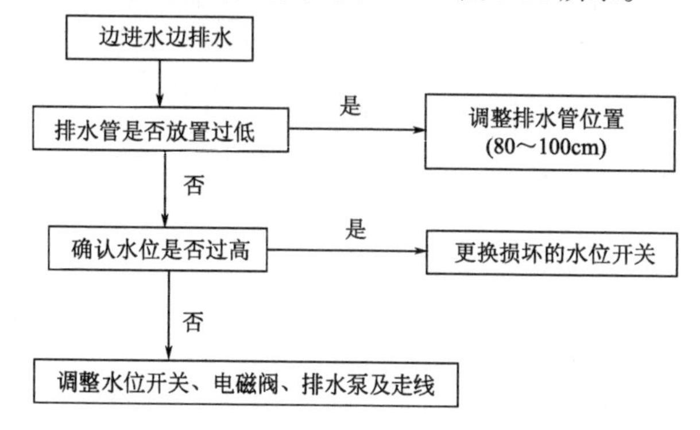

图 9-11　洗衣机一边进水，一边排水

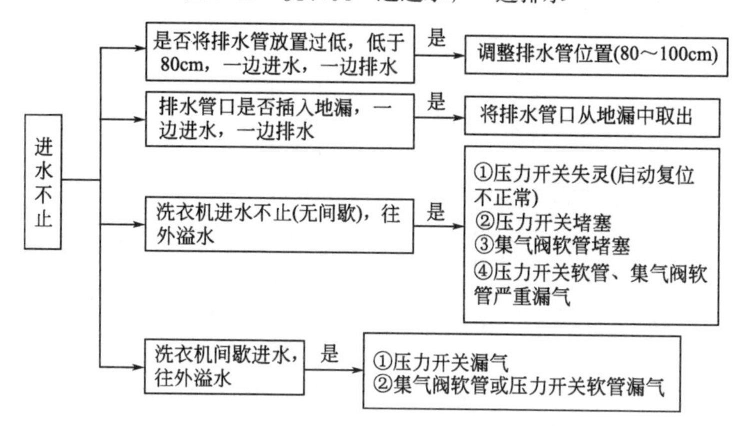

图 9-12　洗衣机进水不止

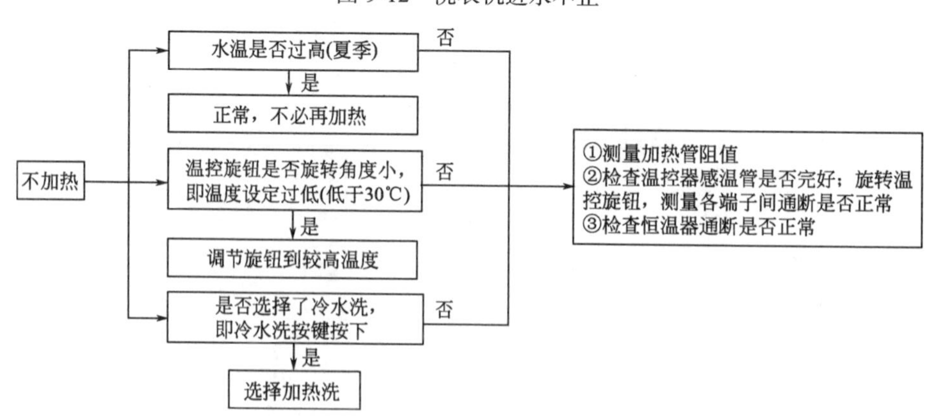

图 9-13　洗衣机不加热

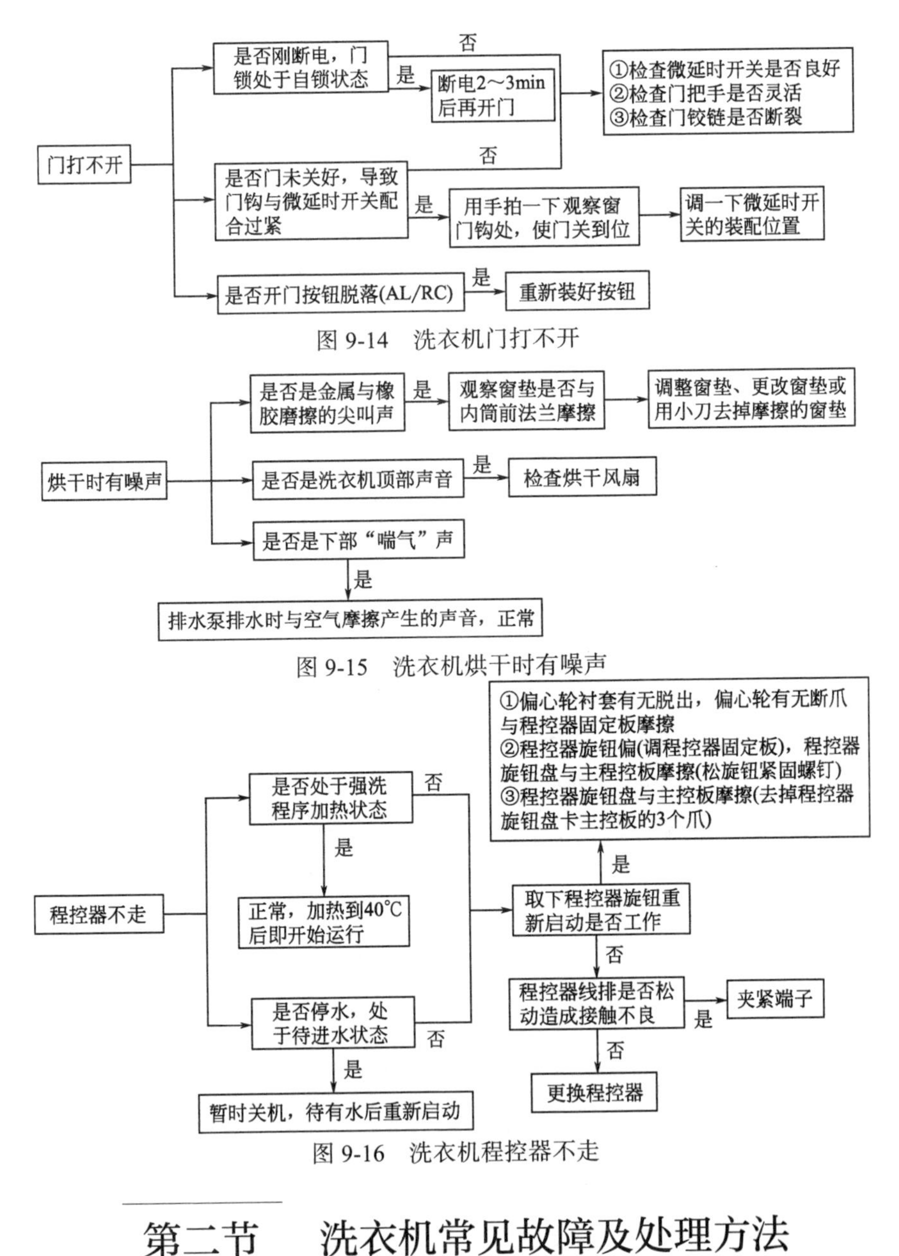

图 9-14　洗衣机门打不开

图 9-15　洗衣机烘干时有噪声

图 9-16　洗衣机程控器不走

第二节　洗衣机常见故障及处理方法

一、波轮式洗衣机常见故障及处理方法

1. 波轮式双桶洗衣机常见故障及处理方法

波轮式双桶洗衣机常见故障及处理方法见表 9-1。

表 9-1　波轮式双桶洗衣机常见故障及处理方法速查表

故障现象	产生原因	处理方法
波轮运转不正常	①按键开关的强洗、中洗、弱洗触点接触不良或引线脱焊 ②洗涤定时器中洗、弱洗触点开关的触点接触不良或引线脱焊 ③洗涤定时器的发条脱钩或齿轮组受阻 ④洗涤定时器主触点粘连，使波轮运转不停	①卸下按键开关，用细砂布打磨接触不良的触点，并调整弹簧片的距离，焊好脱焊的引线 ②卸下洗涤定时器，用细砂布打磨接触不良的触点，并调整弹簧片的距离，焊好脱焊的引线 ③卸下洗涤定时器，检修脱钩的发条，清洗齿轮组 ④卸下洗涤定时器，用细砂布打磨主触点，如果触点已粘连，则应更换主触点
通电后渡轮不运转且伴有嗡嗡声响	①传动皮带松脱 ②波轮被杂物卡住 ③波轮因锈蚀而咬死 ④洗涤电动机存在故障	①重新装上传动皮带且调整好松紧度 ②拨动波轮查看其转动是否灵活，如果有异物（如布条、杂物），则应卸下波轮后进行清理 ③卸下波轮轴组件，更换波轮轴或轴承，装配后注入润滑油 ④检修洗涤电动机
波轮转速变慢	①洗衣量过多 ②传动皮带松弛 ③大（或小）传动皮带的紧固螺钉松脱 ④波轮轴与轴承配合过紧 ⑤洗涤电动机的电容器容量变小	①适当减少洗衣量 ②卸下传动皮带，调整电动机位置后再装上，如果传动皮带过长或破裂，应更换 ③旋紧大（或小）传动皮带的紧固螺钉 ④拆开清洗，添加润滑油 ⑤换上同规格的电容器
脱水桶运转不停（刹不住“车”）	①刹车拉簧脱钩、失去弹性或者刹车块磨损严重，使脱水桶运转不停 ②脱水定时器的发条脱钩或齿轮组受阻，使脱水桶运转不停 ③脱水定时器动、静触点粘连，使脱水桶运转不停	①卸下洗衣机后盖板，挂好脱钩的拉簧或更换失去弹性的拉簧。如果刹车块严重磨损，应更换刹车块。检修后要调整刹车控制绳的长度，使合上脱水外盖后刹车块与刹车鼓（盘）完全分离，打开脱水外盖约 5cm 时刹车块就能抱紧刹车鼓（盘） ②卸下脱水定时器，检修定时器脱钩的发条，如果齿轮受阻，则要清洗齿轮组。如果无法修复应更换新件 ③卸下定时器，分开粘连的动、静触点，并用砂布打磨，如果无法修复，则应更换新件
脱水桶不能启动运转	①脱水刹车控制绳脱钩或控制绳过长，造成合上脱水外盖后刹车块与刹车鼓（盘）不能分离 ②盖开关变形，造成合上脱水桶外盖时盖开关动、静触点不能接触或接触不良 ③脱水定时器动、静触点接触不良或者引线脱焊 ④脱水电动机有故障 ⑤脱水电动机的电容器损坏 ⑥脱水桶轴被布条缠住	①卸下外盖板，调整控制绳长度，使合上脱水桶盖后刹车块与刹车鼓（盘）完全分离，打开脱水桶外盖 5cm 时刹车块能抱紧刹车鼓（盘） ②卸下外盖板，调整盖开关的弹簧片并用细砂布打磨触点，使合上脱水桶后外盖动、静触点接触良好，打开脱水桶 5cm 时动、静触点就能即刻分离 ③卸下脱水定时器，用细砂布打磨动、静触点，焊接好脱焊的引线 ④卸下脱水电动机，检修或换上新的脱水电动机 ⑤换上同规格的电容器 ⑥拧下脱水桶紧固螺母，取出脱水桶，清除缠住转轴的布条

续表

故障现象	产生原因	处理方法
脱水桶抖动严重	①脱水桶内的衣物未放平稳，造成脱水桶旋转时严重失去动平衡 ②联轴器上的紧固螺钉松动 ③脱水桶紧固螺钉松动 ④脱水电动机下面的3个防震弹簧不等高，造成脱水桶始终往一边倾斜	①把衣物放平压实，以保证脱水桶旋转时的动态平衡 ②对准脱水轴平槽或脱水电动机轴平槽旋紧 ③旋紧脱水桶的紧固螺钉 ④检查3个防震弹簧，可以对较短的防震弹簧加垫片，或者更换3个防震弹簧位置等。有的防震弹簧不容易卸下，也可以在较短的弹簧中垫入一块适当厚的橡胶来解决
电动机过热	①洗衣量过多，洗涤电动机超负荷运行，造成转速减慢，电流增大 ②洗涤电动机的风扇破损，造成通风散热不良 ③洗涤电动机或脱水电动机定子绕组局部短路 ④洗涤电动机或脱水电动机转子铝条断裂 ⑤合上脱水桶盖，刹车块不能与刹车鼓（盘）完全分离，脱水电动机超负荷运行，电流增大	①减少洗衣量，使洗涤电动机在额定负荷下运转 ②更换破损的风扇 ③卸下洗涤（或脱水）电动机检修 ④卸下洗涤（或脱水）电动机，更换转子 ⑤卸下外盖板，调整控制绳长度。使合上脱水桶外盖时刹车块（盘）与刹车鼓（盘）完全分离，打开5cm时刹车块能抱紧刹车鼓（盘）
脱水外桶漏水	①脱水桶密封圈破裂 ②脱水轴锈蚀 ③波轮橡胶套与脱水外桶间的连接支架损坏 ④脱水外桶破裂	①更换密封圈 ②更换脱水轴 ③更换连接支架 ④用胶黏剂修补或者更换脱水外桶
排水系统漏水	①排水管破裂 ②排水管接头松脱 ③排水拉带过短，造成排水旋钮“关不死”（即排水旋钮旋到排水位置，阀堵仍不能完全堵住排水管） ④排水阀内有杂物阻挡，造成阀堵不能下移堵住排水管 ⑤排水阀的阀堵变形，造成排水管堵不严；密封套破裂，造成脏水从排水阀盖溢出 ⑥排水阀弹簧失去弹性	①更换排水管 ②用胶黏剂修补或用金属丝捆扎 ③卸下后盖板，调整拉带长度，使排水旋钮旋到断水位置时阀堵能顺利下移堵住排水管；排水旋钮旋到排水位置时阀堵能上移到足够高度，使排水时间少于2min ④旋开排水阀盖，取出压缩弹簧和密封套，把杂物清除干净 ⑤更换密封圈 ⑥更换压缩弹簧
洗衣桶漏水	①脱水轴密封圈损坏，造成洗衣轴套周围漏水 ②波轮轴的密封圈损坏，造成波轮轴组件漏水 ③波轮轴锈蚀，造成波轮轴组件漏水 ④洗衣桶破裂	①更换损坏的脱水轴密封圈，旋紧轴套紧固螺母 ②卸下并拆开波轮轴组件，更换同规格密封圈 ③更换波轮轴或波轮轴组件 ④用胶黏剂修补或更换同规格洗衣机桶

续表

故障现象	产生原因	处理方法
洗衣机漏电	① 保护接地线安装不良 ② 电动机定子绕组受潮漏电 ③ 导线接头密封不好，受潮漏电 ④ 电容器漏电	① 按使用说明书正确安装接地线 ② 拆开电动机，取出定子总成烘干，使定子绕组绝缘电阻值大于 2MΩ ③ 用良好的绝缘胶布包扎好接头 ④ 更换电容器
衣物洗涤时磨损严重	① 用水量过小，衣物漂不起来，造成衣物与高速旋转的波轮摩擦 ② 波轮、排水过滤网、洗衣桶内壁表面等粗糙或有毛刺	① 增加用水量。一般 1kg 以下的衣物，采用低水位；1~2kg 的衣物，采用高水位 ② 用细砂布打磨粗糙面，以保证波轮、排水过滤网、洗衣机内壁光滑、无毛刺
洗衣机的洗净率不高	① 波轮转速慢 ② 波轮或凸筋严重磨损，造成洗衣机水流冲刷力不足	① 参照“波轮转速变慢”故障处理方法 ② 更换波轮

2. 波轮式全自动洗衣机常见故障及处理方法

波轮式全自动洗衣机常见故障及处理方法见表 9-2。

表 9-2　波轮式全自动洗衣机常见故障及处理方法速查表

故障现象	产生原因	处理方法
洗衣机工作程序紊乱	①程控器损坏 ②离合器损坏	①检修或更换程控器 ②如果脱水时波轮能转动而脱水桶不转动，或洗涤时脱水桶跟着波轮转动，都表明离合器损坏，应考虑更换离合器
洗衣机工作过程中，“程序控制”突然停止工作	①使用过程中保险丝熔断 ②程控器损坏	①检查电路中有无短路现象，如果在进水过程中停止，重点检查进水电磁阀，如果在排水过程中停止，重点检查排水电磁阀，对损坏的电磁阀予以更换。如果都完好，则检查是否由于电磁铁吸合时受阻引起电流过载所致，在排除过载现象后再更换保险丝 ②更换程控器
脱水桶不运转	①安全开关接触不良 ②离合器棘爪位置不当	①检查安全开关触点，如果触点氧化，可用细砂布仔细打磨；如果触点损坏严重，应予以更换 ②检查离合器棘爪位置，如果棘爪与棘轮未松开，应调整；如果无法调整，则考虑更换
脱水时制动失灵	①盖板杆变形或安全开关的动、静触点间距过小 ②离合器的刹车带位置偏移	①校正盖板杆或安全开关的动、静触点间距 ②重新装配或更换
洗涤时，脱水桶跟着转	离合器故障	如果脱水桶顺时针跟着转，则是刹车带失灵，可对刹车带进行调整；如果脱水桶逆时针跟着转，则是扭簧问题。若扭簧断裂，则更换；若扭簧脱落，可重新装配

续表

故障现象	产生原因	处理方法
采用单片微电脑程控器的洗衣机,按功能选择键无效	①电路故障 ②程控器损坏	①按下控制键后，如果指示灯能正确地指示，但状态不随之变化，表明按键输入电路和单片微电脑工作正常，应重点检查负载及程控器中的驱动电路。如发现损坏，则更换。按下控制键后，如果指示灯和状态都不变，故障往往是按键损坏或按键输入电路断路，应作相应修理或更换 ②更换程控器
脱水时震动大且伴有噪声	①放入衣物不匀,致使脱水桶旋转时失去动平衡 ②桶体安装位置不正 ③脱水平衡环破裂漏液,失去平衡作用	①放平压紧衣物，确保脱水桶旋转时的动平衡 ②重新安装、调整吊杆 ③热焊修补
不能脱水,指示灯闪烁，并发出“嘟嘟”声响	单片微电脑洗衣机中安全开关未接通，程控器自动转入保护程序	检查安全开关接触情况，它与程控器的接插件有无松动或脱落，连接线有无断裂等。无法修复时，应更换
注水量到设定位置后，波轮不运转，且有“嗡嗡”声	①传动带松脱或严重磨损 ②电容器损坏 ③波轮被卡住 ④离合器损坏	①重新安装、调节，严重磨损的传动皮带应更换 ②检测确认后，更换损坏的电容器 ③清除卡在波轮及波轮轴上的杂物 ④检查离合器，并对故障部位进行修理或者更换新件
噪声大	①整机安放不平稳 ②进水电磁阀的阀芯松动 ③波轮安装不平或波轮变形 ④离合器损坏 ⑤电源电压过低,造成排水电磁铁吸合时产生的电磁吸力不够、磁轭表面生锈或有尘污,使排水电磁阀不能吸合 ⑥电动机损坏	①调节底脚螺栓、螺母，或用木板、橡胶等垫稳洗衣机底脚 ②更换进水电磁阀 ③重新安装波轮或更换波轮 ④更换离合器 ⑤当电源电压低于 187V 时应停止使用。如果磁轭表面生锈、有尘污，应清除 ⑥拆下电动机进行修理或更换
漏水	①密封圈损坏 ②排水阀失灵 ③水管连接处松脱或水管开裂	① 更换密封圈 ② 检修或更换排水阀 ③ 重新装好或更换损坏的水管
漏电	①保护接地线安装不良 ②电动机定子绕组受潮漏电 ③导线接头密封不好，受潮漏电	①正确地安装好保护接地线 ②拆开电动机，取出定子总成烘干，使定子绕组绝缘电阻值大于 2MΩ ③用良好的绝缘胶布包扎好接头

二、滚筒式洗衣机常见故障及处理方法

滚筒式洗衣机常见故障及处理方法见表 9-3。

表 9-3　滚筒式洗衣机常见故障及处理方法速查表

故障现象	产生原因	处理方法
通电后指示灯亮，但不进水	①自来水水压太低 ②进水电磁阀金属过滤网被杂物堵塞 ③进水电磁阀线圈烧毁 ④水位开关触点接触不良 ⑤程控器损坏	①检查水压，如果水压太低，可利用增压泵提高水压，否则只能待水压正常后再使用 ②检查电磁阀过滤网，如果有杂物，则清除 ③用万用表检测进水电磁阀线圈，如果损坏，则更换 ④检查水位开关的触点，如果有问题，应修复或更换 ⑤用万用表测量进水电磁阀线圈两端有无电压，再测程控器输出端有无信号输出，如果程控器无信号输出，则用替代法检查；如果确定为程控器损坏，只能更换
自来水到达设定水位后，洗衣机不洗涤	①与电动机有关的电路不通（断路） ②水位开关常开触点未闭合 ③程控器损坏 ④洗涤液温度过高（大于40℃），温控器中的常开触点未闭合	①检查电路，并重新连接好断路点 ②修理或更换水位开关 ③检查、更换损坏的程控器 ④更换温控器
不能排水	①排水泵电路断路 ②排水泵损坏 ③排水通道堵塞 ④程控器损坏	①先用万用表测量排水泵2个引线端的电压，如果无电压，说明故障在程控器或连接电路上；再用电阻法查找断路点，如果有断路点，应重新接好；如果电路连接良好，则应检查程控器 ②耳听排水泵电动机运转发出的声音或用万用表测其绕组的直流电阻值来判定，排水泵电动机的绕组直流电阻正常值30Ω左右，如果阻值为无穷大，说明绕组开路，只能更换 ③清除堵塞物 ④更换程控器
排水过缓	①排水管路中有堵塞物 ②排水泵内生锈	①清除管路中的堵塞物 ②检查排水泵转动是否灵活，如果转动不灵活，说明排水泵内部生锈，应拆下排水泵，去除锈迹，并涂上适量润滑油后再重新装配好
不能脱水	①洗衣机的水到达设定水位后，水位开关未复位 ②电路接线有错误 ③程控器损坏	①更换水位开关 ②检查有关电路的连接，并纠正错误的接线 ③更换程控器
工作时振动大且有噪声	①洗衣机放置不平稳 ②电动机机械部分润滑不良 ③电动机风叶变形或移位 ④排水泵有故障 ⑤支承机构有故障	①调整洗衣机底脚螺栓或用木片、橡胶垫平洗衣机 ②加注润滑油或更换损坏部件 ③检查电动机风叶有无变形而碰撞电动机外壳，如果有移位应调整；对变形部件应校正或更换 ④检查排水泵，修理或更换新件 ⑤个别支承机构（如吊装弹簧）变形会破坏洗衣机原来的平衡状态，出现这种情况，应调整或更换不符合要求的支承机构（吊装弹簧）

续表

故障现象	产生原因	处理方法
进水部位漏水	①进水管与自来水龙头连接处橡胶垫圈未装好，造成该部位漏水 ②进水管损坏	①重新装好橡胶垫圈 ②更换进水管
底部漏水	①排水泵与排水管的连接不良，外筒底部的波纹管安装不当 ②外筒扣紧环螺钉松脱或外筒密封圈破裂	①检查排水管完好程度、连接部位松动情况，如果排水管有破损，应更换；连接部位有松动，应重新装配；排水密封圈不好，应更换或重新装配、紧固好 ②将洗衣机翻倒后，用内六角扳手均匀紧固托板，使波纹管与外桶接触良好。重新紧固前盖或更换外筒密封圈

参 考 文 献

[1] 王文博. 服装洗熨设备与技术［M］. 北京：机械工业出版社，2007.

[2] 吴京淼. 服装洗涤与去渍技术［M］. 北京：中国物资出版社，2007.

[3] 王河生. 洗衣店经营与洗染技术［M］. 北京：企业管理出版社，2001.

[4] 冯翼. 服装技术手册［M］. 上海：上海科学文献技术出版社，2005.

[5] 李德琮. 现代服装洗熨染补技巧［M］. 沈阳：东北大学出版社，1996.

[6] 张仁里，廖文胜. 洗衣厂洗涤及洗涤剂配置［M］. 北京：化学工业出版社，2003.

[7] 张一鸣. 中高档衣物的洗涤与保养［M］. 上海：上海科学技术出版社，1991.

[8] 魏竹波，康保安. 纺织工业清洗技术［M］, 北京：化学工业出版社，2003.

[9] 梁治齐. 实用清洗技术手册［M］. 北京：化学工业出版社，2000.

[10] 梁治齐，张宝旭. 清洗技术［M］. 北京：中国轻工业技术出版社，1998.

[11] 金国砥.洗衣机维修入门［M］. 杭州：浙江科学技术出版社，2004.

[12] 周德林，张庆双. 全自动洗衣机故障检修技术［M］. 北京：金盾出版社，2004.

[13] 陈继红，肖军. 服装面辅料及服饰［M］. 上海：东华大学出版社，2003.

[14] 张以珠，袁观洛，王利君. 新编服装材料学［M］. 上海：东华大学出版社，2004.

[15] 朱松文. 服装材料学［M］. 北京：中国纺织出版社，1994.

[16] 宋哲. 服装机械［M］. 3 版. 北京：中国纺织出版社，2000.

[17] 缪元吉，方芸. 服装设备与生产［M］. 上海：东华大学出版社，2002.

[18] 中国缝制机械协会. 中国缝制机械大全［M］. 徐州：中国矿业大学出版社，2003.